KB140977

재료시험 및 NDT

工學博士 **백승호** 저

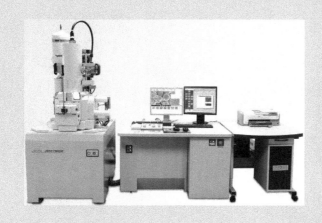

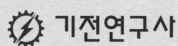 기전연구사

머리말

재료시험은 산업현장에서 공업재료로 사용되는 각종 금속 및 비금속 소재에 대한 기계적 성질의 파악과 조직분석을 위하여 기본적으로 실시하는 파괴시험이며, 비파괴 시험(NDT)은 각종 소재와 제품에 발생한 결함을 찾아내어 불량률을 감소시키고 사고를 미연에 방지할 수 있는 품질검사라고 할 수 있다.

그러므로 재료생산 및 제품이나 구조물사용에 있어서 재료시험과 비파괴 시험은 필수적으로 시행해야 되는 매우 중요한 과제이다.

本書는 저자가 십수년간 대학에서 재료시험 및 비파괴 시험에 대한 이론과 실습을 학생들에게 교육시키며 얻은 실무경험을 바탕으로 여러 가지 시험법을 비교적 쉽게 이해할 수 있도록 설명하고자 노력하였으며, 제1편에서는 각종 기계적 성질 시험법을, 제2편과 제3편에서는 금속조직 시험법과 특수 시험법에 대해서 설명하고, 제4편에 비파괴 시험에 대해서 기술하였다.

재료시험과 비파괴 검사에 사용되는 시험장비는 과학기술의 발전에 따라 Digital type의 최신제품이 생산됨으로써 시험절차가 간결해지고 시험결과도 매우 정밀하게 분석되고 있으나, 本書에서는 시험법의 기본원리를 이해시키는데 중점을 두고자 Analog type의 실습장비 활용방식으로 설명하였다.

시험장비의 사용법은 장비의 제작사에 따라 다르므로 매뉴얼을 활용할 것을 요망하며, 시험결과를 산출하는 각종 공식에 대한 복잡한 式 유도과정은 생략하였다. 本書는 전문대학과 대학 및 산업현장에서 활용할 수 있으며 국가기술자격시험(산업기사, 기사 등) 준비에도 도움이 될 것으로 사료된다.

독자 여러분의 지도편달을 바라며, 미비한 내용은 앞으로 계속 수정보완하도록 하겠다.

2017. 1
저자 **백 승 호**

차 례

PART 2 금속조직 시험 · 129

PART 3 특수 시험 · 191

PART

1

기계적 성질 시험

재료시험
및
NDT

경도시험
(Hardness Test)

1.1 경도시험의 개요

1) 경도시험의 목적

경도(硬度 ; Hardness)란 재료표면에 특수한 압입자를 사용하여 중력이 작용하는 수직방향으로 일정하중을 가하거나 또는 무게가 일정한 해머(추)를 일정한 높이에서 낙하시켰을 때 재료표면의 변형에 대한 저항력을 수치로 나타내는 값으로서 재료의 단단한 정도를 파악하고자 시험하는 것이다.

2) 경도시험의 방법에 따른 종류

경도시험에는 일정하중에 의해 특정 압입자를 재료표면에 수직으로 압입시킨 압입하중의 값(P)을 압입자국의 표면적(A)으로 나누어 산출하는 압입식 경도가 있으며 여기에는 브리넬(Brinell) 경도, 로크웰(Rockwell) 경도, 비커즈(Vickers) 경도, 누우프(Knoop) 경도 및 마이어(Meyer) 경도 등이 있다. 또한 일정 중량을 가진 해머를 일정한 높이에서 재료표면에 수직으로 낙하시킬 때 해머가 튀어오르는 반발높이에 의하여 측정하는 반발식 경도가 있으며 쇼어(Shore) 경도가 해당된다. 압입식과 반발식 경도는 주로 금속재료의 경도를 측정할 때 사용한다. 한편 보석, 유리, 석재 등의 광물질에 대한 경도시험은 일정한 중량을 가진 긁힘장치로 소재의 표면을 긁었을 때 생긴 긁힘자국의 폭에 의하여 경도를 산출하는 긋기(scratch)식 경도가 있으며 모오스(Mohs) 및 마텐스(Martens) 경도가 해당된다. 그 밖에 초음파를 이용한 초음파 경도, 진자 장치를 이용한 하버트(Harbert) 진자식 경도 및 전자식 반발경도인 에코팁(Equotip) 경도도 사용된다.

3) 경도시험의 준비와 유의사항

경도시험을 위한 시험편은 상하 양면이 평행하게 유지되도록 절단하며 측정면은 #600 이상의 에머리 페이퍼(사포)로 연마하고 경사도는 4° 이하를 유지해야 한다. 환봉재나 경사도가 큰 시편은 V형 받침대를 사용하거나 측정면이 압입자와 수직관계를 유지할 수 있도록 경사진 받침대를 사용한다. 압입식 경도시험에서 시험기의 종류와 시험하중 및 압입자는 시험편의 재질과 두께에 따라서 선택한다. 한편 압입자국간의 거리는 자국의 폭(지름)을 d라고 할 때 4d 이상으로 하고 시험편의 가장자리로 부터는 2~2.5d 이상 안쪽으로 측정해야 하며 측정한 위치를 반복 측정하면 안된다. 또한 시험편의 두께는 압입깊이의 10배 이상은 되어야 한다. 어떤 재료에 대한 경도값은 같은 시험조건하에서 3~5회 경도시험한 후 편차가 큰값을 제외한 나머지 값의 평균값으로 나타낸다. 압입식 경도에는 (kgf/mm^2)과 같은 단위가 있으나 HB 550 등과 같이 일반적으로 경도값 다음에 단위 표기를 생략하고 기록한다.

재료의 여러 가지 경도값은 어느 한 종류의 경도시험에 의해서 얻어진 경도값을 경도 환산표에서 다른 종류의 경도값과 비교하면 직접 시험하지 않아도 알 수 있다. 모든 종류의 경도시험은 시험기의 정밀도를 파악하기 위하여 해당 시험기의 표준시험편으로 3회 이상 시험한 후 그 평균값을 표준시험편에 기록된 경도값과 비교하여 ±오차값을 확인하고 시험재료의 경도시험시 오차보정을 해야 한다. 즉 시험기의 오차가 (−)값이면 시험재료의 경도 측정값에 오차값을 더해주고, 오차가 (+)값이면 오차값 만큼을 시험재료의 경도 측정값에서 제한다.

1.2 로크웰(Rockwell) 경도(HR)

1) 개요 및 측정원리

로크웰 경도는 1919년 미국인 S. P. Rockwell이 설계하고 Wilson사에서 제작하여 실용화한 시험기에 의해서 측정한 경도값이다. 시험재료에 따라서 압입자(indendator)와 시험하중을 선택하므로 A, B, C, ~ 등의 여러 가지 스케일(scale)로 구분하여 경도를 나타내며 측정이 쉽고 정밀도가 높으므로 철강 및 비철합금의 경도 측정에 널리 사용된다.

로크웰 경도의 기준하중은 10kgf이고 시험하중은 60kgf, 100kgf, 150kgf를 적용하며 기본 스케일은 B와 C이다. 시험하중에 의한 압입깊이와 기준하중에 의한 압입깊이의 차이를 h라고 할 때 HRB=130−500h, HRC=100−500h의 식으로 경도를 산출하며, 로크웰 경도의 측정범위는 스케일에 따라 정해져 있는데 HRB는 30~100, HRC는 20~70가 적용되고 이 범위를 벗어나면 다른 스케일로 측정한다.

또한 압입자로 강구(steel ball)를 사용할 경우 경도는 (130−500h)식으로, 다이아몬드 콘을 사용할 경우는 (100−500h)식으로 산출되나 이 식의 적용은 경도기 자체에서 처리되므로 측정 후 계산할 필요는 없다. 로크웰 경도 1은 압입깊이가 2㎛(0.002mm)일 때에 해당하는 값이며, 시험온도가 ±10℃ 변화할 때 경도값의 변화는 ±0.1~0.3정도가 된다.

다이알게이지에서 경도값을 읽는 아날로그식 로크웰 경도기에서는 강구 압입자를 사용하는 스케일의 경우 지시침이 가리키는 눈금의 적색 수치를 경도값으로 읽으며, 다이아몬드 압입자를 사용하는 스케일 경우는 흑색 수치를 경도값으로 읽는다.

그림 1.1은 로크웰 경도의 측정원리를 표현한 것이며, 표 1.1은 로크웰 경도의 스케일에 따른 시험방식을 나타낸 것이다.

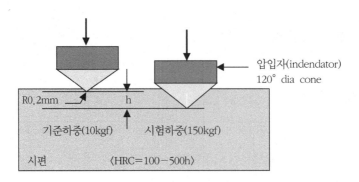

그림 1.1 로크웰 경도의 측정원리

표 1.1 로크웰 경도의 스케일 종류와 시험조건

스케일 (scale)	압입자 (indendator)	기준 하중 (kgf)	시험 하중 (kgf)	경도 산출식	시험 재료
A	120° diamond cone	10	60	100–500h	초경합금, 침탄층
C			150		경강(공구강, 특수강) (HRB100 이상~HRC70 이하)
D			100		
B	지름 1/16″ (1.5875mm) steel ball	10	100	130–500h	연강, 비철(Cu, Al)합금, 가단주철
F			60		
G			150		
H	지름 1/8″ (3.175mm) steel ball	10	60	130–500h	분말(소결)합금, 비철(Al, Mg)합금, 숫돌
E			100		
K			150		
L	지름 1/4″ (6.35mm) steel ball	10	60	130-500h	합성수지(plastic), 경합금, 납(Pb)
M			100		
P			150		
R	지름 1/2″ (12.7mm) steel ball	10	60	130–500h	합성수지(plastic), 경합금
S			100		
V			150		
15-N	120° diamond cone	3	15	100–1000h	질화층, 경화된 판재
30-N			30		
45-N			45		
15-T	지름 1/10″ (2.54mm) steel ball	3	15	100–1000h	철강, 황동 및 청동의 얇은 판재
30-T			30		
45-T			45		

2) 경도시험 방법

로크웰 경도시험은 재료의 종류와 처리상태에 따라서 측정스케일을 표 1.1과 같이 선정하며 사용할 압입자와 시험하중을 결정한다. 아날로그식(다이얼게이지) 경도기의 사용시 시험순서는 다음과 같다.

① 재료에 따른 측정 스케일을 선택하고 압입자와 시험하중을 조정한다.

② 해당 스케일의 표준시험편으로 시험기의 오차값를 확인하고 오차가 크면 시험기를 조정한다.

③ 측정면을 연마한 시험편을 시험기의 받침대 위에 수평으로 놓고 받침대의 상하조정 핸들을 우측으로 돌려 측정면을 압입자와 접촉시킨다.

④ 다이얼게이지지판의 작은 침이 좌측에 있는 적색점의 중앙에 위치할 때까지 시험편 받침대 핸들을 서서히 우측으로 돌려 10kgf의 기준하중이 부하(負荷)되도록 한다.

⑤ 다이얼게이지지판을 돌려 큰 지시침이 위치한 곳에 0(set)점을 맞춘다.

⑥ 시험하중 부하버튼을 누른 후 좌회전하는 큰 지시침이 완전히 멈출 때까지 기다린다(자동시험기의 경우는 시험시간을 30sec로 setting한다).

⑦ 시험하중을 제거하는 레버를 당겨서 우회전하는 큰 지시침이 멈춘 위치의 경도수치를 읽는다. 이 때 B scale이면 적색수치를, C scale이면 흑색수치를 읽는다. 압입자국의 지름이 d일 때 시험편의 두께는 8d 이상이어야 하며 자국간의 거리는 4d 이상, 가장자리로부터는 2d 이상 띄워서 측정한다.

그림 1.2는 아날로그식 및 디지털식 로크웰 경도기이다. 또한 그림 1.3은 표준시험편과 압입자를 나타낸 것이다.

(a) Analog Type   (b) Digital Type

그림 1.2 아날로그식 및 디지털식 로크웰 경도기

(a) 표준시험편   (b) 압입자

그림 1.3 로크웰 경도기의 표준시험편과 압입자

1.3 브리넬(Brinell) 경도(HB)

1) 개요 및 측정원리

브리넬 경도는 1900년 스웨덴의 J. A. Brinell이 고안한 시험기에 의해서 일정한 하중을 경(硬)한 강구(steel ball)로 된 압입자에 유압으로 작용시켜 시험재료의 표면을 누르는 압입식 경도이며, 시험하중(P kgf)을 시험편 표면에 나타난 자국의 표면적(A mm²)으로 나눈 값이 브리넬 경도(HB 또는 BHN)가 된다. 즉 브리넬 경도는 시험 후 시험편에 형성된 압입자국의 지름(d)을 브리넬 확대경(×20)으로 정확히 측정하고 다음과 같은 관계식에 의해서 산출할 수 있다.

$$HB = \frac{P}{A} = \frac{P}{\pi D h} = \frac{2P}{\pi D (D - \sqrt{D^2 - d^2})} \ (kgf/mm^2) \tag{1.1}$$

  P : 시험하중(kgf)
  A : 압입자국의 표면적(mm²)
  π : 3.14(원주율)
  D : 압입강구의 지름(mm)
  h : 시험편 표면에 형성된 압입자국의 깊이(mm)
  d : 시험편 표면에 형성된 압입자국의 지름(mm)

식 (1.1)에서 두 번째 식의 h는 정확한 측정이 곤란하므로 h값 대신 d값을 브리넬 확대경으로 정확히 측정하여 세 번째 식으로 브리넬 경도를 산출한다.

이 때 d값만 알면 표 1.3과 같은 브리넬 경도 환산표를 사용하여 계산없이 브리넬 경도를 알 수 있다.

식 (1.1)에서 h는 그림 1.4와 같은 기하학적 원리에 의해서 d를 적용하는 식으로 환산할 수 있다. 즉 그림 1.4의 압입강구에서 △NPR과 △RPQ는 닮은 △이며 비례식이 성립되므로 PQ/PR=PR/NP가 된다. 여기서 PQ=h, PR=d/2, NP=D-h이므로

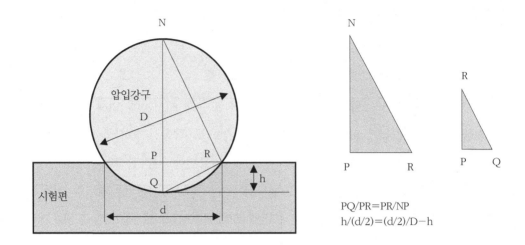

그림 1.4 시험편 표면에 압입된 압입강구와 D, d 및 h의 기하학적 구도

$$h / (d/2) = (d/2) / D - h가 되고, \; h^2 - hD + d^2/4 = 0 \tag{1.2}$$

의 식으로 나타낼 수 있다.

식 (1.2)에서 $h = D \pm \sqrt{D^2 - d^2}\,/2$가 되며 + 식은 실제 h값 보다 더 큰 값이 되므로 −를 적용한 식, 즉 $h = D - \sqrt{D^2 - d^2}\,/2$를 식 (1.1)의 두 번째 식에 대입하면

$$HB = 2P / \pi D \,(D - \sqrt{D^2 - d^2}) \tag{1.3}$$

과 같이 된다. 그림 1.5는 유압(hydraulic)식 브리넬 경도기와 작동원리를 나타낸 것이며 이 외에 레버(lever)식, 펜듈럼(pendulum)식 및 압축공기식 브리넬 경도기도 사용되고 있다.

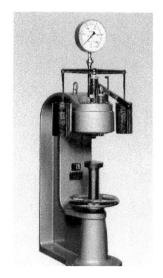

그림 1.5 유압식 브리넬 경도기

2) 시험하중 및 압입강구의 선정

브리넬 경도기는 측정할 재료에 따라서 시험하중과 지름이 다른 압입강구를 선정해야 하는데 그 관계를 표 1.2에 나타내었다.

표 1.2 브리넬 경도의 시험조건

D (mm) (압입강구의 지름)	P (kgf) (시험하중 ; $P = kD^2$)				시험편의 최소두께(t) (mm)
	$30D^2$, (k=30)	$10D^2$, (k=10)	$5D^2$, (k=5)	$2.5D^2$, (k=2.5)	
10	3,000	1,000	500	250	6<
5	750	250	125	62.5	6~3
2.5	187.5	62.5	31.2	15.6	
시험재료	경(硬)한 금속 (강, 주철 등)	Cu 및 Al 합금	연한 금속 (순Cu, Al 등)	매우 연한 금속 (Pb, Zn 등)	* t>10h (h : 압입 자국의 깊이)
가압시간(sec)	20	30	30	30	

압입강구의 재질에 따른 브리넬 경도의 측정가능 범위는 다음과 같다.

① steel ball : HB < 450

② Cr steel ball : HB < 650~700

③ 초경합금(WC—Co) ball : HB < 800

④ diamond ball : HB < 850

3) 경도시험 방법

그림 1.5와 같은 유압식 브리넬 경도기를 사용하여 금속재료의 경도를 측정하려면 표 1.2에 나타낸 조건으로 시험하며 시험절차는 아래와 같다.

① 두께가 최소 6mm 이상 되도록 시험편의 상하면을 가능한 평행하게 절단하고 측 정면을 #600 이상의 사포로 연마한다.

② 시험하중과 압입강구를 시험재료에 따라 선정하고 시험기에 장착한다.

③ 시험편을 시험기의 받침대 위에 올려 놓고 측정면을 압입자와 수직이 되도록 평 행하게 조절한다.

④ 받침대의 핸들을 우측으로 돌려 시험편 표면을 압입강구와 접촉시킨 후 유압밸브 를 잠그고 유압작동 레버를 상하로 움직여 시험하중까지 가압한다.

⑤ 하중계기판의 지침이 시험하중에 도달하면 중추가 유압에 의해 떠오르며 그 압력 이 압입강구에 전달되어 시험편의 표면을 압입하게 된다.

이 때 철강 및 주철은 20sec, 비철합금은 30sec간 가압시킨다. 그러나 최근에는 가압시간을 10~15sec로 하고 있다.

⑥ 가압이 끝나면 유압밸브를 서서히 열어 시험하중을 제거한 후 받침대를 내려 다 음 측정할 위치를 선정한다. 압입위치 선정은 그림 1.6과 같이 시험 후 자국의 지름이 d라고 할 때 시험편 가장자리로 부터 2.5d, 자국간 거리는 4d 이상 유지 하여 측정한다.

⑦ 한 시험편에 대해 ④~⑥의 절차에 따라 3~5회 시험하고 시험편을 시험기로 부 터 분리한 후 그림 1.7의 브리넬 확대경으로 각 압입자국의 지름(d)을 정확히 측 정하여 그 평균값을 산출한다.

⑧ 압입자국의 평균 지름(d)을 표 1.3과 같은 브리넬 경도 환산표에서 찾아 해당하는 HB값을 읽는다. 또는 HB값 산출하는 공식에 대입하여 다음의 ⑨와 같이 계산한다.

⑨ 시험하중 P : 3,000kg, 강구의 지름 D : 10mm, 압입자국의 평균지름 d : 4.0mm 일 때

$$HB = 2P / \pi D (D - \sqrt{D^2 - d^2})$$

$$= 2 \times 3000 / 3.14 \times 10(10 - \sqrt{10^2 - 4^2}) = 229 \, (\text{kgf}/\text{mm}^2)$$

와 같이 산출된다.

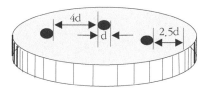

그림 1.6 브리넬 경도 시험시 시험편의 압입자국간 거리

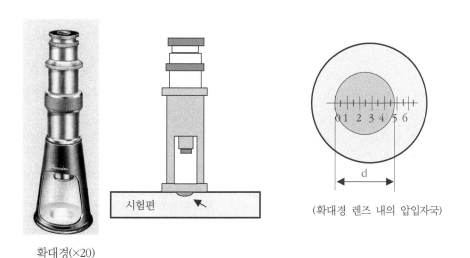

확대경(×20)

(확대경 렌즈 내의 압입자국)

그림 1.7 브리넬 확대경과 압입자국의 지름 측정용 scale

표 1.3 브리넬 경도 환산표

자국의 직경 (d)mm (D=10mm)	브리넬 경도(HB)			
	30D² (철강재료) P=3,000kg	10D² (동합금) P=1,000kg	5D² (Al합금) P=500kg	2.5D² Pb(납) P=250kg
3.99	230	76.7	38.3	19.2
4.00	229	75.9	38.1	19.1
4.01	228	75.5	37.9	19.0
4.02	226	75.1	37.7	18.9

※ 마이어(Meyer) 경도(Pm)

압입자로 강구(steel ball)를 사용하였을 때 브리넬 경도와는 달리 시험하중(P)을 압입자국의 직경(d)에 의해서 산출한 자국의 투영(投影)면적(A)으로 나눈 값을 마이어 경도(Pm)라 하며 식 (1.4)는 마이어 경도 산출식이다.

$$\mathrm{Pm} = \frac{P}{A} = \frac{P}{\pi \, (d/2)^2} = \frac{4P}{\pi \, d^2} \; (\mathrm{kgf/mm^2}) \tag{1.4}$$

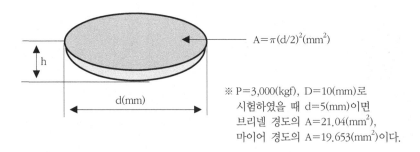

$A = \pi (d/2)^2 (mm^2)$

※ P=3,000(kgf), D=10(mm)로 시험하였을 때 d=5(mm)이면 브리넬 경도의 A=21.04(mm²), 마이어 경도의 A=19.653(mm²)이다.

그림 1.8 마이어 경도에서 압입자국의 투영면적

마이어 경도의 A값은 브리넬 경도의 A값보다 작으므로 같은 조건에서 시험하였을 때 브리넬 경도보다 큰 값이 된다. 그림 1.8은 마이어 경도 압입자국의 투영면적(A)을 나타낸 것이다.

1.4 비커즈(Vickers) 경도(HV)

1) 개요 및 측정원리

비커즈 경도기는 1925년 R.L. Smith와 G.E. Standland가 처음 제안한 원리를 영국의 Vickers Armstrong Co.에서 제작한 것으로서 꼭지각이 136°인 정사각뿔(pyramid) 형상의 다이아몬드 압입자를 시험편 표면에 수직으로 접촉시키고 일정한 압입하중을 가하여 정마름모꼴의 자국을 형성시킨 후 압입하중(P kgf)을 그 자국의 표면적($A\ mm^2$)으로 나눈 값을 비커즈 경도(HV)로 하며 DPH 또는 VHN, VPH 등으로 나타내기도 한다.

비커즈 경도기에는 시험(압입)하중을 1~120kgf 적용하며 100배율의 계측현미경이 부착된 일반(보통) 경도기와 시험하중을 0.015~1kgf 적용하며 100~400배율의 현미경과 측정용 모니터가 구비된 미소(micro) 경도기가 있다. 그러나 시험방식 및 경도값을 산출하는 공식은 같으며 단지 미소 경도기에서 압입자를 누우프 경도 측정용으로 교체하여 시험하고 누우프 경도값(HK) 산출공식을 적용하면 누우프 경도가 된다. 비커즈 경도(HV)값을 산출하는 공식은 다음과 같다.

$$HV = \frac{P}{A} = \frac{2P\sin(\theta/2)}{d^2} = 1.8544 \times \frac{P}{d^2}\ (kgf/mm^2) \qquad (1.5)$$

P : 시험(압입)하중(kgf)
A : 압입자국의 표면적(mm^2)
θ : pyramid형 압입자의 대면각도로서 136°
d : 압입자국의 대각선 길이(mm)

그림 1.9는 미소(micro) 비커즈 경도기의 외형이며, 그림 1.10은 시험편에 형성된 압입자국을 나타낸 것이다.

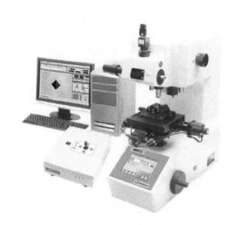
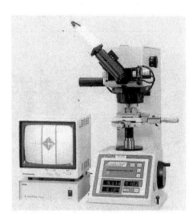

그림 1.9 비커즈 경도기의 외형

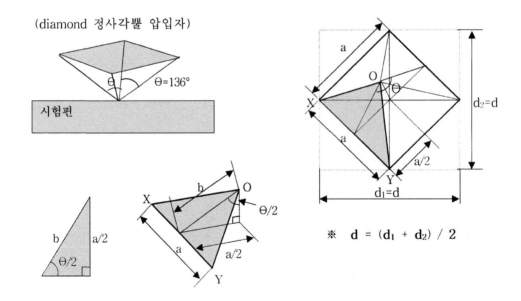

그림 1.10 비커즈 경도 시험기의 압입자와 압입자국의 표면적

그림 1.10에서 $a^2=2(d/2)^2=d^2/2$, $b=(a/2)/\sin(\theta/2)=a/2\sin(\theta/2)$이고, $\triangle OXY=(a\times b)/2=[a^2/2\sin(\theta/2)]/2=[(d^2/2)/2\sin(\theta/2)]/2=d^2/8\sin(\theta/2)$이므로 압입자국의 표면적 A는 다음과 같다.

즉 $A=4\times\triangle OXY=4\times d^2/8\sin(\theta/2)=d^2/2\sin(\theta/2)$가 된다. 그러므로 비커즈 경도 $HV=P/A=P/[d^2/2\sin(\theta/2)]=2P\sin(\theta/2)/d^2$이며 $\theta=136°$이므로 $\sin(\theta/2)=\sin68=0.9272$이고 $HV=1.8544\times(P/d^2)$이다.

브리넬 경도 측정시 $d/D=0.375$의 조건이 유지될 경우 브리넬 경도(HB)와 비커즈 경도(HV)는 경도값이 600까지는 같은 값이 되지만 HB 700정도에서는 브리넬 경도기의 압입강구가 변형되므로 HB < HV로 된다. 비커즈 경도시험시 시험재료에 따라 압입자국의 형성은 그림 1.11과 같이 정상형(a), 오목형(b) 및 볼록형(c) 등으로 나타난다. 이 때 (b)와 같은 경우는 연성의 금속재료에서, (c)의 경우는 가공경화된 금속에서 주로 나타나며 실제값보다 경도가 높게 나타난다.

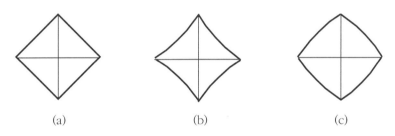

(a)   (b)   (c)

그림 1.11 시험재료에 따라 형성된 비커즈 경도의 압입자국 모양

2) 경도시험 방법

비커즈 경도기는 모든 금속재료의 경도를 측정할 수 있지만 미소 경도기의 경우 매우 얇은 두께의 금속판이나 도금층, 표면 경화층, 용접부 및 금속의 조직별 경도를 측정하고자 할 때 주로 사용되며 비커즈 경도의 시험절차는 다음과 같다.

① 비커즈 경도용 표준시험편으로 3~4회 측정하여 시험기의 ± 오차값을 파악한다.
② 시험편의 측정면을 #800 이상의 사포(emery paper)로 연마한 후 버핑(buffing)한다.

③ 시험편을 시험기의 앤빌(anvil)에 장착하고 측정면을 압입자와 수직이 되도록 평행하게 조정한다.

④ 시험편의 측정조건에 따라서 시험(압입)하중과 하중적용 시간을 선정하여 시험기를 조정한다. 이 때 시험하중은 일반 비커즈의 경우 1, 5, 10, 20, 30, 50(kgf) 등을 주로 사용하고 미소 비커즈의 경우는 0.015~1(kgf) 범위에서 사용하며 하중적용 시간은 15~30sec가 적당하다.

⑤ 시험편에서 측정하고자 하는 위치에 대물렌즈를 접근시킨 후 초점조정 핸들을 돌려 정확히 초점을 맞춘다.

⑥ 대물렌즈가 있던 위치로 조심스럽게 압입자를 이동시킨 후 하중작동 버튼을 누른다.

⑦ 하중작동 버튼의 램프에 불이 꺼지면 다시 대물렌즈를 측정위치로 이동시켜 압입자국을 확인하고 초점을 조정한다. 측정간격은 브리넬 경도시험과 동일하며 시험편의 두께는 8d 이상으로 한다.

⑧ 계측 현미경과 micrometer를 사용하여 모니터상에서 또는 대안렌즈 내에서 압입자국의 대각선(d_1 및 d_2) 길이를 정밀하게 측정한다.

⑨ d_1 및 d_2 측정시는 그림 1.12와 같이 대각선 d_1의 왼쪽 끝에 수직이 되도록 기준선을 맞추고 측정용 이동선을 기준선에 접촉시킨다. Set(0점) 버튼을 누른 후 측정용 선분을 이동시키는 다이얼을 돌려 이동선이 대각선의 오른쪽 끝에 정확히 오도록 하면 d_1 값이 μm로 측정되어 디지털창에 나타난다. 이때 메모리 기능이 있는 시험기는 메모리 버튼을 누르면 d_1 값이 기억된다.

⑩ d_2는 계측현미경을 90° 회전시켜 d_1 측정과 같은 방법으로 측정하며 d_2를 측정한 후 메모리(memory) 버튼을 누르면 HV값이 자동으로 계산되어 디지털 창에 나타난다.

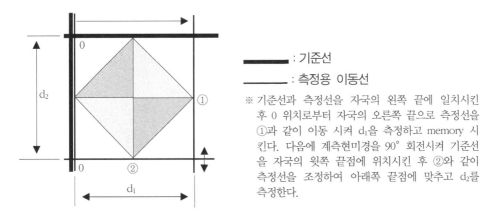

그림 1.12 비커즈 경도 압입자국의 대각선 길이 d₁ 및 d₂의 측정방법

※ 어떤 시험편의 비커즈 경도 측정에서 시험하중(P)을 500gf(0.5kgf)로 하여 시험했을 때 압입자국의 대각선 길이가 d_1은 45.5μm, d_2는 44.8μm로 측정되면 HV값은 다음과 같이 산출한다.

$HV = 2P\sin(\theta/2)/d^2$의 식에서 $\theta = 136°$이므로 $\sin(\theta/2) = \sin 68 = 0.9272$이다. 또한 $d^2 = d_1 \times d_2$이며 $d_1 = 45.5\mu m = 0.0455mm$, $d_2 = 44.8\mu m = 0.0448mm$가 된다. 그러므로 비커즈 경도 $HV = 2P\sin 68/d_1 \times d_2 = 2 \times 0.5 \times 0.9272/0.0455 \times 0.0448 = 1.8544 \times 0.5/0.0020384 = 455(kgf/mm^2)$와 같이 산출되며 HV 455로 표기한다.

1.5 누우프(Knoop) 경도(HK)

1) 개요 및 측정원리

누우프 경도는 1939년 E. Knoop가 마이크로(micro) 비커즈 경도기에서 pyramid형 압입자의 꼭지각도를 136°에서 각각 172°30′와 130°로 변형시킴으로써 압입자국 대각선 길이의 비(比)를 7.11 : 1로 한 diamond 압입자로 측정한 값이다. 누우프 경도에서 마름모꼴 압입자국의 한 쪽 대각선의 길이를 다른 쪽 대각선의 길이보다 7.11배로 한 것은 비커즈 경도보다 압입자국에 대한 탄성회복의 영향을 감소시키기 위함이다. 누우프 경도는 비커즈 경도기에서 압입자만 교체하여 측정하며 그림 1.13은 누우프 경도의 압입자와 압입자국을 나타낸 것이다.

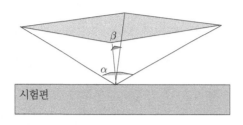

⟨pyramid형 diamond 압입자⟩
(α : 172.5°, β : 130°)

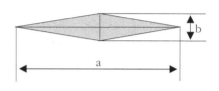

⟨누우프 경도의 압입자국⟩
a : b=tanα : tanβ=
tan172.5°/2 : tan130°/2=7.11 : 1, a/b=7.11/1
∴ a=7.11b, b=a/7.11

그림 1.13 누우프 경도(HK)의 압입자와 압입자국

누우프 경도값의 산출식은 다음과 같이 유도할 수 있다.

$$HK = \frac{P}{A} = \frac{P}{ab/2} = \frac{P}{a(a/7.11)/2} = \frac{2P}{a^2/7.11} \tag{1.6}$$

$$= 7.11 \times \frac{2P}{a^2} = 14.22 \times \frac{P}{a^2} \ (kgf/mm^2)$$

P : 시험하중(kgf)
A : 압입자국의 투영면적(mm^2)
a : 압입자국의 긴쪽 대각선의 길이(mm)
b : 압입자국의 짧은쪽 대각선의 길이(mm)

여기서 a=tan(172.5/2)=tan86.25=15.257, b=tan(130/2)=tan65=2.1445이므로 a : b=15.257 : 2.1445=7.11 : 1이 된다.

2) 경도시험 방법

누우프 경도는 비커즈 경도기에서 압입자를 누우프 경도 시험용으로 교체하여 측정하며 비커즈 경도보다 좀더 좁은 간격으로 경도를 측정하고자 할 때 적용한다. 누우프 경도는 비커즈 경도와 같이 매우 얇은 두께의 금속판이나 도금층, 표면 경화층, 용접부 및 금속의 조직별 경도를 측정하고자 할 때 주로 사용되며 시험절차는 다음과 같다.

① 누우프 경도용 표준시험편으로 3~4회 측정하여 시험기의 ± 오차값을 파악한다.

② 시험편의 측정면을 #800 이상의 사포(emery paper)로 연마한 후 버핑(buffing)한다.

③ 시험편을 시험기의 앤빌(anbil)에 장착하고 측정면을 압입자와 수직이 되도록 평행하게 조정한다.

④ 시험편의 측정조건에 따라서 시험(압입)하중과 하중적용 시간을 선정하여 시험기를 조정한다. 이 때 시험하중은 주로 0.025~3.6(kgf) 범위에서 사용하며 하중적용 시간은 15~20sec이다.

⑤ 시험편에서 측정하고자 하는 위치에 대물렌즈를 접근시킨 후 초점조정 핸들을 돌려 정확히 초점을 맞춘다.

⑥ 대물렌즈가 있던 위치로 조심스럽게 압입자를 이동시킨 후 하중작동 버튼을 누른다.

⑦ 하중작동 버튼의 램프에 불이 꺼지면 다시 대물렌즈를 측정위치로 이동시켜 압입자국을 확인하고 초점을 조정한다.

⑧ 계측 현미경과 micrometer를 사용하여 모니터상에서 또는 대안렌즈 내에서 압입자국의 긴 쪽 대각선(a) 길이를 정밀하게 측정한다.

⑨ 어떤 시험편의 누우프 경도 측정에서 시험하중(P)을 300gf=0.3kgf로 하여 시험했을 때 압입자국의 긴 대각선 길이 a가 95.7㎛=0.0957mm로 측정되면 HK값은 다음과 같이 산출한다.

$$HK=14.22 \times P/a^2 = 14.22 \times 0.3/(0.0957)^2 = 14.22 \times 32.75649 = 465.78(kgf/mm^2)$$와 같이 산출되며 HK466으로 표기한다.

1.6 쇼어(Shore) 경도(HS)

1) 개요 및 측정원리

쇼어 경도는 1906년 A.F. Shore가 고안한 해머의 낙하식(반발식) 경도기에 의해서 측정하는 재료의 경도값이다. Shore는 꼭지각이 90°인 다이아몬드 원추를 부착시킨 2.36gr의 해머(hammer)를 scale이 있는 유리관속에 넣고 $10''(254mm)$ 높이(h_0)에서 재료 표면에 수직으로 낙하시킨 후 해머가 반발하여 최대로 튀어 올라갔을 때 air bulb를 눌러 유리관내를 진공상태로 하고 해머의 끝에 해당하는 눈금의 수치(h_1)를 읽어서 다음과 같은 식 (1.7)에 대입함으로서 경도를 산출하였다.

$$HS = \frac{10,000}{65} \times \frac{h_1}{h_0} \tag{1.7}$$

h_0 : 해머의 낙하높이

h_1 : 낙하 후 해머의 반발높이며 경도의 단위는 없다.

식 (1.7)은 Shore가 2.36gr의 해머를 $10''$ 높이에서 담금질(quenching)하여 표면을 잘 연마한 고탄소강의 표면에 수직으로 낙하시켰을 때 해머가 튀어 올라간 평균 높이가 $6.5''(165.1mm)$이므로 이 때를 쇼어 경도값(HS) 100으로 해서 얻은 것이다. 즉, 쇼어 경도 1(HS 1)은 해머가 1.651mm($0.065''$) 반발했을 때의 값이다. $HS \times (6.5/10) = 100 \times (h_1/h_0)$에서 $HS = (10/6.5) \times 100 \times (h_1/h_0) = (1,000/6.5) \times (h_1/h_0)$가 되며 6.5의 소수점을 제거하기 위해 분모, 분자에 각각 $\times 10$하여 $(10,000/65) \times (h_1/h_0)$로 식을 유도한 것이다.

쇼어 경도기에는 구형인 C형이 있고 그것을 개량한 SS형이 있으나 경도 시험시 해머의 반발높이를 목측(目測)으로 측정해야 하므로 측정오차가 발생하였다. 1970년대부터는 목측형을 개량하여 air bulb 대신 시험 후 경도를 직접 읽을 수 있는 다이알게이지(dial gauge)가 부착된 D형 경도기를 사용하고 있다. 표 1.4는 쇼어 경도기의 종류를, 그림 1.14는 type별 쇼어 경도기를 나타낸 것이다.

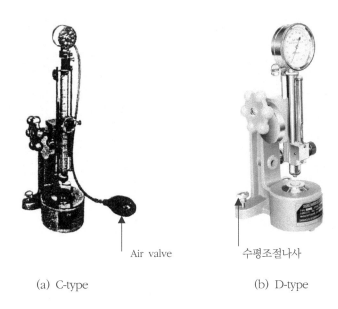

(a) C-type   (b) D-type

그림 1.14 Type별 쇼어 경도기

표 1.4 쇼어 경도기의 type과 해머중량 및 낙하높이

경도기의 type	해머의 중량(gr)	해머의 낙하높이(h_0 mm)	측정 방식
C	2.36	254 (10″)	목 측
SS	2.5	255 (10″)	목 측
D	36.2	19 (3/4″)	Dial gauge

2) 경도시험 방법

쇼어 경도시험은 시험재료의 표면을 #800 이상의 에머리 페이퍼로 연마한 후 측정하며 측정자국이 매우 작으므로 완제품의 경도측정에도 적용된다.

다음은 다이알 게이지형(D-type) 쇼어 경도시험 절차이다.

① 시험기를 정반위에 놓고 시험기의 수평조정나사를 돌리면서 중앙부에 있는 진자 추가 정 가운데를 가리키도록 조정하여 수평을 맞춘다.

② 쇼어 경도시험용 표준시험편으로 5회 이상 측정한 평균값으로 시험기의 오차를 확인한다.

③ 시험편을 시험기의 받침대 위에 수평(기울기 5° 이내)으로 놓은 후 해머가 장치된 파이프를 상하로 이동시키는 핸들을 돌려 해머가 낙하하는 파이프 하단과 시험편의 표면을 잘 접촉시킨다.

④ 해머낙하 핸들을 우측으로 돌리고 있으면 해머가 시험편 표면에 떨어지는 똑소리가 나는데 이때 핸들에서 신속히 손을 뗀다.

⑤ 시험편 표면에 해머가 낙하한 후 반발되어 튀어 올라감과 동시에 다이알 게이지의 경도 지침이 0점으로 부터 최고 140범위 내에서 함께 돌아간다.

⑥ 다이알게이지의 지침이 가리키는 눈금의 수치를 읽으면 쇼어 경도값(HS)이 된다.

경도시험에서 경도차이가 큰값은 버리고 5회 이상 측정하여 평균값을 산출한 후 시험기 오차를 보정한다. 또한 측정자국의 지름이 d일 때 시험편의 두께는 최소 10d 이상이 좋으며, 가장자리로 부터는 4d, 자국간은 2d 이상 띄워서 시험하고 같은 위치를 중복하여 측정하면 안된다.

1.7 모오스(Mohs) 및 마르텐스(Martens) 경도(HM)

1) 개요 및 측정원리

모오스(Mohs) 및 마르텐스(Martens) 경도(HM)는 긋기(scratch)경도라고도 하며 주로 광물질(보석, 돌 등)이나 요업재로(유리, 도자기, 콘크리트 등)의 경도를 측정하는데 사용된다.

1822년 F. Mohs는 광물의 경도를 비교하기 위해서 다이아몬드나 단단한 물질을 사용, 일정한 압력을 가하여 소재의 표면을 긋는 스컬리로미터(Sclerometer)로 다음 10개의 광물을 시험하고 긁힘자국의 폭이 큰 것부터 작은 순으로 광물을 나열함으로서 경도를 구분하였다.

모오스 경도가 가장 낮은 광물은 활석이고 경도가 가장 높은 것은 다이아몬드가 되며 그 순서는 표 1.5와 같다.

표 1.5 재료에 따른 모오스(Mohs) 경도

재료 (광물)	활석 (talc)	석 고 (gyp-sum)	방해석 (cal-cite)	형 석 (fluor-spar)	인회석 (apa-tite)	정장석 (fel-spar)	수 정 (qua-rtz)	황옥석 (topaz) : 루비	강옥석 (corun-dum) : 사파이어	금강석 (dia-mond)
경도 순위	1	2	3	4	5	6	7	8	9	10

2) 경도시험 방법

모오스(Mohs) 경도는 정량(定量)적이지 못하므로 1890년 A. Martens가 꼭지각이 90°인 다이아몬드콘으로 광물의 표면을 긁었을 때 0.01mm의 폭이 생성되도록 하는 하중(kgf)을 그 재료의 경도값으로 정하였다. 그러나 측정하중의 선정이 곤란하므로 실제 경도시험에서는 다이아몬드콘에 20gr의 하중을 가하여 그어진 선분의 폭(a)을 계측현미경으로 0.001mm 정도까지 측정한 후 식 (1.8)에 대입하여 경도값을 산출하며 단위는 없다.

$$HM = 1(mm) / a(mm) \tag{1.8}$$

즉 어떤 광물의 경도 시험에서 a가 0.134일 때 HM 값은 7.46이 된다.

1.8 에코팁(Equo tip) 경도기

1) 개요 및 측정원리

1970년 스위스의 Dr. Leeb에 의해 개발된 시험기로서 측정관 내의 초강구 해머가 스프링의 힘으로 시험편 표면에 충돌할 때 충돌 전후 해머의 속도비를 산출하여 경도값을 얻는다. 경도시험이 신속하고 정밀하며 어느 각도의 시험편 표면에서도 측정이 가능하고 측정오차도 발생하지 않는다.

$$HE = 1000 \times (V_R / V_I) \tag{1.9}$$

식 (1.9)에서 V_R은 해머가 시편에서 반발한 직후의 속도이고, V_I는 해머가 시편에 충돌하기 직전의 속도이다. 그림 1.15는 에코팁(Equo tip) 경도기이다.

그림 1.15 에코팁(Equo tip) 경도기

그림 1.16 만능휴대용경도기

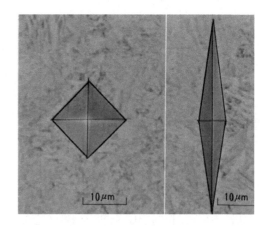

그림 1.17 Vickers 및 Knoop 경도의 압입자국

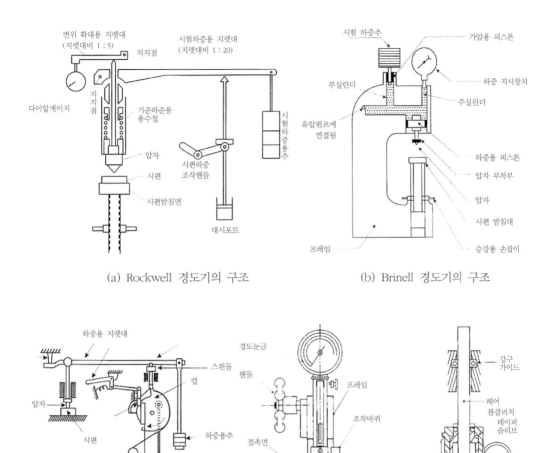

(a) Rockwell 경도기의 구조   (b) Brinell 경도기의 구조

(c) Vickers 경도기의 구조   (d) Shore 경도기의 구조

그림 1.18 각종 경도기의 내부구조

인장시험
(Tensile Test)

2.1 시험목적

재료의 인장시험은 만능재료시험기(Universal Testing Machine : UTM)를 사용하여 일정 규격으로 가공된 시험편을 시험기의 상하부 척(chuck)에 장착하고 인장하중을 가하여 시험편이 파단될 때까지 시험한 후 재료의 강도와 변형률을 산출함으로써 기계 및 구조물 설계에 필요한 각종 기초자료를 얻을 수 있는 매우 중요한 시험이다.

인장시험으로 얻을 수 있는 자료는 탄성계수(Young's modulus), Poisson의 比, 항복강도, 인장강도, 연신율 및 단면수축률 등으로서 재료의 특성을 파악할 수 있어 제품의 품질관리, 신소재 개발 분야에도 적용할 수 있다.

2.2 시험기 및 시험편

인장시험기에는 기계식과 유압식이 있으며 기계식에는 레버(lever)식, 나사봉(screw bar), Olsen식, Matzumura식 등이 있으나 구형으로서 현재는 거의 사용되지 않고 있다. 유압식에는 Amsler형, Baldwin형, Olsen형, Mohr Federhaff형, Dillon형, Shimazu형 및 Instron형 등이 사용되며, 시험하중을 나타내는 아날로그식 계기판이 있는 시험기와 컴퓨터를 부착시켜 시험용 프로그램으로 모든 자료를 처리하는 전자식 시험기가 있다. 최근에는 高價인 전자식 시험기를 통하여 시험결과를 자동으로 정밀하게 분석하고 있다. 만능재료시험기는 인장시험을 비롯하여 압축시험, 굽힘시험 및 전단시험을 할 수 있어 재료시험 분야에서는 필수적인 장비이다. 그림 2.1은 전자계측제어 프로그램을 적용하는 유압식 만능재료시험기이다. 인장시험용 시편의 규격에는 ASTM, SAE, ISO, BSS, DIN, JIS 및 KS 규격 등이 있으며 KS 규격은 한국공업규격(Korean Industrial Standard)으로서 KS B 0801에는 1호~14호의 인장시편이 있고 14호는 다시 A, B, C호로 분류된다. 우리나라에서 금속재료의 인장시험편으로 가장 많이 사용되는 규격은 봉재의 경우 KS 4호, 판재의 경우 KS 5호이며 재료의 종류 및 형상에 따라서 기타 여러 가지 규격의 시험편이 사용된다.

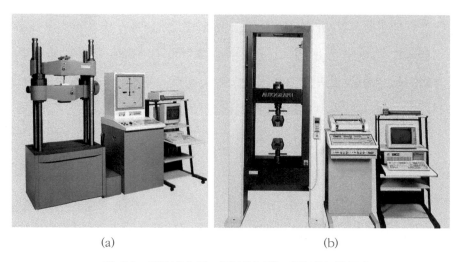

(a)   (b)

그림 2.1 유압식(a) 및 기계식(b) 만능재료시험기(UTM)

또한 재료의 크기와 시험기의 용량에 따라서 축소된 규격(subsize)의 시험편을 사용할 수 있다. 그림 2.2는 KS 4호와 KS 5호의 인장시험편을 나타낸 것이다.

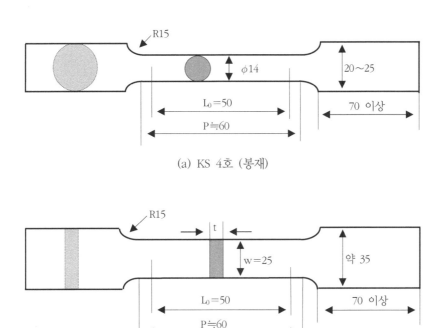

(a) KS 4호 (봉재)

(b) KS 5호 (판재)

그림 2.2 주요 인장시험편의 종류(단위 : mm)

2.3 시험이론 및 시험결과 산출

1) 하중─변형량(P─ΔL) 및 응력─변형률(stress─strain : σ─ϵ) 곡선

인장시험편으로 가공된 재료를 UTM에서 인장시험하면 인장하중이 증가함에 따라서 시험편은 탄성변형(elastic deformation) 및 소성변형(plastic deformation)을 일으키며 연신되다가 파단에 이른다. 이 때 그림 2.3의 (a)와 같은 하중─변형량(P─ΔL) 그래프 (graph)가 작성되며 이 그래프의 종축에 있는 하중(P) 값을 시험편의 시험 전 평행부

단면적(A_0)으로 나누면 응력(stress : σ) 값으로 되고, 그래프의 횡축에 나타난 변형량 (ΔL) 값을 시험편의 표점거리(L_0)로 나누어 100을 곱하면 연신율(% strain : ϵ) 값으로 되므로 하중－변형량(P－ΔL) 그래프는 그림 2.3의 (b)와 같은 응력－변형률(stress－strain : σ－ϵ) 그래프로 변경된다.

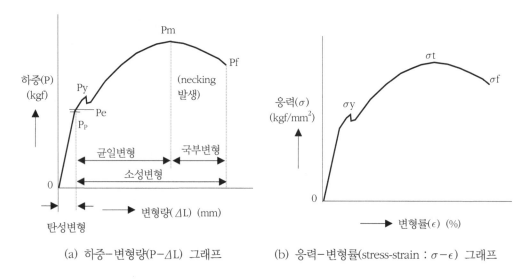

(a) 하중－변형량(P－ΔL) 그래프   (b) 응력－변형률(stress-strain : σ－ϵ) 그래프

그림 2.3 인장시험 그래프(곡선)

그림 2.4는 시험편이 인장하중에 의해서 본격적으로 소성변형이 일어나는 항복점을 나타낸 것으로서 그림 (a)는 하중－변형량 곡선에서 항복점이 나타난 경우이고 그림 (b)는 항복점이 나타나지 않는 경우이다. 그림 (a)와 같이 상부 항복점(P_{Uy}) 및 하부 항복점(P_{Ly})이 나타나는 재료의 항복강도는 상부 항복점(P_{Uy})에 의해서 산출된다. 한편 그림 (b)와 같이 항복점이 나타나지 않는 재료는 총 변형(연신)률(ϵ)의 0.2%되는 지점에서 비례한도선과 평행하게 그은 선분이 하중－변형량 곡선과 교차하는 0.2% offset점을 항복점으로 한다.

그림 2.4의 (b)에 나타낸 Ps점은 총 변형(연신)률의 0.1% 지점에서 비례한도선과 평행하게 그은 선분이 하중－변형량 곡선과 교차하는 0.1% offset 점으로서 안전하중점이라고 하며, 안전하중을 시험편 평행부의 시험 전 단면적으로 나눈 값을 안전응력(safe 또는 proof stress)이라 한다. 시험편에 안전응력을 15초(sec)간 작용시킨 후 응력을 제

거하였을 때 표점거리(L_0)가 0.1% 이상 영구변형되지 않으면 그 재료는 규격표(speci-fication)와 일치하는 것이다.

하중-변형량 곡선에서 항복점의 하중(kgf)은 그림 2.4의 (a)와 같이 시험기로부터 알 수 있는 최대하중(Pm)점까지를 변형량축에서 수직으로 mm 눈금자를 사용하여 측정(x)하고 다시 항복점까지를 같은 방법으로 측정(y)한 후 비례식으로 산출할 수 있다.

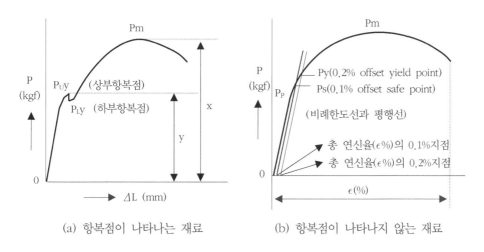

(a) 항복점이 나타나는 재료   (b) 항복점이 나타나지 않는 재료

그림 2.4 인장시험 그래프의 항복점(P_{Uy} 및 P_y)

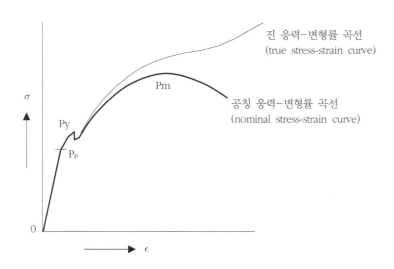

그림 2.5 인장시험 그래프의 진(실) 응력-변형률 곡선

즉 시험곡선에서 최대 인장하중(Pm)이 7,700kgf이고 scale로 측정한 x가 120mm, y가 84mm일 때 상부항복점(P$_{U}$y)은 다음과 같이 산출한다.

Pm : P$_{U}$y=x : y의 비례식에서 7,700 : P$_{U}$y=120 : 84이므로 P$_{U}$y=5,390kgf이다.

그림 2.5에서 나타낸 진(실)응력(true 또는 actual stress) 곡선은 인장시험과정에서 변화되는 하중(P)을 하중변화에 따른 시편 평행부 또는 수축부의 실제 변형된 단면적(At)으로 나눈 응력에 의해서 그려진 것이다. 그러나 공칭응력(nominal stress) 곡선은 인장시험에 따른 하중(P)의 변화를 시험편 평행부의 시험 전 단면적(A$_0$)으로 나눈 응력에 의해서 작성된 것이다.

그림 2.4 (a)의 하부항복점은 1차 항복이 일어난 상부항복점에서 결정이 slip함으로서 하중이 순간적으로 소량 감소한 후에 아직 미항복된 결정에 Lűders band가 나타나면서 항복 연신이 발생한 지점이며 이 후 인장하중의 증가에 따라 소성변형이 파단점까지 지속된다.

2) 인장강도(tensile strength : σ_t)

재료의 인장강도는 시험편이 인장하중에 의해서 파단될 때까지 소요된 최대하중(Pm)을 시험편 평행부의 시험전 단면적(A$_0$)으로 나눈 값으로서 최대응력에 해당된다.

$$\sigma_t = \frac{Pm}{A_0} \ (kgf/mm^2) \tag{2.1}$$

Pm : 최대하중(kgf)

A$_0$: 시험편 평행부의 시험 전 단면적(mm^2)

3) 항복강도(yield strength : σ_y)

재료의 항복강도는 시험편이 인장되는 과정에서 본격적으로 소성변형이 시작되는 항복점의 하중(Py)를 시험편 평행부의 시험 전 단면적(A$_0$)으로 나눈 값으로서 항복응력 또는 내력(耐力)이라고도 한다.

$$\sigma_{y} = \frac{P_y}{A_0} \ (\text{kgf/mm}^2) \tag{2.2}$$

P_y : 최대하중(kgf)

A_0 : 시험편 평행부의 시험 전 단면적(mm^2)

4) 연신율(% elongation 또는 strain : ϵ)

재료의 연신율은 시험편의 평행부에 표시한 표점거리(L_0)가 인장시험 후 몇 %나 연신되었는가를 산출한 값이다.

$$\epsilon = \frac{L_1 - L_0}{L_0} \times 100 \ (\%) \tag{2.3}$$

L_0 : 표점거리(gauge length)(mm)

L_1 : 인장시험 후 연신된 표점거리(mm), $L_1 - L_0 = \Delta L$

5) 단면수축률(% reduction of area : ϕ)

재료의 단면수축률은 시험편의 평행부가 인장시험하여 파단되었을 때 파단부의 단면적(A_1)이 시험 전 평행부의 단면적(A_0)보다 몇 %나 수축되었는가를 산출한 값이다.

$$\phi = \frac{A_0 - A_1}{A_0} \times 100 \ (\%) \tag{2.4}$$

A_0 : 시험 전 인장시험편의 평행부 단면적(mm^2)

A_1 : 인장시험 후 시험편 파단부의 단면적(mm^2), $A_0 - A_1 = \Delta A$

6) 탄성계수(Young's modulus : E)

재료를 인장시험하여 얻은 응력(stress)-변형률(strain) 선도에서 탄성한계점까지는 응력과 변형률이 직선적으로 정비례하며 Hook의 법칙이 성립한다.

재료의 탄성계수(E)는 탄성변형이 일어나는 탄성한계(elastic limit)내에서 응력과 변형률간의 비례상수로서 직선의 기울기가 되며 Young계수(률)라고도 한다. ASTM에서는 탄성한계점을 영구 연신율이 0.001~0.003%일 때의 하중점으로 한다. 그러나 DIN 규격은 0.01%, JIS규격은 0.03%로 한다(그림 2.6 참조).

$$E = \frac{\sigma}{\varepsilon} = \frac{Pe/A_0}{\Delta L/L_0} = \frac{Pe/A_0}{0.0002} \ (kgf/mm^2) \tag{2.5}$$

σ : 탄성한계점에서의 응력으로서 $Pe/A_0(kgf/mm^2)$ 값이다.

ε : 탄성한계점에서의 변형률로서$(Le-L_0)/L_0 = \Delta L/L_0$ 값이다.

Pe : 탄성한계점에서의 하중(kgf)

Le : 탄성한계점까지 연신된 표점거리(mm)

L_0 : 표점거리(mm)

A_0 : 시험편 평행부의 시험 전 단면적(mm^2)

0.002% 영구 연신율에 해당하는 하중을 탄성한계점으로 보면 $\Delta L=L_0 \times 0.002\%=L_0 \times 0.00002$이므로 표점거리 L_0가 50mm일 때 $\Delta L=50 \times 0.00002=0.001mm$이며 $\varepsilon= 0.001/50=0.00002$이다. 그리고 $\sigma=40kgf/mm^2$ 라면 탄성계수 $E=40/0.00002=2.0 \times 10^6 \ kgf/mm^2$이다. 식 (2.5)는 $\sigma=E \cdot \varepsilon$와 같이 나타낼 수 있고 탄성계수 E는 비례상수 이다.

7) 포아송의 比(Poisson's ratio : μ) (그림 2.6 참조)

포아송의 비는 재료를 인장시험할 때 탄성한계점내에서 시험편 평행부 지름의 수축 량을 표점거리의 연신량으로 나눈 값으로서 금속재료의 경우 0.25~0.35이다. 단 납 (Pb)은 0.43이며 콘크리트가 0.1~0.2, 유리 4.1, 고무 0.5이다.

$$\mu = \frac{1}{m} = \frac{\varepsilon'}{\varepsilon} = \frac{\Delta d/d_0}{\Delta L/L_0} \tag{2.6}$$

ε : 탄성한계점(Pe)내에서 시험편 표점거리(L_0)의 연신량(ΔL)으로서 종 (축)방향 변형량이며 $\varepsilon=Le-L_0 = \Delta L$이다.

ε' : 탄성한계점(Pe)내에서 시험편 평행부 지름(d_0)의 수축량(Δd)으로서 횡(가로)방향 변형량이며 $\varepsilon'=d_0-de= \Delta d$이다.

m : 포아송의 수(數)로서 m > 1이며 금속재료의 경우 3.0~3.7이다.

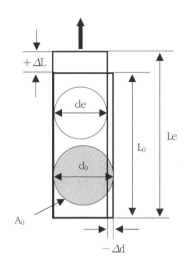

Pe (탄성한계내에서의 인장하중)

$+\Delta L$

de

L_0

d_0

A_0

Le

$-\Delta d$

시험편의 원단면적 $A_0 = \pi (d_0/2)^2$

$+\Delta L = \le - L_0 , \ -\Delta d = d_0 - de$

L_0 : 표점거리(mm)

Le : 인장하중 Pe(kgf)에서의 연신된
　　 표점거리(mm)

d_0 : 시험편 평행부의 원지름 (mm)

de : 인장하중 Pe(kgf)에서의 수축된
　　 평행부의 지름(mm)

Pe : 탄성하중점

그림 2.6　탄성한계점내에서 인장하중에 따른 시험편 평행부의 변형

8) 진응력(true stress) 및 진변형률(true strain)

진응력 및 진변형률은 재료의 인장시험과정에서 현재 작용되고 있는 하중에 따라 변화된 시험편 평행부의 실제 단면적과 표점거리에 의해서 산출한 값이며 그림 2.5와 같은 곡선으로 나타난다.

① 진응력(true stress ; σt) : 재료의 인장시험에서 변화하는 하중을 하중에 따라 수축되는 평행부의 실제 단면적으로 나눈 값이다.

$$\sigma_t = \frac{Pt}{At} \ (kgf/mm^2) \tag{2.7}$$

　　Pt : 현 시점에서의 작용하중(kgf)

　　At : 현 작용하중 상태에서 시험편 평행부의 단면적(mm^2)

② 진변형률(true strain ; εt) : 재료의 인장시험에서 하중에 따라 변화하는 표점거리의 연신량을 시험 전 표점거리로 나눈 값이다.

47

$$\epsilon t = \frac{\Delta Lt}{L_0} \times 100 \, (\%) \tag{2.8}$$

ΔLt : 현 작용하중 상태에서 표점거리의 연신량(mm) ; $\Delta Lt = Lt - L_0$

L_0 : 시험 전 표점거리(mm)

9) 상사(相似)의 법칙(Balba's Law)

재질이 같고 기하학적으로 유사한 인장시험편은 인장시험시 같은 연신율(변형률)을 갖는다는 법칙으로서 식 (2.9)와 같이 나타낼 수 있다. 즉 시험편의 표점거리를 지름으로 나눈 값은 서로 같은 결과를 갖는다는 것이다.

$$\epsilon = \frac{\epsilon_U + \epsilon_L}{L_0} \times 100 \, (\%) = (\alpha + \frac{\beta \sqrt{A_0}}{L_0}) \times 100 \, (\%) \tag{2.9}$$

ϵ_U : 최대하중(Pm)점까지의 균일변형한 연신량(mm)

ϵ_L : 최대하중점에서 파단까지의 국부변형한 연신량(mm)

$\epsilon_U = \alpha \times L_0$ (균일변형구역이므로 시험편의 길이에 비례)

$\alpha = \epsilon_U / L_0$

$\epsilon_L = \beta \times \sqrt{A_0}$ (국부변형구간이므로 시험편 단면적의 평방근에 비례)

$\beta = \epsilon_L / \sqrt{A_0}$

A_0 : 시험편 평행부의 원단면적(mm^2)

L_0 : 시험 전 표점거리(mm)

직경 d_0인 환봉시편의 경우 $A_0 = \pi (d_0/2)^2 = \pi (d_0^2/4)$이다.

2.4 인장시험 방법

1) 시험절차

① 재료를 절단하여 시험편을 채취하고 재질과 시험기의 최대용량을 고려한 후 KS 인장시편의 규격으로 가공한다.

② 시험기의 유압작동상태, 감도(무하중 상태에서 용량의 1/1,000에 해당하는 하중을 부하)등을 점검하고 상·하부 cross head에서 시험편에 적합한 척(chuck)으로 교체한다.

③ 아날로그식 시험기의 경우는 그래프 용지와 싸인펜을 설치하며, 컴퓨터 제어방식의 시험기는 시험용 프로그램을 점검하고 프린터를 가동시킨다.

④ 시험편 평행부의 직경(d_0) 또는 폭(w_0)과 두께(t_0)를 측정한 후 평행부 표면에 축방향으로 매직을 사용하여 직선을 긋고 중심점을 선정한 다음 좌우로 표점을 찍어 그림 2.7의 (a)와 같이 표점거리(L_0)를 표시한다.

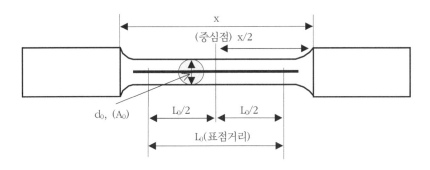

(a) 시험 전 표점거리(L_0) 및 평행부의 직경(d_0)과 단면적(A_0)

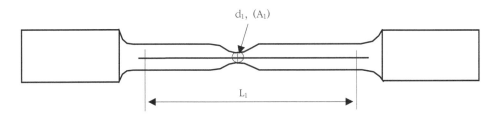

(b) 시험 후 표점거리(L_1) 및 파단부의 직경(d_1)과 단면적(A_1)

그림 2.7 인장시험편의 시험 전 및 시험 후 상태

⑤ 재료의 인장시험시 시험하중이 시험기 최대 용량의 80%를 넘지 않도록 시험하중을 선택하며, 시험속도는 하중의 1/2지점에서 항복점까지는 평균 $1\sim3(kgf/mm^2 \cdot sec)$의 증가율로 시험하여 항복점을 측정하고, 인장강도 시험시는 하중의 1/2이상부터 시편 평행부의 연신 증가율이 $20\sim80(\%/mm)$가 되도록 조정한다. 신장계 (extensometer)가 있는 경우는 시편의 평행부에 신장계를 부착하고 1(mm/min)의 속도로 250kgf씩 증가시키면서 시험한다. 단 주철과 같이 취성이 큰 시험편에는 신장계를 사용하지 않는다.

⑥ 하부 cross head를 내리고 상부 cross head의 척에 시험편을 장착시킨 후 시험기를 작동하여 RAM을 상승시킴으로서 하중에 대한 0점 조정을 실시한다.

⑦ 하부 cross head를 올려 시험편의 하단부를 척에 물린 후 인장하중을 가하여 시험한다.

⑧ 시험편이 파단되면 시험기는 자동으로 정지되므로 최대하중(Pm)을 기록하고 하부 cross head를 내려 파단된 시험편을 척으로 부터 꺼내어 파단면을 밀착시킨 후 연신된 표점거리(L_1)와 파단부의 직경(d_1) 또는 폭(w_1)과 두께(t_1)를 측정한다. (그림 2.7 참조)

⑨ 시험결과로 그려진 하중-변형(연신)량 그래프를 절취 또는 printing한다.

⑩ 유압제거 또는 return하여 상승한 상부 cross head를 내려 원위치시킨다.

⑪ 하중-변형(연신)량 그래프와 시편의 측정값(L_0, L_1 및 환봉 시험편은 d_0, d_1, 판재 시험편은 w_0, w_1과 t_0, t_1)을 사용하여 강도(인장 및 항복)와 변형량(연신율 및 단면수축률) 등을 산출한다.

2) 시험결과 산출

문제 1   어떤 철강재료를 KS 4호 인장시험편으로 가공하여 인장시험한 결과 최대 하중 (Pm)이 10,200kgf, 항복하중(Py)은 7,450kgf이며 시험 후 연신된 표점거리 (L_1)는 65mm이고 파단부의 직경(d_1)은 9.8mm일 때 인장강도, 항복강도 및 연신율, 단면수축률은 각각 얼마인가?(단 시험편이 환봉인 KS 4호이므로 평행부의 시험 전 직경(d_0)은 14mm이고 표점거리(L_0)는 50mm이다.)

풀 이

① 인장강도

$\sigma m = Pm / A_0$ 식에서 $Pm = 10,200 kgf$, $A_0 = \pi \cdot (d_0/2)^2 = 3.14 \times (14/2)^2 = 153.86 mm^2$이므로 $\sigma m = 10,200 / 153.86 = 66.29 (kgf/mm^2)$이다.

② 항복강도

$\sigma y = Py / A_0$ 식에서 $Py = 7,450 kgf$, $A_0 = 153.86 mm^2$ 이므로 $\sigma y = 7,450 / 153.86 = 48.42 (kgf/mm^2)$이다.

③ 연신율

$\varepsilon = [(L_1 - L_0) / L_0] \times 100$ 식에서 $L_0 = 50 mm$, $L_1 = 65 mm$이므로 $\varepsilon = [(65 - 50) / 50] \times 100 = (15 / 50) \times 100 = 30 (\%)$이다.

④ 단면수축률

$\psi = [(A_0 - A_1) / A_0] \times 100$ 식에서 $A_0 = 153.86 mm^2$, $A_1 = \pi \cdot (d_1/2)^2 = 3.14 \times (9.8/2)^2 = 75.39 mm^2$이므로 $\psi = [(153.86 - 75.39) / 153.86] \times 100 = (78.47 / 153.86) \times 100 = 51 (\%)$이다.

문제 2 어떤 철강재료를 KS 5호 인장시험편으로 가공하여 인장시험한 결과 최대 하중(Pm)이 6,360kgf, 항복하중(Py)은 4,240kgf이며 시험 후 연신된 표점거리(L_1)가 60mm이고 파단부의 폭(w_1)은 20mm, 두께(t_1)는 4.2mm일 때 인장강도, 항복강도 및 연신율, 단면수축률은 각각 얼마인가?(단 시험편이 판재인 KS 5호이므로 평행부의 시험 전 폭(w_0)은 25mm, 두께(t_0)는 5mm이고 표점거리(L_0)는 50mm이다.)

풀 이

① 인장강도

$\sigma m = Pm / A_0$ 식에서 $Pm = 6,360 kgf$, $A_0 = w_0 \times t_0 = 25 \times 5 = 125 mm^2$이므로 $\sigma m = 6,360 / 125 = 50.88 (kgf/mm^2)$이다.

② 항복강도

$\sigma y = Py / A_0$ 식에서 $Py = 4,240 kgf$, $A_0 = 125 mm^2$이므로 $\sigma y = 4,240 / 125 = 33.92 (kgf/mm^2)$이다.

③ 연신율

$\varepsilon = [(L_1 - L_0) / L_0] \times 100$ 식에서 $L_0 = 50 mm$, $L_1 = 60 mm$이므로 $\varepsilon = [(60 - 50) / 50] \times 100 = (10 / 50) \times 100 = 20 (\%)$이다.

④ 단면수축률

$\psi = [(A_0 - A_1) / A_0] \times 100$ 식에서 $A_0 = 25mm^2$, $A_1 = w_1 \times t_1 = 20 \times 4.2 = 84$ mm^2 이므로 $\psi = [(125 - 84) / 125] \times 100 = 32.8$ (%)이다.

문제 3 기계구조용 탄소강을 평행부 직경(d_0)이 ψ14mm인 KS 4호 인장시험편으로 가공하여 표점거리(gauge length : L_0)를 50mm로 하고 인장시험할 때 0.02% offset 탄성 한계점에서의 하중(Pe)이 6,470kgf 이면 탄성계수(Young's modulus)는 얼마인가? 또한 탄성한계점에서 시험편의 직경(de)이 13.9971mm였다면 포아송의 비(Poisson's ratio)는 얼마인가?

풀 이 ① 탄성계수(Young's modulus)

$E = \sigma e / \epsilon e = (Pe / A_0) / (\Delta L / L_0)$ (kgf/mm²)이므로 $E = (6,470 / 153.86) / (0.01 / 50) = 42.05 / 0.0002 = 210,250 ≒ 2.1 \times 10^5$ (kgf/mm²)

※ 탄성한계점에서의 연신율(ϵe)이 0.02%이므로 Le = 50.01mm이고 $\Delta L =$ Le − L_0 = 50.01 − 50 = 0.01mm 이다. 또 $A_0 = \pi \cdot (d_0 / 2)^2 = 3.14 \times (14 / 2)^2$ = 153.86mm²

② 포아송의 비(Poisson's ratio)

$\nu = \epsilon' / \epsilon = (\Delta d / d_0) / (\Delta L / L_0) = [(d_0 - de) / d_0] / (Le - L_0) / L_0]$이므로 $\nu = [(14 − 13.9982) / 14] / (50.02 − 50) / 50] = (0.0018 / 14) / (0.02 / 50) = 0.00012857 / 0.0004 = 0.32$

※ 탄성한계(elastic limit)점은 ASTM 규격의 경우 0.001~0.003% strain(연신율)일 때를, DIN 규격에서는 0.01% strain(연신율)을 그리고 JIS 규격은 0.03% strain(연신율)을 채택하고 있다.

2.5 시험편의 파단형태

인장시험에 의한 시험편의 파단면은 그림 2.8과 같이 주철과 같은 취성재료는 국부수축이 없는 취성파단이 일어나고 열처리한 고강도 강재의 경우는 국부수축에 star 파단이 일어난다. 한편 열간 압연된 연강은 국부수축부에 cup과 cone형태, 저탄소강은 국부수축부에 원추형 상태의 파단이 발생한다.

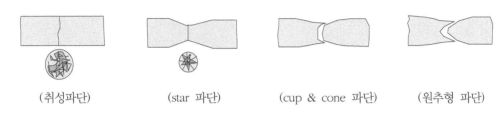

    (취성파단)   (star 파단)   (cup & cone 파단)   (원추형 파단)

그림 2.8 재료에 따른 인장시험편의 시험 후 파단형태

2.6 재료의 인장특성

재료의 인장특성이란 재료가 정적인 인장하중에 잘 견딜 수 있는 성질을 말하며 인장특성이 향상되려면 항복점, 인장강도 및 경도가 높아야 한다. 경도는 HB 500 이상이 요구되며 적절한 연성이 있어야 한다. 합금의 인장강도는 열처리 즉 담금질(quenching)−뜨임(tempering)처리가 효과적으로 이루어졌을 때 증가할 수 있다. 인장강도가 비교적 높은 철강의 조직은 tempered martensite, bainite 및 sorbite 등이며 압연재의 인장강도는 종방향(압연방향)이 횡방향보다 크게 나타난다.

한편 철강재료(아공석강)의 인장강도(σ_m)는 HB < 500에서 경도와 다음과 같은 비례관계가 성립된다.

$$\sigma_m \, (\text{kgf/mm}^2) \fallingdotseq 1/3 \times \text{HB} \fallingdotseq 2.1 \times \text{HS} \fallingdotseq 3.2 \times \text{HRC} \qquad (2.10)$$

또한 국부적인 연성의 감소를 나타내는 환경이나 금속조직의 변화를 파악하기 위해서는 환봉 인장시험편의 평행부 중간에 선단이 0.025R(mm)인 60°의 ring형 노치(notch)를 가공하여 인장시험할 수 있다. 이때 노치강도비(notch strength ratio ; NSR)는 식 (2.11)과 같다.

$$\text{NSR} = \frac{\sigma_{nm} \ (\text{노치있는 시편편의 인장강도})}{\sigma_m \ (\text{노치없는 시험편의 인장강도})} \tag{2.11}\_$$

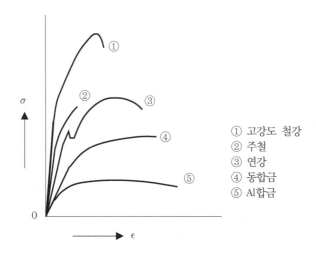

그림 2.9 인장시험한 각종 금속재료의 stress(σ)-strain(ϵ) 선도

그림 2.9는 인장시험한 각종 금속재료의 stress(σ)−strain(ϵ) 선도를 나타낸 것으로서 고강도 재료는 시험곡선이 σ쪽으로, 저강도 재료는 ϵ쪽으로 기울어짐을 알 수 있다.

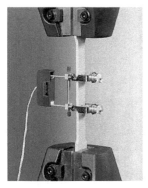 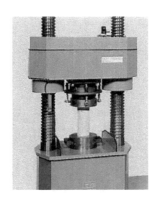 

인장시험(신율계부착)　　　　　압축시험　　　　　굽힘시험

고온 인장시험(시험편 주위에 Heater 설치)

저온 인장시험(시험편 주위에 냉각장치 설치)

진공상태 및 부식성 환경 인장시험(시험편 주위에 진공챔버 또는 부식장치 설치)

만능재료시험기(UTM)의 각종 시험방식

압축시험
(Compression Test)

3.1 시험목적

압축시험은 재료에 압축하중을 가할 때 재료의 항압력과 변형을 파악하는 시험으로서 주로 베어링 합금, 주철, 콘크리트와 같은 취성재료에 대해서 실시한다. 압축시험으로 얻을 수 있는 자료는 압축강도, 압축률, 단면변화율 및 전단저항력 등이다.

3.2 시험기 및 시험편

압축시험은 만능재료시험기(UTM)를 사용하거나 별도의 압축시험기를 이용하여 시험하며 UTM을 사용할 경우는 인장시험과 반대방향으로 하중을 작동시켜 시험한다.

재료의 압축 시험편에는 단주, 중주 및 장주 시험편이 있으며 단주 시험편은 시험편의 길이와 지름의 比인 L/D比가 0.9인 시험편으로서 주로 베어링 합금의 압축시험에 적용한다.

한편 중주 시험편은 L/D比가 2.98~3으로서 일반 금속재료의 항압력을 시험할 때 사용하며 장주 시험편은 L/D比가 7.99~10이고 재료의 탄성계수를 측정할 때 사용한다(표 3.1 참조).

시험 방법은 시험편의 전체를 압축하는 전면 압축이 있고 시험편의 일부분을 압축시키는 부분 압축이 있다. 그림 3.1에는 압축 시험편의 L/D比와 압축 방법을 나타내었다.

표 3.1 ASTM 규격의 압축 시험편

	L	D	L/D比	적용 재료
단주 시험편	1±0.05	1(1/8)±0.01	0.9	베어링 합금
중주 시험편	1(1/2)±0.05 2(3/8)±1/8 3±1/8 3(3/8)±1/8	1/2±0.01 0.798±0.01 1±0.01 1(1/8)±0.01	3 2.98 3 3	일반 금속재료 (항압력 측정)
장주 시험편	6(3/8)±1/8 12(1/2)	0.798 1(1/4)±0.01	7.99 10	탄성계수 측정

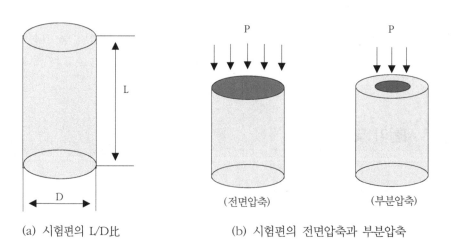

(a) 시험편의 L/D比   (b) 시험편의 전면압축과 부분압축

그림 3.1 압축 시험편의 L/D比와 압축 방법

3.3 시험이론 및 시험결과 산출

1) 하중-변형량(P-△L) 및 응력-변형률(stress-strain : $\sigma - \epsilon$) 곡선

그림 3.2는 각종 재료의 압축시험으로 얻어진 응력(σ)-변형률(ϵ) 곡선을 나타낸 것으로서 식 (3.1)이 성립하며, 비례상수 α는 탄성계수의 역수 즉 $\alpha = 1/E$이고 m은 재료상수(가공경화지수)이다.

$$\epsilon = \alpha \, \sigma^{m} \tag{3.1}$$

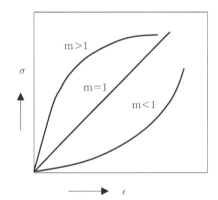

m > 1 : 금속재료, 콘크리트 등
m = 1 : 완전 탄성체(spring 등)
m < 1 : 고무, 가죽 등

그림 3.2 압축시험의 응력-변형률(stress-strain : $\sigma - \epsilon$) 곡선

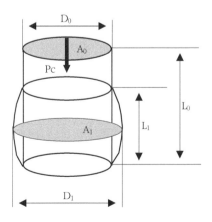

Pc : 압축하중(kgf)
L_0 : 시험 전 길이(mm)
L_1 : 시험 후 수축된 길이(mm)
D_0 : 시험 전 단면의 지름(mm)
D_1 : 시험 후 최대 단면의 지름(mm)
A_0 : 시험 전 단면적(mm^2)
A_1 : 시험 후 팽창된 최대 단면적(mm^2)
※ $A_0 = \pi \times (D_0/2)^2$, $A_1 = \pi \times (D_1/2)^2$

그림 3.3 압축하중에 의해서 변형된 압축 시험편

그림 3.3은 압축하중에 의해서 변형된 압축 시험편으로서 압축강도(σ_c), 압축률(ϵ_c) 및 단면변화율(ϕ_c)을 산출할 수 있는 자료가 된다.

2) 압축강도(compression strength : σ_c)

재료의 압축강도(응력)는 그림 3.4와 같이 압축력에 의하여 시험편이 파괴 또는 변형(팽창부에 미세균열 발생)될 때의 압축하중을 시험편의 시험전 단면적으로 나눈 값이다.

$$\sigma_c = \frac{Pc}{A_0} \, (\mathrm{kgf/mm^2})$$

(3.2)

Pc : 압축하중(kgf)

A_0 : 시험편의 시험 전 단면적($\mathrm{mm^2}$)

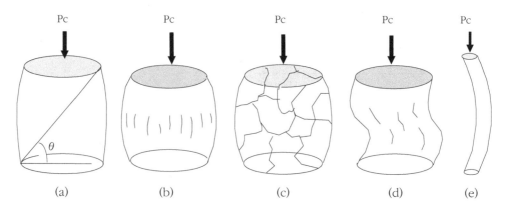

그림 3.4 압축시험에 의한 시험편의 여러 가지 파괴형태

3) 압축률(ϵ_c)

압축률은 그림 3.3과 같이 압축하중에 의해서 시험편의 처음 높이(L_0)가 몇 %나 수축되었는가를 산출한 값이다.

$$\epsilon_c = \frac{L_0 - L_1}{L_0} \times 100 \, (\%)$$

(3.3)

L_0 : 시험 전 시편의 길이(mm)

L_1 : 시험 후 시편의 길이(mm)

$$L_0 - L_1 = \Delta L$$

4) 단면 변화(팽창)율(ϕ_c)

단면 변화율은 그림 3.3과 같이 압축하중에 의해서 시험편의 시험 전 단면적(A_0)이 몇 %나 팽창되었는가를 산출한 값이다.

$$\phi_c = \frac{A_1 - A_0}{A_0} \times 100 \, (\%) \tag{3.4}$$

A_0 : 시험 전 시편의 단면적(mm^2)

A_1 : 시험 후 시편의 팽창된 단면적(mm^2)

$$A_1 - A_0 = \Delta A$$

5) 전단 저항력(f_c)

전단 저항력은 그림 3.4의 (a)와 같이 압축하중에 의해서 시험편이 대각선으로 전단 파괴 되었을 때의 응력을 산출한 값이며 취성재료인 주철같은 금속을 압축시험할 경우 자주 나타나는 현상이다. 전단파괴시는 압축응력이 2로 나누어지며 전단각도의 영향을 받는다. 그러므로 전단 저항력은 식 (3.5)로 산출할 수 있다.

$$f_c = \frac{\sigma_c}{2} \times \tan\theta \, (kgf/mm^2) \tag{3.5}$$

σ_c : 압축강도(kgf/mm^2)

θ : 시험편의 전단파단 각도(degree)

6) 시험편의 내부마찰계수(μ) 및 내부마찰각(ω)

θ각도로 전단파단하는 시험편의 경우 내부 마찰계수(μ) 및 내부 마찰각(ω)을 다음 식으로 산출할 수 있다.

$$\mu = \frac{\cos 2\theta}{\sin 2\theta} = \cot 2\theta, \ \omega = \frac{\pi}{2} - \frac{\theta}{2} \tag{3.6}$$

3.4 압축시험 방법

1) 시험절차

① 재료를 길이(L)가 (1.5~3)D가 되도록 하고 상하 단면을 평행하게 절단한 후 L_0 와 D_0를 정확히 측정한다(D : 단면의 지름 또는 폭).

② 만능재료시험기 시험부 바닥의 중심부에 원형의 압축용 받침대를 놓고 하부 cross head의 chuck 밑에 압축판을 설치한 후 시험편을 받침대 중앙에 놓는다.

③ RAM을 상승시켜 하중에 대한 0점 조정을 실시한다.

④ 하부 cross head를 하강시켜 압축판을 시험편 표면에 접근시킨 후 압축하중을 가 한다. 베어링 강재 등의 고강도 시험편일 때는 그림 3.4의 (c)와 같이 압축시 시 험편이 파괴되면서 비산되는 위험이 따르므로 비산 방지용 철망을 설치하고 시험 한다.

⑤ 압축하중이 증가함에 따른 시험편의 변형을 관찰하여 시험편의 팽창부 표면에 미 세균열이 발생하거나 대각선으로 전단파단되면 즉시 시험기 작동을 멈추고 이때 의 압축하중(Pc) 값을 기록한다.

⑥ 시험기를 return시킨 후 파괴 또는 변형된 시험편을 이동시켜 시험편의 수축된 높이(L_1)와 최대 팽창부의 지름(D_1)을 측정한다. 또한 전단파단시는 파단각도(θ) 를 각도기로 측정한다.

⑦ 측정한 Pc, L_0, L_1, D_0, D_1 및 θ값을 적용하여 식 (3.2~3.4)로 압축강도 (σ_c), 압 축률(ϵ_c), 단면 변화율(ψ_c) 및 전단 저항력(f_c) 등을 산출한다.

2) 시험결과 산출

문제 1 회주철을 길이(L_0) 30mm, 직경(D_0) 15mm의 원통형 시험편으로 가공하여 압축시험한 결과 압축하중(Pc) 12,700kgf에서 전단각도(θ) 55°로 파단되었으며 시험편의 수축된 길이(L_1)가 25mm이고 최대 팽창부의 직경(D_1)이 18mm로 측정되었을 때 압축강도(σ_c), 압축률(ε_c), 단면 변화율(ψ_c) 및 전단 저항력(f_c)은 각각 얼마인가?

풀 이 ① 압축강도(응력)

$$\sigma_c = P_c / A_0 = 12{,}700 / 176.625 = 71.9 \ (\text{kgf/mm}^2)$$
$$A_0 = \pi \times (D_0 / 2)^2 = 3.14 \times (15/2)^2 = 176.625 \ (\text{mm}^2)$$

② 압축률

$$\varepsilon_c = [(L_0 - L_1) / L_0] \times 100 = [(30 - 25) / 30] \times 100 = 16.6 \ (\%)$$

③ 단면 변화율

$$\psi_c = [(A_1 - A_0) / A_0] \times 100 = [(254.34 - 176.625) / 176.625] \times 100$$
$$= 44 \ (\%)$$
$$A_1 = \pi \times (D_1 / 2)^2 = 3.14 \times (18/2)^2 = 254.34 \ (\text{mm}^2)$$

④ 전단 저항력

$$f_c = (\sigma_c / 2) \times \tan\theta = (71.9 / 2) \times \tan 55 = 35.95 \times 1.428$$
$$= 51.34 \ (\text{kgf/mm}^2)$$

굽힘시험
(Bending Test)

chapter
04

시험목적

　굽힘시험은 재료에 굽힘 moment가 작용할 때 재료의 변형저항력(굽힘강도)을 측정하는 시험으로서 탄성계수 및 탄성에너지를 결정하기 위한 굽힘저항시험과 재료의 전성과 연성 및 균열발생의 유무를 파악하기 위한 굴곡(항절)시험으로 분류된다. 굴곡시험은 굽힘 균열시험이라고도 하며 가공의 적성여부를 판단하기 위한 시험이다. 굽힘시험은 시험방식에 따라 2점 굽힘, 3점 굽힘 및 4점 굽힘시험이 적용되며 일반적으로 3점 굽힘시험을 실시한다.

4.2 **시험기 및 시험편**

　굽힘시험은 만능재료시험기(UTM)를 이용하여 시험하며 두 개의 지점 위에 시험편을 올려놓고 지점간 중심에서 누름쇠로 압축시험과 같은 방향으로 시험편에 하중을 가하여 굽힌다. 시험편은 그림 4.1과 같은 형상으로 KS 가~바호가 사용된다.

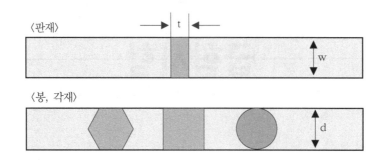

(단위 : mm)

시험편		t (mm)	w (mm)	d (mm)	시험편 길이 (mm)	사용 재료
가호		소재 두께	35<	-	250<	강판, 평강, 형강
나호		〃	원 소재	원 소재	250<	봉(bar) 및 각(角) 강재
다호		〃	25<	-	150<	박판(sheet) 강재
라호		〃	25<	-	150<	비철금속 판재
마호	1	19	25	-	150<	단조강, 주강,
	2	15	20	-	150<	스테인리스강
바호		10	16	-	200<	흑심가단주철
		6	16	-	200<	백심가단주철

그림 4.1 굽힘(굴곡)시험편의 종류와 치수(KS B 0803)

4.3 시험이론 및 시험결과 산출

1) 하중(P)–변형(δ) 선도

그림 4.2는 굽힘시험에서 얻어진 하중–변형량 선도를 나타낸 것이다.

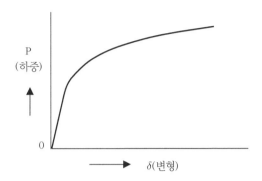

그림 4.2 굽힘(굴곡)시험의 하중-변형 선도

2) 굽힘(굴곡)시험 방식

굽힘시험 방식은 그림 4.3과 같이 2점 굽힘, 3점 굽힘 및 4점 굽힘이 있다.

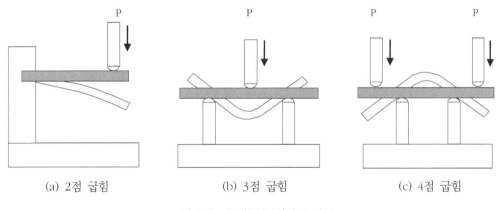

(a) 2점 굽힘   (b) 3점 굽힘   (c) 4점 굽힘

그림 4.3 굽힘(굴곡)시험의 방식

3) 굽힘강도(3점 굽힘응력 : σ_b)

$$\sigma_b = \frac{Pb \cdot L}{4 \cdot Z} \ (kgf/mm^2) \tag{4.1}$$

Pb : 굽힘하중(kgf)

L : 지점간 거리(mm)

Z : 시험편의 단면계수(mm^3)

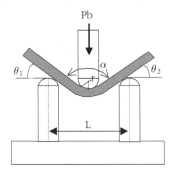

① 사각 단면 : $Z = w \cdot t^2 / 6 \; (mm^3)$
　 w : 단면의 폭, t : 단면의 두께
② 원형 단면 : $Z = \pi \cdot d^3 / 32 \; (mm^3)$
　 π : 3.14, d : 단면의 지름
③ 굽힘각도 : $\theta = (\theta_1 + \theta_2) / 2$ 또는
　 $\theta = (180 - \alpha) / 2$

그림 4.4 3점 굽힘시험과 시험결과 산출자료

4) 굽힘변형량(δ_b)

$$\delta_b = \frac{L \cdot \tan \theta}{3} (mm) \tag{4.2}$$

　　θ : 굽힘각도(degree)

　　L : 지점간 거리(mm), L=2r+3t

　　(r : 시험편 누름쇠 선단의 반지름으로서 10mm 이상

　　 t : 시험편의 두께 또는 직경)

4.4 굽힘시험 방법

1) 시험절차(3점 굽힘시험)

① 재료를 KS규격의 시험편으로 가공하고 봉재 시험편은 직경(d)을, 사각단면의 시험편은 폭(w)과 두께(t)를 측정한다(t : 굽힘하중 방향과 평행한 방향의 두께).

② 만능재료시험기의 시험부 바닥에 시험편 받침대와 하부 cross head의 chuck 밑에 굽힘용 누름쇠를 설치하고 지점간 거리(L)를 조정한 후 시험편을 받침대 중앙부에 놓는다.

③ RAM을 상승시켜 하중에 대한 0점 조정을 실시한다.

④ 하부 cross head를 하강시켜 굽힘누름쇠를 시편표면에 접근시킨 후 굽힘 하중을 가한다.

⑤ 굽힘하중이 증가함에 따른 시험편의 변형을 관찰하며 인장응력이 작용하는 시험편 하부의 굴곡 표면에 미세균열이 발생하거나 시험편이 파단되면 즉시 시험기 작동을 멈추고 이때의 굽힘하중(Pb)값을 기록한다. 단 시험편이 파손되지 않는 경우는 약 170°까지 굽힌다.

⑥ 시험기를 return시킨 후 파괴 또는 변형된 시험편을 이동시켜 시험편의 굽힘각도(θ)를 측정한다.

⑦ 측정한 Pb, L, θ, w, t 또는 d값을 식 (4.1)과 식 (4.2)에 적용하여 굽힘 강도(σ_b), 굽힘 변형량(δ_b)을 산출한다.

2) 시험결과 산출

문제 1 흑심가단주철을 KS 바호 굽힘 시험편으로 가공(w : 16mm, t : 10mm)하여 지점간 거리(L)를 60mm로 한 후 3점 굽힘시험한 결과 굽힘하중(Pb) 1,970kgf, 굽힘각도(θ) 35°에서 시험편 하부에 미세 균열이 발생하였다.
이 때 굽힘강도(σ_b) 및 굽힘 변형량(δ_b)은 각각 얼마인가?

풀 이 ① 굽힘강도(응력)

$\sigma_b = Pb \cdot L / 4Z = 1,970 \times 60 / 4 \times 266.67 = 110.8 \ (kgf/mm^2)$

※ $Z = (w \times t^2) / 6 = (16 \times 10^2) / 6 = 266.67 \ (mm^3)$

② 굽힘 변형량

$\delta_b = (L \cdot \tan\theta) / 3 = (60 \times \tan 35) / 3 = 14 \ (mm)$

※ $L = r + 3t = (2 \times 15) + (3 \times 10) = 60 \ (mm)$, $\tan 35 = 0.7$

문제 2 환봉의 구조용강재를 KS 나호 굽힘 시험편으로 가공(d : 20mm)하여 지점간 거리(L)를 90mm로 한 후 3점 굽힘시험을 굽힘하중(Pb) 4,580kgf, 굽힘각도(θ) 55°까지 실시하였다.
이 때 굽힘강도(σ_b) 및 굽힘 변형량(δ_b)은 각각 얼마인가?

풀 이

① 굽힘강도(응력)

$\sigma_b = Pb \cdot L / 4Z = 4,580 \times 90 / 4 \times 39.25 = 2,625.48 \ (\text{kgf/mm}^2)$

※ $Z = \pi \cdot d^3 / 32 = (3.14 \times 20^3) / 32 = 39.25 \ (\text{mm}^3)$

② 굽힘 변형량

$\delta_b = (L \cdot \tan\theta) / 3 = (90 \times \tan55) / 3 = 42.84 \ (\text{mm})$

$L = 2r + 3t = 2 \times 15 + 3 \times 20 = 90(\text{mm}), \ \tan55 = 1.428$

전단시험
(Shearing Test)

시험목적

전단시험은 재료의 전단력에 대한 저항성을 시험하는 것으로서 봉재, 각재, 판재 등을 나이프로 절단하거나 펀칭(punching)할 때 소요되는 전단응력을 산출한다.

시험기 및 시험편

전단시험은 만능재료시험기에 전단장치를 설치하여 시험할 수 있으며 시험편은 특정한 규격이 없고 판재 등의 원소재를 그대로 사용한다.

전단시험 방식에는 그림 5.1의 (a)와 같이 인장형 전단과 (b)와 같은 압축형 전단이 있다.

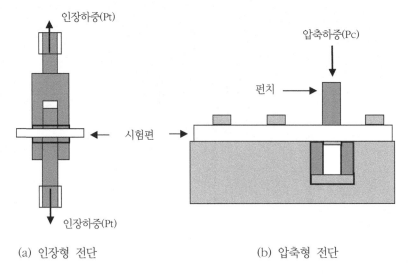

(a) 인장형 전단   (b) 압축형 전단

그림 5.1   전단시험 방식

5.3   시험이론 및 시험결과 산출

1) 전단응력과 전단변형

그림 5.2는 전단응력과 전단변형의 원리를 나타낸 것이다.

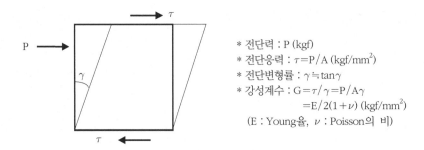

* 전단력 : P (kgf)
* 전단응력 : $\tau = P/A$ (kgf/mm^2)
* 전단변형률 : $\gamma \fallingdotseq \tan\gamma$
* 강성계수 : $G = \tau/\gamma = P/A\gamma$
$= E/2(1+\nu)$ (kgf/mm^2)
(E : Young율, ν : Poisson의 비)

그림 5.2   전단응력과 전단변형

2) 전단시험 방식에 따른 전단응력(τ) 산출식

그림 5.3은 전단시험 방식에 따른 전단응력 산출식을 나타낸 것이다.

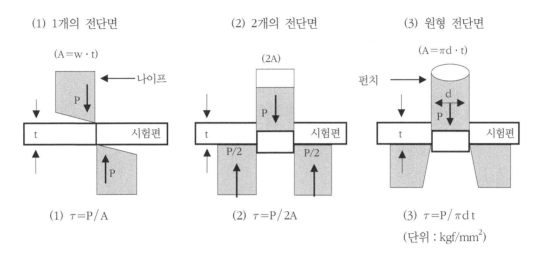

(1) 1개의 전단면   (2) 2개의 전단면   (3) 원형 전단면

(1) $\tau = P/A$ (2) $\tau = P/2A$ (3) $\tau = P/\pi d\,t$

(단위 : kgf/mm^2)

그림 5.3 전단시험 방식에 따른 전단응력(τ) 산출식

5.4   전단시험 방법

1) 시험절차(판재의 원형 punching 시험)

① 만능재료시험기에 원형 punching할 수 있는 전단시험장치를 설치한다.

② 연강(SM15C 등) 판재를 전단장치에서 시험할 수 있는 크기로 절단한다.

③ RAM 상승으로 시험기의 하중을 0점 조정한다.

④ 하부 cross head를 내려 시험편 표면에 펀치를 접근시킨 후 시험하중을 가하여
시험편을 전단한다.

⑤ 전단 최대하중(P)과 전단된 원판의 직경(d) 및 두께(t)를 기록하고 그림 5.3의 (3)
식을 적용하여 전단응력(τ)을 산출한다.

2) 시험결과 산출

문제 1 폭(w) 30mm, 두께(t) 7mm의 연강판재를 전단하중(P) 5,537kgf로 절단하였을 때의 전단응력(τ)은 얼마인가?

풀 이 ① 전단응력
$$\tau = P/A = P/w \cdot t = 5,537/30 \times 7 = 26.37 \, (kgf/mm^2)$$

문제 2 두께(t) 5mm의 연강판재를 직경(d) 30mm의 펀치로 5,750kgf의 하중을 가하여 원판을 절단하였을 때 전단응력(τ)은 얼마인가?

풀 이 ① 전단응력
$$\tau = P/A = P/\pi d \cdot t = 5,750/3.14 \times 30 \times 5 = 12.21 \, (kgf/mm^2)$$

충격시험
(Impact Test)

6.1 시험목적

충격시험은 충격하중에 대한 재료의 저항력을 시험하는 것으로서 인성(toughness) 및 취성(brittleness)을 파악할 수 있으며, 시험온도를 −200℃∼200℃범위에서 여러 온 도별로 시험함으로써 재료의 연성화와 취성화를 구분하는 천이온도(transition temperature)를 결정할 수 있다.

충격시험은 시험방식에 따라 단일충격시험(simple impact test)과 반복충격시험(repeat impact test)이 있다. 단일충격시험은 단 1회의 타격으로 시험편을 파단시켜 재료의 충격 흡수에너지와 단위면적당 충격값을 산출한다.

그러나 반복충격시험은 피로시험과 유사하게 하중이 적은 일정한 타격력을 반복적으로 시험편에 가하여 파괴시키는 시험으로서 파괴시까지의 타격횟수로서 재료의 충격 특성을 파악한다.

<table>
<tr><td>6.2</td><td>시험기 및 시험편</td></tr>
</table>

충격시험기는 인장식, 압축식 및 굽힘식 시험기로 분류할 수 있다. 인장식 충격시험은 충격력에 의하여 인장형 시험편을 파단시켜 충격 흡수에너지, 충격값 및 연신율, 단면 수축률 등을 산출하며, 압축식 충격시험은 단조(forging) 또는 충격압축에 대한 재료의 변형저항을 비교한다. 한편 굽힘식 충격시험은 가장 많이 적용하는 방식으로서 충격 흡수에너지, 충격값을 산출하며 시험기의 종류는 다음과 같고 그 중에서 샤르피 충격시험기가 주로 사용된다.

① 단일 충격시험기 : 샤르피(Charpy) 충격시험기, 아이조드(Izod) 충격시험기, 길레이(Guillery) 충격시험기, 올센(Olsen) 충격시험기

② 반복 충격시험기 : 마쯔므라(Matzumura) 충격시험기

그림 6.1은 대표적인 충격시험기를 나타낸 것이다.

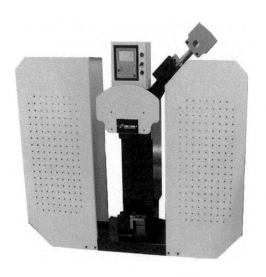

(a) Charpy type 충격시험기 (b) Izod type 충격시험기

그림 6.1 주요 충격시험기

그림 6.2와 같이 Charpy 시험기는 30°의 칼날(knife)을 가진 회전형 해머(hammer)로 시편 지지대(anvil)에 수평으로 놓인 시험편의 노치(notch)부 뒷면을 1회 타격하여 파단시키며, Izod 시험기는 회전하는 장방형 해머로 시험기 바닥에 수직으로 꽂인 시험편의 노치부 상부면을 1회 타격하여 파단한다. 표준 충격시험기의 타격속도는 5~5.28m/sec 정도이다.

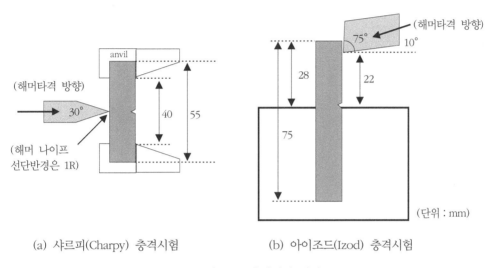

(a) 샤르피(Charpy) 충격시험   (b) 아이조드(Izod) 충격시험

그림 6.2 충격시험 방식

충격 시험편은 그림 6.3과 같이 5종의 규격이 있으며 그 중에서 샤르피형인 3호와 4호 시험편이 주로 사용된다.

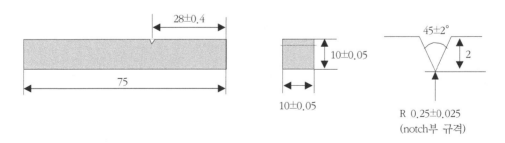

(a) 1호 충격 시험편(Izod type)

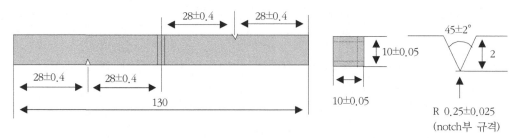

(b) 2호 충격 시험편(Izod type)

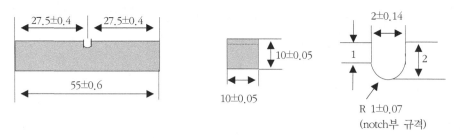

(c) 3호 충격 시험편(Charpy type)

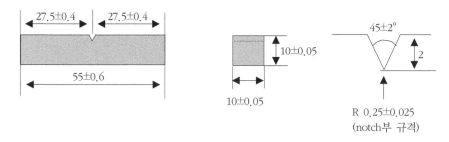

(d) 4호 충격 시험편(Charpy type)

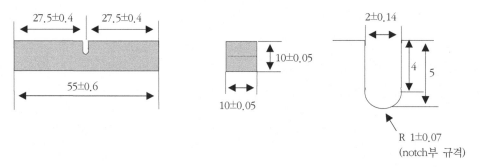

(e) 5호 충격 시험편(Charpy type)

그림 6.3 충격 시험편의 규격(KS B 0809)(단위 : mm)

6.3 시험이론 및 시험결과 산출

1) 충격흡수에너지(E)

충격흡수에너지는 재료의 충격시험시 해머의 타격력 중에서 시험편이 파괴되는데 소요되는 에너지(E)를 산출한 값으로서 식 (6.1)을 적용한다.

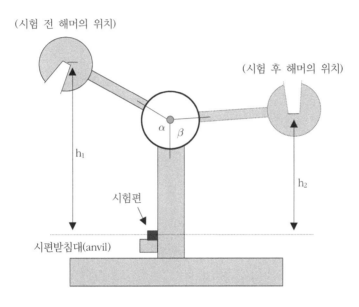

그림 6.4 충격시험기의 시험 전·후의 해머의 위치와 각도

그림 6.4는 충격시험기의 시험 전과 시험 후 해머의 위치와 각도를 나타낸 것이다.

$$E = W(h_1 - h_2) = WR(\cos\beta - \cos\alpha)\,(\mathrm{kgf \cdot m}) \tag{6.1}$$

- W : 해머(hammer)의 중량(kg)
- R : 해머의 회전반경(m)
- h_1 : 해머의 시험 전 높이(m)
- h_2 : 해머의 시험 후 높이(m)
- α : 해머의 시험 전 각도(degree)
- β : 해머의 시험 후 각도(degree)

해머의 시험 전 위치에너지(Wh_1)와 시험 후 위치에너지(Wh_2)는 다음과 같다.

$$Wh_1 = WR + WR\cos(180 - \alpha) = WR(1 - \cos\alpha)(\text{kgf} \cdot \text{m})$$

$$Wh_2 = W(R - R\cos\beta) = WR(1 - \cos\beta)(\text{kgf} \cdot \text{m})$$

2) 충격값(U)

충격값은 충격흡수에너지를 시험 전 시험편의 노치부를 제외한 단면적으로 나눈 값으로서 cm^2당 흡수에너지를 산출한 값이다.

$$U = \frac{E}{A} = \frac{WR(\cos\beta - \cos\alpha)}{A}(\text{kgf} \cdot \text{m/cm}^2) \tag{6.2}$$

식 (6.2)에서 E는 충격흡수에너지($\text{kg} \cdot \text{m}$)이며, A는 시험 전 시험편의 노치부를 제외한 단면적(cm^2)이다.

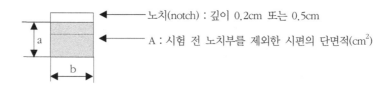

$$A = a \times b = 1\text{cm} \times 0.8\text{cm} = 0.8\,\text{cm}^2 \; ; (\text{KS 1~4호 시험편})$$

$$A = a \times b = 1\text{cm} \times 0.5\text{cm} = 0.5\,\text{cm}^2 \; ; (\text{KS 5호 시험편})$$

3) 천이(遷移)온도구간 및 천이온도(ductile to brittle transition temperature ; DBTT)

같은 재료로 가공된 같은 규격의 충격 시험편을 사용하여 저온에서부터 고온으로 일정한 간격의 온도별로 충격시험을 했을 때 충격값의 변화가 발생하는 온도구간을 천이온도구간이라 하며 그 중간 지점의 온도를 천이온도(transition temperature)라 한다.

천이온도는 재료가 온도변화에 따라서 연성(ductility)화 또는 취성(brittleness)화 되는 분기점의 온도로서 천이온도보다 저온으로 갈수록 취성화가 증가되고 천이온도보다 고온으로 갈수록 연성화가 증가한다. 그림 6.5는 어떤 금속재료를 온도별로 충격시험하여 얻은 천이온도구간 및 천이온도를 나타낸 것이다.

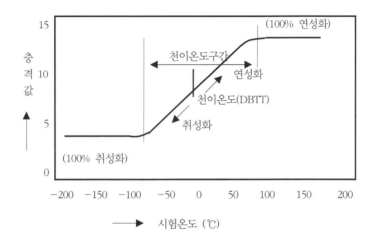

그림 6.5 온도별 충격시험에서 나타난 천이온도구간 및 천이온도

그림 6.6은 4340 강재를 저온으로부터 고온으로 온도별 충격시험한 파면으로서 연성이 0%에서 100%까지 변화는 과정을 보여준다. 연성파면은 굴곡이 심하고 날카로운 찢김 현상이 나타나며 어둡게 보인다. 그러나 취성파면은 비교적 평탄하게 파단된 곳으로서 밝게 보인다.

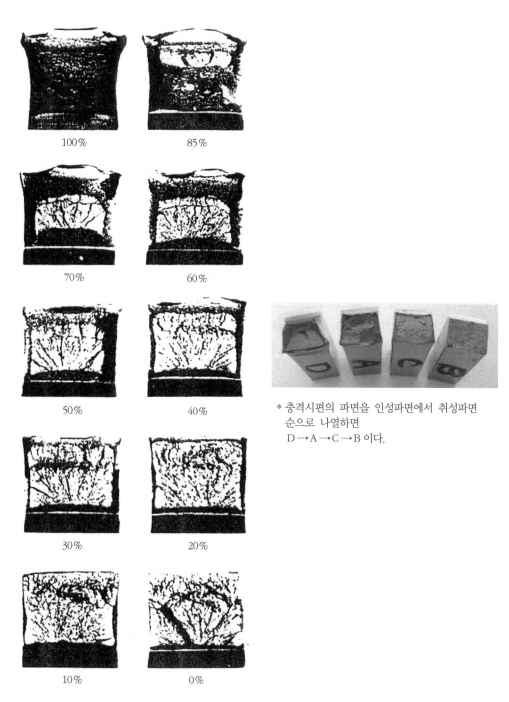

* 충격시편의 파면을 인성파면에서 취성파면
  순으로 나열하면
  D → A → C → B 이다.

※취성율(%) ＝ 100(%) − 연성율(%)

그림 6.6 충격 시험편 파면의 연성율(%)

4) 시험편 채취

충격 시험편의 채취는 그림 6.7과 같이 압연방향, 압연방향과 90°방향 및 대각선 방향등으로 채취하며 용접한 금속은 용착부, 열영향부에 노치가 위치하도록 채취한다. 그림 6.8은 재료의 압연방향에 따른 시험편의 채취와 notch 방향에 따른 충격값의 변화이며, 그림 6.9는 온도별 충격시험에서 나타나는 충격하중-변위곡선을 나타낸 것이다.

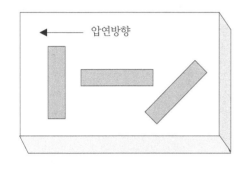

(a) 압연강재의 시험편 채취	(b) 용접부의 시험편 채취
(notch 방향 ; 상면, 측면)	

그림 6.7 충격 시험편의 채취

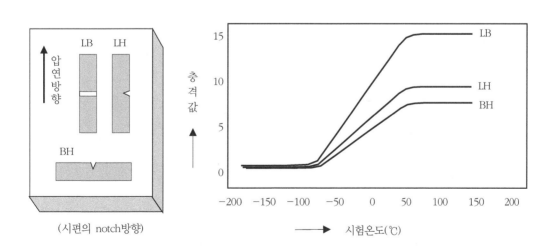

(시편의 notch방향)

그림 6.8 온도별 충격시험에서 나타난 천이온도구간 및 천이온도

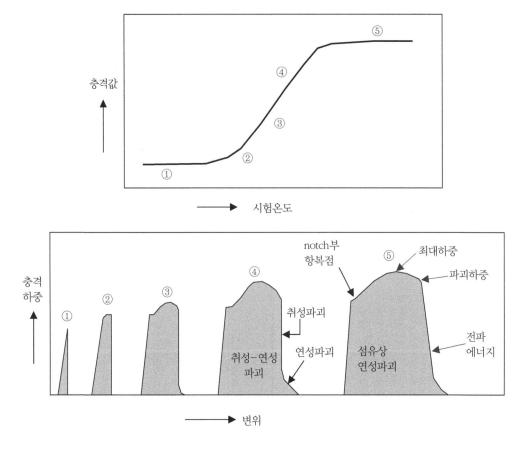

그림 6.9 온도별 충격시험에서 나타나는 충격하중-변위곡선

6.4 충격시험 방법

1) 시험절차(Charpy type)

① 원재료에서 시료를 채취하여 KS 3호 또는 4호 시험편으로 정밀하게 가공한다.

② 충격시험기의 시험편 받침대(anvil) 간격(40mm) 및 지침을 점검한다.

③ 시험편의 노치부를 해머의 타격방향과 반대 방향으로 하여 받침대에 밀착시키고 해머의 knife와 노치가 일직선이 되도록 시험편의 중심을 조정한다.

④ 해머를 안전고리에 걸고 상승 핸들을 우측으로 돌려 시험각도(α)까지 올린다.

⑤ 안전을 위하여 시험기 주변을 살핀 후 해머의 안전고리를 당겨 해머를 낙하시킨다.

⑥ 해머가 시험편을 파괴시키고 올라갔다가 내려올 때 브레이크 페달을 밟아 해머의 스윙을 멈추게 한다.

⑦ 시험편을 파괴시키고 올라간 각도(β)를 각도기의 지침으로부터 읽은 후 파단된 시험편을 수거한다.

⑧ 시험자료를 충격흡수에너지(E) 및 충격값(U) 산출식에 대입해서 계산하고 파면을 관찰하여 재료의 연성과 취성을 판별한다.

※ 온도별로 시험할 경우는 모든 시험준비를 마친 후 가열 또는 냉각된 시험편을 최대한 신속히 받침대에 올려놓고 해머를 낙하시켜 시험한다.

시험편의 냉각은 시험온도의 냉각조에서 약 50분 유지시키고, 가열은 지정한 시험온도의 가열로에서 약 20분간 유지시킨 후 시험한다.

2) 시험결과 산출

문제 1 SM20C를 KS 4호 충격 시험편으로 가공하고 실온에서 시험 전 해머의 각도(α)를 160°로 하여 Charpy 충격시험한 결과 시험편 파단 후 해머의 각도(β)가 112°일 때 충격흡수에너지(E)와 충격값(U)은 각각 얼마인가?
(단 해머의 중량(W)은 20kg이고 해머의 회전 반경(R)은 0.77m이다.)

풀 이 ① 충격흡수에너지

$$E = WR(\cos\beta - \cos\alpha) = 20 \times 0.77 \times (\cos 112 - \cos 160)$$
$$= 15.4 \times [-0.3746 - (-0.94)] = 15.4 \times (0.94 - 0.3746)$$
$$= 8.707 \ (\text{kgf-m})$$

② 충격값

$$U = E/A = WR(\cos\beta - \cos\alpha)/A = 8.707/0.8$$
$$= 10.884 \ (\text{kgf-m/cm}^2)$$

피로시험
(Fatigue Test)

7.1 시험목적

피로시험의 목적은 반복적으로 작용되는 작은 응력(stress)에 의한 재료의 피로한도 (fatigue limit)를 결정하는데 있으며 피로한도에 해당하는 응력을 그 재료의 피로강도 라 한다. 일반적으로 철강재료의 피로한도(내구한도)는 응력의 반복 적용횟수가 $10^6 \sim$ 10^7 범위에 들 때를 말하며, 두랄루민(duralumin)과 같은 비철합금의 경우는 $10^7 \sim 10^8$ 범위로 한다.

7.2 시험기 및 시험편

각종 기계류나 구조물들에서 나타나는 피로파괴는 여러 가지 형태의 피로응력에 의 해서 발생하므로 피로시험 방법과 그에 따른 시험기의 종류도 다양하다. 피로시험의 방법과 시험기의 종류는 표 7.1과 같으며 시험기의 구동형식은 기계식, 유압식 및 전자

식으로 분류할 수 있다.

표 **7-1** 피로시험의 방법과 피로 시험기의 종류

피로시험 방법		피로 시험기
반복 인장-압축식 피로시험		Schenk type, crank type, Haigh type, Losenhausen type
반복 굽힘식 피로시험	회전 굽힘식	Ono type, Wohler type, Foster type, Schenk pendulum type
	왕복 반복 굽힘식	Krouse 판재 type, Upton Lewis type
반복 비틀림 피로시험		Stromeyer type, Nishihara type, MAN type, Losenhausen type
반복 충격식 피로시험		Matzumura type

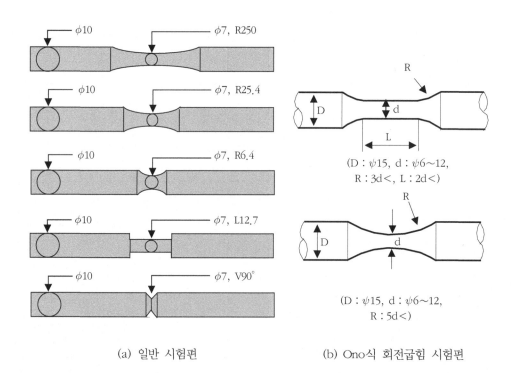

(a) 일반 시험편   (b) Ono식 회전굽힘 시험편

그림 7.1 피로 시험편의 규격

피로 시험편의 일반적인 규격은 그림 7.1의 (a)와 같으며 (b)는 반복회전 굽힘식 피로 시험기인 Ono식의 시험편이다. 그림 7.2 및 7.3은 Ono식 회전굽힘 피로시험기의 구조와 실형상을 나타낸 것이다.

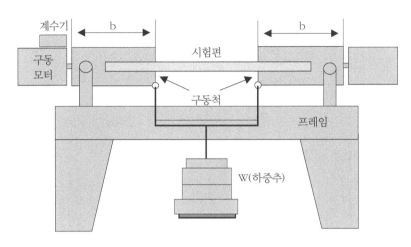

그림 7.2 Ono식 회전굽힘 시험기의 구조

(a) 인장-압축식

(b) 회전굽힘식

그림 7.3 인장-압축식 및 회전굽힘형 피로시험기

7.3 피로시험 이론(Ono식 회전굽힘 피로시험)

1) 굽힘 moment(M)

$$M = \frac{W \cdot b}{2} \, (kgf \cdot mm)$$

(7.1)

    W : 하중추(kg)

    b : 시험기의 척(chuck)의 길이(mm)

2) 최대 굽힘 피로응력($S = \sigma_{mb}$)

$$S = \sigma_{mb} = \frac{M}{Z} = \frac{W \cdot b/2}{\pi \cdot d^3/32} = \frac{16W \cdot b}{\pi \cdot d^3} \, (kgf/mm^2)$$

(7.2)

    M : 굽힘 모멘트(kgf · mm)

    Z : 시험편 평행부의 단면계수(mm^3) ($Z = \pi \cdot d^3/32$)

    d : 시험편 평행부(파단부)의 직경(mm)

3) 피로응력-반복횟수 선도(S-N curve)

피로응력-반복횟수 선도(S-N curve)는 피로시험으로 부터 작성한 그래프로서 동일 재료를 사용하여 같은 규격으로 가공된 시험편을 10여개 이상 준비한 후 피로시험기의 시험하중을 큰 것부터 작은 순으로 여러 번 시험함으로서 얻을 수 있다. 큰 하중을 사용하면 시험응력도 크므로 시험편이 파괴되는데 소요되는 반복횟수는 감소하며 반대로 작은 하중을 사용하면 시험응력이 작아지므로 시험편 파괴에 소요되는 반복횟수와 시간이 크게 증가한다.

그림 7.4는 S-N curve를 나타낸 것으로서 N값의 축과 평행한 선도가 피로한도 (fatigue limit) 또는 내구(耐久)한도이며 피로한도 선분과 일치하는 시험응력이 피로강도(fatigue strength)가 된다.

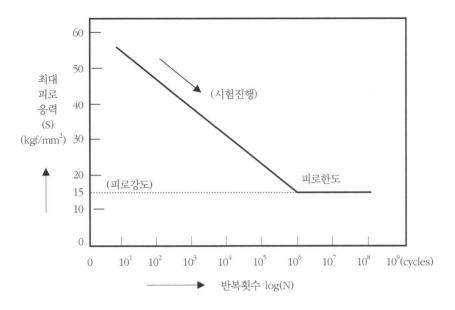

그림 7.4 Stress-Number(S-N) 선도

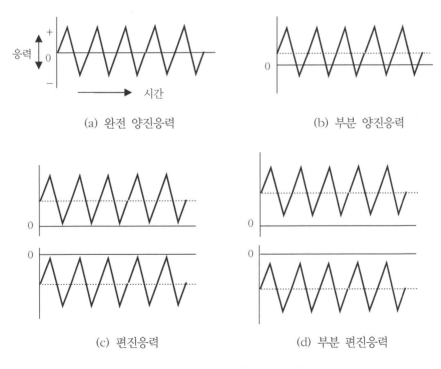

(a) 완전 양진응력

(b) 부분 양진응력

(c) 편진응력

(d) 부분 편진응력

그림 7.5 피로응력의 반복 cycle 종류

그림 7.5는 피로시험에 적용되는 반복응력의 cycles로서 (a) 완전 양진응력, (b) 부분 양진응력, (c) 편진응력 및 (d) 부분 편진응력을 나타낸 것이다.

양진응력에 의한 피로한계를 양진 피로한도라 하며, 편진응력에 의한 피로한계를 편진 피로한도라 한다. 한편 응력의 진폭을 내구응력의 범위 또는 내구한도의 진폭이라 하며 이 때 최대응력을 내구한도(endurance limit), 즉 피로한도(fatigue limit)라고 한다.

4) 피로 시험편의 노치효과(notch effect)

(1) 형상계수(α)

피로 시험편의 형상계수는 응력집중계수라고도 하며 재료를 완전탄성체로 생각할 때 다음 식 (7.3)과 같이 나타낼 수 있으며 재료의 종류와는 무관하고 1보다 큰 값이다.

$$\alpha = \frac{\sigma_{\max}}{\sigma_n} = \frac{\text{노치부에 생긴 최대응력}}{\text{노치가 없을 때의 응력}} \tag{7.3}$$

(2) 노치계수(β)

피로 시험편의 노치계수는 재료가 동일할 때 노치가 없는 시험편의 내구한도(피로한도)를 노치가 있는 시험편의 내구한도로 나눈 값으로서 1보다 크며 형상계수(α)보다는 작아서 $\alpha > \beta > 1$의 관계가 있다. 식 (7.4)는 노치계수를 나타낸 것이며 노치에 민감한 재료는 β값이 α값에 접근한다.

$$\beta = \frac{\sigma_w}{\sigma_{wk}} = \frac{\text{노치가 없는 시험편의 내구한도(피로한도)}}{\text{노치가 있는 시험편의 내구한도(피로한도)}} \tag{7.4}$$

(3) 노치민감계수(η)

$$\eta = \frac{\beta - 1}{\sigma - 1} = \frac{\text{노치계수} - 1}{\text{형상계수} - 1} \tag{7.5}$$

η값은 재료가 노치에 민감하면 1이 되고 둔감하면 0이 된다.

5) 피로시험 결과

(1) 피로파면

피로파괴의 대표적인 파면형태는 그림 7.6에서 볼 수 있는 바와 같이 반복응력에 의해서 생성되는 줄무늬 또는 주름모양의 스트라이에이션(striation) 파면이다. 그림 7.7 는 봉재 또는 각재에서 파괴의 핵으로 부터 피로파괴가 진행하는 상태를 나타낸 것으로서 striation pattern으로 내부로 균열이 전파(줄무늬 부분)하다가 남은 부분(회색 부분)이 하중을 지탱하기 어려울 때 일시적 파단이 나타난 것을 보여준다.

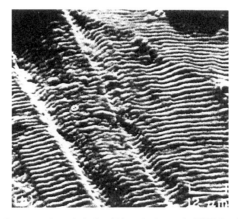

그림 7.6 피로파괴에 의한 striation 파면(SEM 사진)

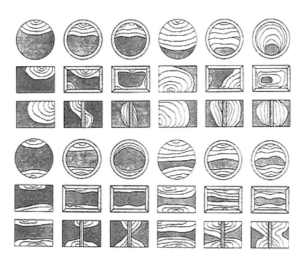

그림 7.7 여러 가지 피로파괴의 진행과정

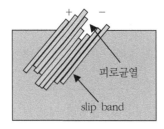 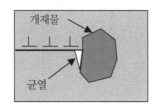 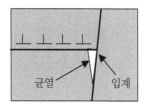

그림 7.8 피로균열의 발생과정

7.4 피로시험 방법

1) 피로시험 절차(회전 굽힘식)

① 시험편을 20개 정도 준비한다[평행부 직경(d)은 6, 8, 10, 12(mm)중 선택한다].

② 시험기를 점검한다.

③ 시험하중(W)을 선정한다(예 : 60kg, 55kg, 50kg, 45kg, 40kg, 35kg, 30kg, 25kg, 20kg, 15kg 등의 순으로 결정한다).

④ 시험하중에 따른 최대 굽힘피로응력(σ_{mb})을 산출하고 S−N그래프를 준비한다.

⑤ 시험편을 시험기의 좌우척에 장착한 후 모터를 작동시켜 무하중 상태에서 공회전하면서 척과 시험편의 회전 중심을 조정하여 편심에 의한 떨림 현상을 제거한다. 또한 계수기의 작동상태도 점검한다.

⑥ 시험편을 장착한 시험기가 진동없이 조용히 회전하면 시험기의 모터를 정지시키고 계수기의 버튼을 눌러 모든 수치를 0으로 맞춘다.

⑦ 첫 번째 시험 하중추(60kg)를 준비한 후 구동 모터의 스위치를 눌러 시험기를 정회전시킨 상태에서 하중추를 추걸이에 신속하고 조심스럽게 올려 놓으면서 계수기의 수치를 읽는다. 하중추를 설치한 후 시험기가 심하게 진동하면 시험을 중단하고 다시 시험준비를 실시하여 가능한 시험기가 조용하게 회전하도록 한다.

⑧ 시험편이 파단되면 limit 스위치에 의해 자동으로 시험기가 정지하므로 계수기의

회전수를 기록한 후 하중추를 걸기 전에 공회전한 회전수를 제하여 N 값을 산정하고 S-N그래프에 표기한다.

⑨ 시험하중을 감소시키면서 ⑤～⑧항의 시험을 반복하여 시험재료에 대한 S-N곡선을 작성하고 피로한도와 피로강도를 확인한다. 같은 재료라도 표면이 부식되었거나 노치가 있으면 피로한도(강도)가 크게 감소한다.

2) 피로응력 산출

문제 1 Ono식 회전굽힘 피로시험에서 시험기의 시험편 물림척(chuck) 길이(b)가 200 mm, 시험편의 평행부 직경(d)은 10mm이며 시험하중(W)이 30kg일 때 굽힘모멘트와 최대 굽힘피로 응력은 각각 얼마인가?

풀이 ① 굽힘 모멘트

$$M = W \cdot b/2 = (30 \times 200)/2 = 3,000\,(\mathrm{kgf \cdot mm})$$

② 최대 굽힘 피로응력

$\sigma_{mb} = M/Z$ 식에서 시험편의 단면계수 : $Z = \pi d^3/32$ 이므로

$$\sigma_{mb} = 16(W \cdot b)/\pi d^3$$
$$= 16 \times 30 \times 200/3.14 \times 10^3 = 96,000/3,140 = 30.573\,(\mathrm{kgf/mm^2})$$

문제 2 재료에 따른 회전굽힘 피로한도(σ_r)와 인장강도(σ_t) 및 항복강도(σ_y)와의 관계

풀이
- 탄 소 강 : $\sigma_r = (0.3 \sim 0.7)\sigma_t = 0.5\sigma_y + 10\,(\mathrm{kgf/mm^2})$
- 특 수 강 : $\sigma_r = (0.4 \sim 0.6)\sigma_t = 0.35\sigma_y + 20\,(\mathrm{kgf/mm^2})$
- 주　　 철 : $\sigma_r = (0.3 \sim 0.8)\sigma_t = 0.25(\sigma_y + \sigma_t) + 5\,(\mathrm{kgf/mm^2})$
- 비철금속 : $\sigma_r = (0.2 \sim 0.8)\sigma_t = 0.2(\sigma_y + \sigma_t) + 10\,(\mathrm{kgf/mm^2})$

chapter

08

크리프시험
(Creep Test)

8.1   시험목적

    크리프 시험은 설정한 온도에서 시험재료에 일정하중을 가하여 시험편이 파단될 때까지의 장시간(t)에 따른 변형량(strain : ϵ)을 측정하는 시험으로서 재료의 크리프 속도(creep rate)를 산출할 수 있다. 크리프 시험은 Pb, Sn, Zn 등과 같이 용융점이 낮은 금속이나 합금은 상온에서 시험할 수 있으나 철강 등의 용융점이 높은 합금은 250℃ 이상 또는 450℃ 이상의 고온에서 시험한다.

    특히 그 재료가 기계부품으로 가공, 조립되어 실제 사용될 때 발생하는 최고 온도에서 시험하는 경우가 많다. 그러므로 크리프 시험은 고온에서 재료의 변형기구를 해석하는 방법으로 널리 적용되고 있으며 시험 온도와 하중을 일정하게 유지하면서 시험편의 변형량을 시간변화에 따라 정확하게 측정하는 것이 중요하다.

8.2 시험기 및 시험편

그림 8.1의 (a)는 크리프 시험기의 구조를 나타낸 것으로서 하중장치와 변율(strain) 측정기(extensometer) 및 시험편 장착부에 항온제어가 가능한 전기 가열로(b)가 설치 되어 있다.

크리프 시험편은 인장시험편과 유사하게 가공하며 척에서 미끄러지지 않도록 물림부 는 나사(screw type)로 한다.

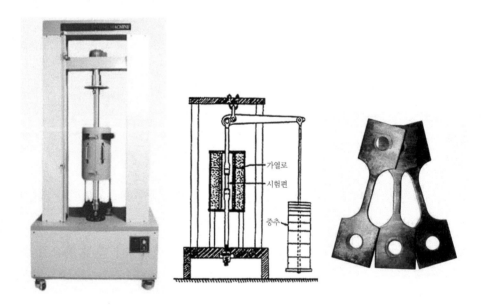

가열로
시험편
중추

그림 8.1 크리프 시험기 및 시험편

8.3 시간–변형률($t-\epsilon$) 크리프 곡선

그림 8.2는 크리프 시험으로부터 얻은 시간–변형율의 크리프 곡선이다. 크리프 곡선 은 시험하중이 가해지는 순간 발생하는 초기 크리프 변형(ϵ_0)과 1차, 2차 및 3차 크리

프 단계로 나타난다. 초기 크리프는 하중을 가하는 순간의 탄성변형과 시간에 의존하지 않는 소성변형의 합으로 나타나며, 1차 크리프는 천이 크리프로서 비교적 빠르게 변형량이 증가하면서 가공경화되어 점차 변형속도가 감소하는 단계이다.

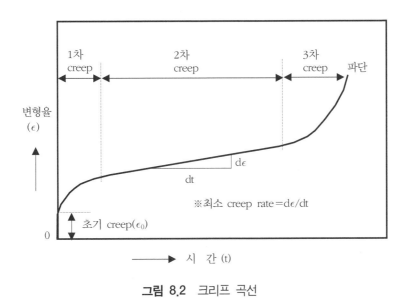

그림 8.2 크리프 곡선

2차 크리프는 재료의 가공경화와 회복에 의한 연화가 서로 균형을 이루며 정상적인 크리프 속도(creep rate)가 유지되는 단계로서 시간의 흐름에 따라 변형량이 정비례하여 증가하므로 시험재료의 크리프 속도를 파악할 수 있다. 2차 크리프에서의 평균 크리프 속도를 최소 크리프 속도(율)라고 하며 creep rate$=d\epsilon/dt$로 나타낸다.

한편 3차 크리프는 가속 크리프 단계로서 하중에 의해 시험편이 빠르게 연신되어 단면적이 감소함으로서 파단에 이르게 된다.

크리프 한도(creep limit)는 어떤 재료가 일정한 온도에서 시간이 경과한 후에 크리프 속도가 0이 되는 응력을 말한다. 즉 일정한 온도에서 하중이 작용한 후 $t_1 - t_2$ 시간 중의 평균 크리프 속도가 규정한 값으로 되는 응력 또는 일정한 온도에서 비교적 긴 시간에 규정한 크리프 변형률(creep strain)을 얻도록 하는 응력이 크리프 한도이며 크리프 제한응력이라고도 한다. 평균 변율속도에 의한 크리프 한도 측정 기준은 독일 방법에 따르면 다음과 같다.

① 크리프 시작 후 3~6hr 사이의 평균 변형속도가 0.005%/hr일 때의 응력

② 크리프 시작 후 5~10hr 사이의 평균 변형속도가 0.003%/hr일 때의 응력

③ 크리프 시작 후 25~35hr 사이의 평균 변형속도가 0.0015%/hr일 때의 응력
($<500℃$)

한편 미국의 규정에 따르면 10,000hr에 0.1~1%의 크리프 변율이 생기는 응력을 크리프 한도라고 한다. 표 8.1은 강재의 시험온도에 따른 크리프 한도(강도)를 나타낸 것이며, 표 8.2는 크리프 시험 KS 규격을 요약한 것이다.

표 8.1 크리프 시험 결과

시험 재료	열처리	크리프 한도(강도) (kgf/mm²)				
		300℃	400℃	500℃	600℃	700℃
SM25C	-	41.7	22.8	6.3	-	-
SM50C	annealing	47.3	25.2	-	-	-
STC 6	-	-	47	25	9	3
3.3% Ni강	-	-	16.1	7.4	3	-
1.7% Mn강	annealing	44.1	25	7.9	-	-

노치(notch) 시험편의 크리프 파단시험에서

① 동일 파단시간의 경우

노치 크리프 파단강도 比=노치시편의 파단응력/무노치 시편의 파단응력

② 동일 파단응력의 경우

노치 크리프 파단시간 比=노치시편의 파단시간/무노치 시편의 파단시간

표 8.2 크리프 시험 규격

구 분	Creep 시험 (KS 0814)		Creep 파단시험 (KS 0814)
	$\epsilon>0.1\%$ 측정시	$\epsilon<0.1\%$ 측정시	
시험편 치수	시험편 평행부 직경(D) : ϕ6, 8, 10, 12mm, gauge length : 5D		
직경치수 정밀도	<0.02mm		
하중 정밀도	<±0.5%	<±0.1%	<±1.5%
연신측정 정밀도	1μ까지 측정 가능	gauge length의 ±0.01% 이내	파단연신의 1% 이내
온도측정 장소	gauge length(>50mm) 내의 3개소		
온도계의 정밀도	±0.3℃	±0.5℃	±1℃
위치 온도차	≤2℃	<600℃ : ±1.5℃, 600~1,000℃ : ±2.5℃, >1,000℃ : ±5℃	<400℃ : ±3℃, 400~600℃ : ±4℃, 600~800℃ : ±5℃, >800℃ : ±8℃
시간 온도차	<600℃ : ±1℃, 600~1,000℃ : ±2℃, >1,000℃ : ±4℃	<600℃ : ±1.5℃, 600~1,000℃ : ±2.5℃, >1,000℃ : ±5℃	<400℃ : ±3℃, 400~600℃ : ±4℃, 600~800℃ : ±5℃, >800℃ : ±8℃
표준열전대와 사용열전대의 온도차 허용	<600℃ : <1℃, 600~1,000℃ : 2℃, >1,000℃ : <4℃		<600℃ : <1.5℃, 600~1,000℃ : <2.5℃, >1,000℃ : 5℃
승온 시간	4~6hr(목표온도의 98%까지) ; 과열주의		
유지 시간	20±4hr(온도변동 범위 : <±2%)		20±4hr (온도변동 범위 : <±4%)

비틀림시험
(Torsion Test)

9.1 시험목적

비틀림 시험은 시험편의 한쪽을 고정하고 다른 한쪽을 회전시켜 비틀림 모멘트(moment)를 가함으로써 비틀림에 대한 재료의 강성계수(전단탄성계수 : G)와 전단 저항력(비틀림 강도)을 산출하는데 목적이 있다. 비틀림 시험은 주로 축(shaft, axle)재료, drill 공구류와 같이 단면이 원형인 봉재(bar)에 대해서 실시하며, 시험으로 부터 얻는 비틀림 모멘트(torque : T)와 비틀림 각도(θ)에 관련된 T-θ 선도를 이용하여 강성계수, 비틀림 항복점 및 비틀림 강도 등의 기계적 성질을 산출한다. 그러나 강선(steel wire), 동(Cu)선 및 피아노선 등과 같이 가는 선은 비틀림 응력의 산출보다는 비틀림 각도를 측정하는데 적용한다.

9.2 시험기 및 시험편

그림 9.1은 틀림 시험기의 구조로서 토크(T) 메터, 각도기와 회전계, 좌우 시험편 물림척, 중추, 구동모터 및 시험편 가열장치 등이 설치되어 있다.

그림 9.2는 일반적인 비틀림 시험편을 나타낸 것으로서 비틀림부 직경(d)은 ψ10~25mm 정도이고 비틀림 구간(표점거리 : ℓ)은 ℓ=10d이다.

중공(pipe) 시험편의 경우 파이프 두께(t)는 t=(1/8~1/10)d이며, 선재(wire) 시험편의 비틀림 구간 ℓ=100d로 한다.

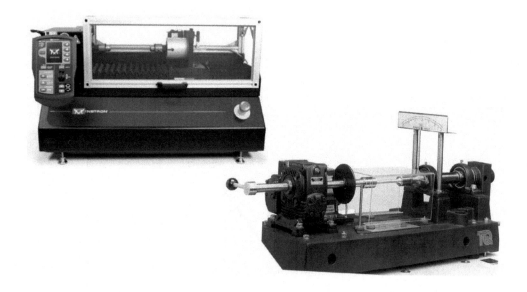

그림 9.1 각종 비틀림 시험기

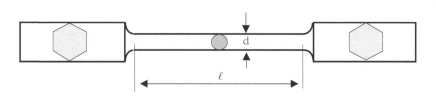

그림 9.2 비틀림 시험편

토크(T) – 각도(θ) 선도 및 비틀림 기계적 성질 산출식

그림 9-3은 비틀림 시험으로 부터 얻은 T-θ 선도로서 비틀림 시험에 대한 기계적 성질의 산출에 적용한다. T-θ 선도에서 Te는 탄성점 토크, T_{Uy} 및 T_{Ly}는 상부 및 하부 항복점 토크(Ty는 항복점 토크), Tm은 최대 토크를 나타낸다.

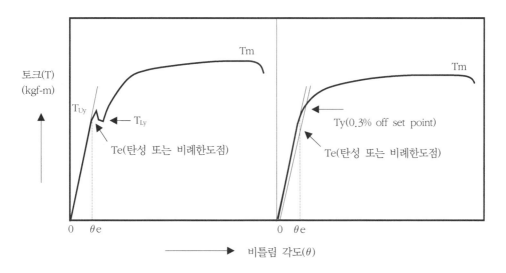

그림 9.3 토크(T) - 비틀림 각도(θ) 선도(graph)

1) 전단 탄성계수(강성계수 : G)

$$G = \frac{32\ell Te}{\pi d^4 \theta} \, (\mathrm{kgf/mm^2}) \quad (\theta : \mathrm{Radian}, \ 1\mathrm{Rad} \fallingdotseq 57.3°) \tag{9.1}$$

$$G = \frac{584\ell Te}{d^4 \theta} \, (\mathrm{kgf/mm^2}) \quad (\theta : \mathrm{degree} = °)$$

Te : 탄성점에서의 토크

ℓ : 시험편의 비틀림 구간

π : 원주율(3.14)

d : 시험편의 평행부 직경

θ : 탄성점까지의 비틀림 각도

2) 비틀림 비례한도(강도)(τ_p)

$$\tau_p = \frac{16Te}{\pi d^3}\,(\mathrm{kgf/mm^2})\tag{9.2}$$

3) 비틀림(상부) 항복강도($\tau_{Uy}=\tau_y,\ T_{Uy}=T_y$)

$$\tau_{Uy} = \tau_y = \frac{16T_{Uy}}{\pi d^3}\,(\mathrm{kgf/mm^2})\tag{9.3}$$

T_{Uy} : 상부 항복점 토크

T_{Ly} : 하부 항복점 토크

※ 0.3% off set 항복점에 의한 비틀림 항복강도(τ_y)는 식 (9.3)을 사용한다.

4) 비틀림 하부 항복강도(τ_{Ly})

$$\tau_{Ly} = \frac{12T_{Ly}}{\pi d^3}\,(\mathrm{kgf/mm^2})\tag{9.4}$$

5) 비틀림 파단강도(τ_m)

$$\tau_m = \frac{16T_m}{\pi d^3}\,(\mathrm{kgf/mm^2}) : 취성재료(탄성파단)\tag{9.5}$$

$$\tau_m = \frac{12T_m}{\pi d^3}\,(\mathrm{kgf/mm^2}) : 연성재료(소성파단)$$

T_m : 최대점 토크

(취성재료의 파면)　　　　(연성재료의 파면)

6) 최대 비틀림 탄성 에너지(U_e)

$$U_e = \frac{\tau_p^2}{4G} \ (\text{kgf}/\text{mm}^2) \tag{9.6}$$

τ_p : 비틀림 비례강도

G : 강성계수

7) 비틀림 스트레인(strain) 에너지(U_p)

$$U_p = \frac{\int_0^{\theta_0} T d\theta}{(\pi/4)d^2 \ell} \ (\text{kgf}/\text{mm}^2) \tag{9.7}$$

$d\theta$: 토크점(T)까지의 각도 변화

8) 탄성계수(E)와 강성계수(G) 및 포아송의 比(ν)

탄성계수(E)와 강성계수(G) 및 포아송의 比(ν)와의 관계는 다음식과 같다.

$$G = \frac{E}{2(1+\nu)} \ (\text{kgf}/\text{mm}^2) \tag{9.8}$$

또한 인장 항복강도(σ_y)와 전단 항복강도(τ_y)의 관계는 아래와 같다.

$$\tau_y = \frac{\sigma_y}{m} \ (\text{kgf}/\text{mm}^2) \tag{9.9}$$

m : $\sqrt{3}$ (by Von Mises) 또는 2(by Tresca)

9.4 비틀림 이론

그림 9.4는 환봉재의 전단응력 분포를 나타낸 것으로서 단면상의 임의 반경 r에 대한 전단응력을 τ_r라고 하면 $\tau = G\gamma$에서 $\gamma = \tan\psi = R\theta/\ell$이므로 $\tau = G \cdot (R\theta)/\ell = (G\theta/\ell) \cdot R$이다. 또한 $\tau/R = G\theta/\ell$이므로 $\tau_r = (G\theta/\ell) \cdot r = (\tau/R)r$, $\tau_r/\tau = r/R$이 된다.

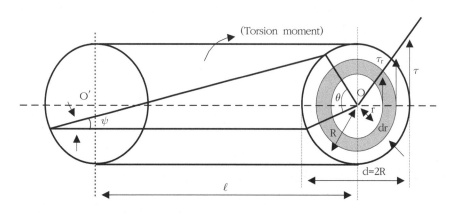

그림 9.4 환봉의 비틀림 모멘트에 의한 전단응력 분포

여기서 τ : 전단응력(shear stress), γ : 전단변형(shear strain), G : 강성계수, R : 환봉의 반경, θ : 비틀림 각도, ℓ : 환봉의 표점거리(비틀림 구간의 거리)이다.

탄성적(취성파단) 비틀림에서는 비틀림 모멘트(torque)를 T, 극관성 모멘트를 I라고 하면 $T = (\tau/R) \cdot I$식에서 $R = d/2$이고 $I = \pi d^4/32$이므로 $T = [\tau/(d/2)] \cdot (\pi d^4/32)$가 되며 $\tau = 16T/\pi d^3$이다.

비틀림 각도(θ)는 θ가 Radian일 경우 $\theta = ta\ell/RG = 2\tau\ell/dG = 32\ell T/\pi d^4 G$이며 1 Radian $=57.3°$(degree)이므로 θ가 degree일 경우는 $\theta = 584\ell T/d4G$가 된다. 또한 $G = \tau/\gamma$ 식과 $\tau = G \cdot (R\theta)/\ell = 16T/\pi d^3$ 식에서 $\gamma = R\theta/\ell$이므로 $G = 16\ell T/\pi d^3 R\theta = 32\ell T/\pi d^4\theta(\theta = \text{Radian})$, $G = 584\ell T/d^4\theta(\theta = \text{degree})$이다.

한편 소성(연성) 비틀림의 경우는 $T = 2\pi\tau R^3/3 = 2\pi\tau(d/3)^3/3 = \pi d^3\tau/12$ 식에서

$\tau = 12\text{T}/\pi \text{d}^3$가 된다.

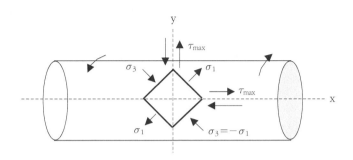

그림 9.5 환봉의 비틀림 모멘트에 의한 전단응력 분포

그림 9.5에서 비틀림 시험의 경우 $\sigma_1 = -\sigma_3$, $\sigma_2 = 0$, $\tau_{max} = 2\sigma_1/2 = \sigma_{max}$, $\epsilon_{max} = \epsilon_1 = -\epsilon_3$, $\gamma_{max} = \epsilon_1 - \epsilon_3 = 2\epsilon_1$이며 인장시험의 경우는 $\sigma_1 = \sigma_{max}$, $\sigma_2 = \sigma_3 = 0$, $\tau_{max} = \sigma_1/2 = \sigma_{max}/2$, $\epsilon_{max} = \epsilon_1$, $\gamma_{max} = 3\epsilon_1/2$, $\epsilon_2 - \epsilon_3 = -\epsilon_1/2$와 같다.

9.5 비틀림 시험방법 및 시험결과 산출

1) 비틀림 시험 절차

① 비틀림 시험기에 맞는 규격 시험편을 준비 또는 가공한다.

② 비틀림 시험기의 각도기 및 계수기, 토크메타, $T-\theta$선도 그래프작성 장치, 구동모터, 하중추 등을 점검하고 작동상태를 조정한다.

③ 시험기에 하중추, 그래프 용지, 사인펜, 시험편을 장착하고 시험편의 표점 거리를 확인한 후 토크메타, 각도기 및 계수기, $T-\theta$선도 작성용 사인펜 등을 모두 0점에 맞춘다.

④ 시험기의 전원 스위치를 ON하여 시험기를 가동시킨다.

⑤ 시험편이 비틀어지면서 나타나는 토크(T)값 및 비틀림 각도(θ)와 $T-\theta$ 선도를 주

시한다.

⑥ 시험편이 파단되면 최종 T와 θ값을 확인하고 T−θ선도 그래프 용지를 인출한 후 시험편을 좌우척으로 부터 분리하여 파단면의 취성 또는 연성을 파악한다.

⑦ 각 시험자료를 사용하여 강성계수, 비틀림 비례강도, 항복강도 및 최대(파단) 강도 등을 산출한다.

2) 비틀림 시험결과 산출

문제 1 직경(d) 10mm, 표점거리(ℓ) 60mm인 철강선재의 비틀림 시험결과 취성파단되었으며 탄성토크(Te)가 2,370kgf-mm, 탄성점에서의 비틀림 각도(θe)는 7°이며 항복점의 토크(Ty)가 2,850kgf-mm, 파단(최대) 토크(Tm)는 4,730kgf-mm일 때 강성계수(G), 비틀림 비례강도(τ_e), 비틀림 항복강도(τ_y), 비틀림 파단(최대)강도(τ_m), 최대 비틀림 탄성에너지(U_e)는 각각 얼마인가?

풀이 ① 강성계수

$$G = 584\, \ell\, Te / d^4 \theta = (584 \times 60 \times 2{,}370)/(10^4 \times 7) = 1{,}186.35\ (\text{kgf/mm}^2)$$

② 비틀림 비례강도

$$\tau_e = 16Te/\pi d^3 = (16 \times 2{,}370)/(3.14 \times 10^3) = 12.1\ (\text{kgf/mm}^2)$$

③ 비틀림 항복강도

$$\tau_y = 16Ty/\pi d^3 = (16 \times 2{,}850)/(3.14 \times 10^3) = 14.52\ (\text{kgf/mm}^2)$$

④ 비틀림 파단강도

$$\tau_m = 16T_m/\pi d^3 = (16 \times 4{,}730)/(3.14 \times 10^3) = 24.1\ (\text{kgf/mm}^2)$$

⑤ 최대 비틀림 탄성에너지

$$U_e = \tau e^2/4G = 12.1^2/(4 \times 1{,}186.35) = 30.853 \times 10^{-4}\ (\text{kgf/mm}^2)$$

마모시험
(Wearing Test)

10.1 마모의 정의 및 개요

마모(wear) 또는 마멸은 2개 이상의 물체가 서로 접촉하면서 상대 운동을 할 때 그 접촉면이 마찰에 의하여 감소되는 현상을 말한다. 미국 ASM에서는 마모를 "재료 표면 간의 상대적인 운동에 의해서 재료의 표면으로부터 물질의 이동이나 점진적인 손실"이라고 정의하고 있다. 한편 I.V. Kragelskii는 "두 금속간의 마찰결합이 반복적으로 작용하여 재료가 손상되는 것"으로 정의하였으며 Tabor는 "기계적 또는 화학적 작용에 의해 상대운동을 하고 있는 표면에서의 재료 손실"로 정의하고 있다.

이와 같은 마모현상은 각종 기계류가 작동할 때 여러 가지 형식으로 나타나므로 마모기구(wearing mechanism)가 다양하여 마모 시험기도 여러 종류가 있다. 마모에 의한 기계 부품의 표면손실은 기계의 수명을 좌우하는 가장 주요한 인자(factor)가 되므로 재료의 마모시험으로부터 얻은 결과는 내마모성 향상을 위한 신재료 및 윤활유의 개발과 마찰이 수반되는 기계부품의 설계 및 표면경화처리 기술의 향상에 기여할 수 있는 좋은 자료가 된다.

10.2 마모의 종류

마모의 종류는 발생기구(mechanism)에 따라 응착마모(adhesive wear), 연삭마모(abrasive wear), 표면 피로마모(surface-fatigue wear) 및 부식마모(corrosion wear)로 분류할 수 있으며 상대적인 운동으로는 미끄럼(sliding), 구름(rolling), 충격(impact), 진동(vibration) 및 흐름(flow) 등에 의한 마모가 있다.

표 10.1 마모기구에 따른 마모면의 현상

마모기구	마모면의 현상
1. 응착마모 (adhesive wear)	원추(cone) 모양, 얇은조각(flakes), 공식(pits) 등이 마모면에 나타나는 것으로서 표면의 미세돌기(asperity)들이 높은 압력에 의해 변형한 후 깨끗한 표면에 나타나 두 물체간에 확산하고 압접하여 응착(cold welding)된다. 이러한 응착물은 미끄럼 마찰의 상대적인 운동에 의해 부스러지고 이동하여 이탈되는 현상이 반복된다. 응착마모는 기계장치에서 가장 많이 일어나는 현상이며 윤활유의 사용으로 크게 감소시킬 수 있다.
2. 연삭마모 (adrasive wear)	상대적으로 경(硬)한 입자나 미세돌기와의 접촉에 의해 표면으로부터 마모입자가 이탈되는 현상으로서 마모면에 긁힘 자국이나 끝이 파인 홈들이 나타난다. 이러한 연삭마모는 상대면 간의 경도조절 및 윤활방법에 의해서 감소시킬 수 있다.
3. 표면피로마모 (fatigue wear of surface)	상대운동을 하는 표면층에 반복하중이 가해지면 마찰 표면층에서 피로균열과 공식(pits)이 일어남으로써 마모입자가 발생되는 것으로 베어링이나 기어(gear) 등에서 나타난다. 한편 미끄럼운동을 하는 두 면에서 반복응력에 의해 균열의 발생 및 전파가 이루어지며 판상의 마모입자가 생성되는 것을 판상박리마모(delamination wear)라고 한다.
4. 부식마모 (corrosion wear)	두 물체의 상대운동이 부식성 가스나 액체 등의 분위기에서 진행될 때 마찰 표면에서 전기화학반응이 일어나 얇은 막이나 입자 등의 부식생성물이 나타나고 그것이 마찰에 의하여 분리 제거됨으로써 마모되는 현상이다.

표 10.1은 마모기구에 따른 마모면의 현상을 기술한 것이며, 표 10.2는 마찰요소와
상대운동의 종류를 나타낸 것이다.

표 10.2 마찰요소와 상대운동의 종류

마찰 요소	마모기구 / 상대운동	응력		응력 + 재료	
		표면피로	연삭마모	응착마모	부식마모
고체 / 액체 (건식 및 습식마모)		미끄럼 마모 (sliding wear)			
		구름 마모 (rolling wear)			
		충격 마모 (impact wear)			
		진동 마모 (fretting 또는 oscillation wear)			
고체 / 액체		침식 마모 (cavitation wear)			
고체 / 액체+입자		침 식 (fluid erosion)			

10.3 시험기 및 시험편

1) 시험기

마모 시험기는 마모기구와 상대운동의 방식에 따라 여러 가지 종류가 있으며, 그림 10.1은 그 중에서 미끄럼 마모(sliding wear) 시험을 할 수 있는 마찰—마모시험기의 구조이며, 그림 10.2는 마모 시험기의 외형을 나타낸 것이다.

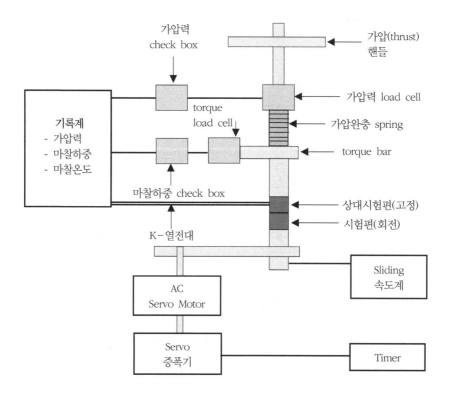

그림 10.1 마찰-마모시험기의 구조

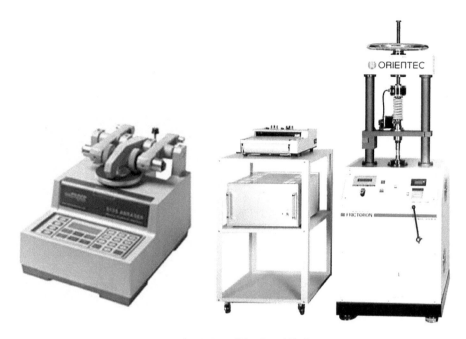

그림 10.2 각종 마모시험기

2) 시험편

마모 시험편은 상대 시험편과 시험용 시험편이 있으며, 시험방식에 따라 모양과 치수가 다르다. 또한 상대 시험편과 시험용 시험편의 재질은 실제 기계부품 또는 구조물에서 사용하는 재료로 하거나 상대 시험편은 SM45C를 경화시킨 것으로 하고 시험용 시험편은 정해진 재료로 할 수 있다.

그림 10.3은 그림 10.1 및 10.2의 마찰-마모시험기에서 사용하는 상·하부 시험편을 나타낸 것이다.

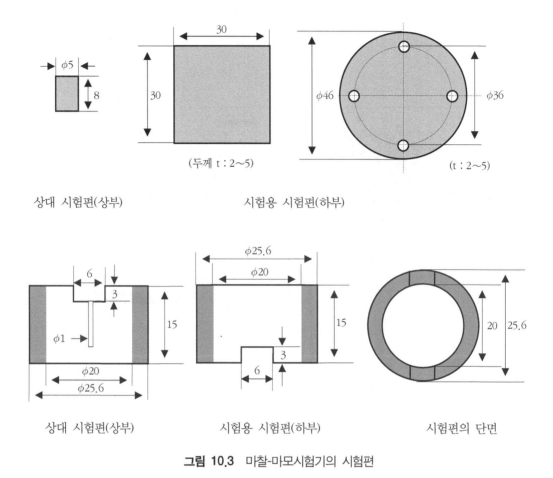

그림 10.3 마찰-마모시험기의 시험편

10.4 마모시험에 영향을 미치는 인자(factor)

1) 접촉하중(thrust load)과 미끄럼 속도(sliding speed)의 영향

접촉하중이 증가할수록 마모량은 증가하지만 미끄럼 속도는 어느 임계 속도까지는 마모량이 증가하다가 그 이상의 고속에서는 감소한다. 미끄럼 초기의 저속에서는 산화 마모가 진행되어 Fe_2O_3 등과 같은 산화피막이 표면에 생성됨으로서 금속간의 응착을 방해하기 때문에 마모량이 적으나 임계속도까지 미끄럼 속도가 증가할 때는 마찰온도의 상승으로 표면부에서 소성유동응력이 낮아져 돌기부의 응착 및 기계적인 파괴에 의하여 마모량이 증가하게 된다. 그러나 임계속도 이상의 고속 미끄럼에서는 마찰온도가 더욱 상승하여 산화반응이 가속되고 Fe_2O_3 및 Fe_3O_4 등의 산화피막이 비교적 두껍게 형성되어 응착함으로써 표면 조직을 보호하는 피막의 역할을 하기 때문에 마모량이 감소된다.

2) 접촉면 경도(hardness)의 영향

일반적으로 재료의 표면 경도가 높으면 내마모성은 증가한다. 그러나 동 합금(Cu-Zn, Cu-Sn, Cu-Al 등)의 경우 HV 60~70까지는 내마모성이 좋으나 경도가 그 이상되면 오히려 내마성이 감소되고 있다.

3) 접촉면의 표면조도(roughness)의 영향

접촉면의 표면이 거칠수록 마모량이 증가하며 접촉재료간의 경도차이가 클 때 경도가 높은 재료의 표면이 거칠면 마모가 심하게 일어나므로 마모량을 감소시키기 위해서는 고경도 재료의 표면을 연마해야 한다.

4) 시험온도의 영향

마모 시험온도가 증가할수록 마모량은 증가하며 용융마모가 일어날 정도로 마찰온도가 상승할 경우는 소착현상이 나타날 수 있다. 마찰온도가 저온일 경우는 산화마모가 일어나서 비교적 마모량이 적으나 중간정도의 온도에서는 연삭마모 또는 응착마모가 일어나면서 마모량이 증가한다. 그러나 임계온도 이상의 고온에서는 다시 산화마모상태가 되어 마모량이 감소하지만 용융마모가 발생할 정도의 고온에서는 심한 마모와 소착이 일어난다. 표 10.3은 마모시험에 영향을 미치는 인자들이다.

표 10.3   마모시험에 영향을 미치는 인자들

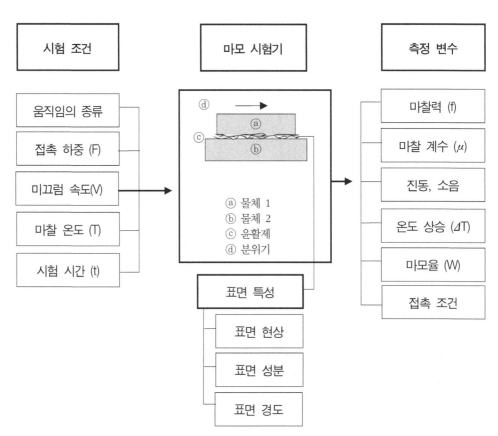

5) 재료의 조합 및 분위기의 영향

접촉면이 마찰운동시 서로 응착하지 않는 재료의 조합은 마모량 감소에 효과적이다. 한편 윤활 마모시험은 건식 마모시험에 비해서 매우 크게 마모량이 감소하며 윤활유의 성능에 따라서도 큰 차이가 있다. 또한 부식성 환경에서 시험할 경우는 부식생성물에 의해서 마모량이 증가한다.

마모시험 방법

1) 마모시험 접촉방식

마모의 형식에는 다음과 같은 종류가 있으며 그림 10.4는 상대 시험편과 시험용 시험편의 접촉방식을 나타낸 것이다.

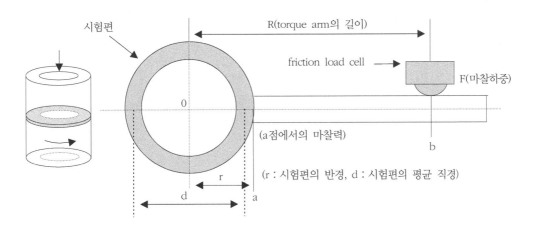

그림 10.4 상대 시험편과 시험용 시험편의 접촉 방식

① 미끄럼(sliding) 마모

ⓐ 시험편은 금속이고 마찰 상대는 비금속일 경우 : 토목용, 농업용 기계 및 기구

ⓑ 시험편과 마찰 상대가 금속일 경우 : bearing, brake 등

② 회전(rotation) 마모 : roll bearing, gear, rail과 차륜(wheel) 등

③ 왕복 미끄럼 마모 : 엔진의 cylinder와 piston, pump 등

그림 10.5는 Ring on Ring 마모시험시 마찰력과 마찰계수 측정 개략도이다.

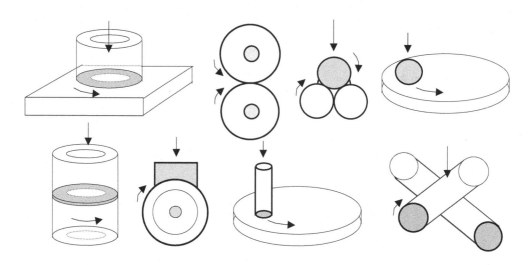

그림 10.5 Ring on Ring 마모시험시 마찰력과 마찰계수 측정 개략도

2) 마모시험 결과

(1) 마모량(Wear Volume)

$$V = Wa - Wb\,(gr) \tag{10.1}$$

Wa : 시험 전 시험편의 중량(gr)

Wb : 시험 후 시험편의 중량(gr)

※ 시험편의 중량은 $0.001 \sim 0.0001(gr)$ 단위까지 측정한다.

$$V = \frac{Wa - Wb}{\rho \times 10^3}\,(mm^3) \tag{10.2}$$

ρ : 시험편의 밀도(kg/m^3)

(2) 마모율(Wear Rate) 또는 比마모량

$$Vs = \frac{V}{P \times L}\,(gr/kgf \cdot m)\ \text{또는}\ (gr/N \cdot m) \tag{10.3}$$

P : 가압하중(thrust load) (kgf or N)

L : 평균 미끄럼(sliding) 거리(m)

그림 10.4와 같은 마모시험의 경우

L=미끄럼 속도(sliding speed)×시험시간(min)×60

미끄럼 속도=시험편의 평균직경(d=22.8mm)×π×RPM/60

RPM=미끄럼 속도×60/π·d, (π=3.14)

1 kgf=9.80665 N(Newton), 1N=1.01972×10^{-1} kgf

(3) 마찰력(Friction force) : 그림 10.4 시험편에서 a점의 마찰력(f)

$$f = \frac{F \times R}{r} \ (kgf) \ \text{또는} \ (N) \tag{10.4}$$

F : 그림 10.4의 b점에서의 마찰하중(Friction Load) (kgf) 또는 (N)

R : torque arm의 길이(ob mm)

r : 시험편의 평균반경(r=11.4mm)

(4) 마찰계수(Coefficient of Friction)

$$\mu = \frac{f}{P} = \frac{F \times R}{P \times r} \tag{10.5}$$

(5) 마찰온도(Temperature of Friction)

그림 10.1의 고정된 상대시험편의 drill hole에 열전대(thermocouple)를 삽입하여 측정한다.

3) 마모시험 조건

(1) 건식 마모시험

상대 시험편과 시험용 시험편간의 접촉면에 윤활유 첨가없이 시험하므로 시험시 마모량과 마찰음이 크고 고온의 마찰열이 발생하며 심하면 소착현상이 나타난다.

(2) 습식 마모시험

상대 시험편과 시험용 시험편간의 접촉면에 윤활유 첨가하고 시험하므로 시험시 마모량과 마찰음이 매우 작고 마찰열도 낮으며 윤활유의 종류에 따라서도 마모량에 차이가 있다.

(3) 고온 마모시험

마모시험은 상온에서 주로 실시하지만 시험편 주위에 전기 가열로를 설치하여 고온에서 시험할 수도 있다.

(4) 상대 시험편의 재질

상대 시험편의 재질은 일반적으로 시험용 시험편과 동일 재질을 사용하지만 서로 다른 재질을 사용하는 경우도 많다. 한편 시험편의 열처리 조건별로 시험하기도 한다.

(5) 시험편의 표면상태와 주의 사항

시험편의 접촉면은 평활하고 미세하게 연마하여 잘 세척한 후 시험하며 시험중 진동을 방지하고 시험조건이나 환경이 변하지 않도록 한다. 한편 마모량 측정은 시험편에 부착된 이물질을 완전 세정한 후 초정밀 전자 천평(balance)을 사용하여 매우 주의깊게 측정해야 한다.

4) 마모입자와 마모면의 특징

가압력과 마모율이 증가하면 산화마모가 증가하여 응착마모 단계에 이르게 되며 윤활유 사용시는 마찰력과 마찰계수가 증가할수록 유체 윤활상태로부터 윤활막이 파괴되어 마모량이 증가한다. 표 10.4는 마모입자의 상태와 마모면의 특징을 나타낸 것이다.

표 10.4 마모입자의 상태와 마모면의 특징

마모입자의 상태			마모입자의 크기(직경)	마모면의 특징	마모율
금속 마모입자			5μm 이하	유리면 또는 매우 거칠음	적다
			5~15μm	약간의 패인 곳이 있으나 평활	적다
			15~150μm	긁힌 자국, 소성변형 및 표면균열 발생	크다
산화물 입자	적색	α-Fe$_2$O$_3$	150μm 이하	긁힌 자국과 산화막이 보임	크다
	흑색	γ-Fe$_2$O$_3$, Fe$_3$O$_4$, FeO			

5) 미끄럼(sliding) 마모시험 절차

① 시험계획 : 건식 또는 습식시험 선정, 상대 및 시험용 시험편의 재질 선정과 열처리 등의 마찰면처리, 가압하중(thrust load), 미끄럼 속도(sliding speed)와 같은 시험 조건을 결정하고, 얻고자 하는 시험결과 즉 마모량(wear volume), 마모율(wear rate), 마찰력(friction force), 마찰계수(coefficient of friction), 마찰온도, 마모면의 상태 등을 고려한다.

② 시험편 준비 : 시험용 및 상대 시험편의 마찰면을 #800 이상의 emery parer로 수평 연마(표면조도 0.8μm 유지)한 후 acetone 또는 methanol로 세척한다.

③ 시험기 준비 : 시험기에 전원을 넣고 가압하중(thrust load), 마찰 load cell, torque bar, 시험용 시험편의 회전 counter, 마찰온도 측정계, 시험결과 기록계(가압하중, 마찰력 및 마찰온도) 등의 작동상태를 점검하고 시험기를 10분 정도 시운전한다.

④ 상대 시험편(상부)과 시험용 시험편(하부)을 0.001~0.0001gr 측정범위의 전자천칭으로 중량을 정밀하게 측정한 후 시험기 홀더에 장착시키고 마찰온도 측정용 thermocouple을 상부 시험편의 hole에 삽입한다.

⑤ 상하 시험편을 접촉시키기 전에 미끄럼 속도 및 시험시간을 결정하고 회전 속도
계와 timer를 조정한다. 또한 torque(friction) load cell 및 thrust load cell을 선
정한다.

⑥ torque(friction) load cell 및 thrust load cell을 조정하여 기록계(recorder)의 기록
지(chart)상에서 torque load와 thrust load의 기록펜을 0점 조절(가압하중, 마찰
력)하고 온도기록 펜을 chart상의 현재 온도 위치에 놓는다.

⑦ 상대 시험편과 시험용 시험편을 접촉시키고 thrust load를 가한 후 starting버튼을
눌러 시험기를 가동시켜 마찰-마모시험을 실시한다.

⑧ 시험 후 시험편을 시험기에서 분리하여 시험편에 붙어있는 마모입자를 완전히 제
거한 후 정밀 전자천칭을 사용하여 0.0001gr 단위까지 중량을 측정한다.

에릭센 시험
(Erichsen Test)

11.1 시험목적

에릭센 시험은 재료의 연성(延性 ; ductility)을 파악하기 위한 시험이며 주로 연강판
재, 동 및 알루미늄 판재 등을 가압성형하여 그 변형능력을 시험하는 것으로서 cup-
ping 시험, ductility 시험 또는 deep drawing 시험이라고도 한다.

11.2 시험기 및 시험편

1) 시험기

그림 11.1과 11.2는 에릭센 시험기의 구조를 나타낸 것으로서 금형(dies)의 내경은
27±0.05mm이고 외경은 55mm이며 시험편과 접촉하는 면의 조도는 4S정도다. 한편 펀
치(punch) 선단의 반경은 10±0.05mm인 구면(球面)이며 표면조도는 1S정도로 lapping

다듬질되어 있다. 또한 가압판의 내경은 33mm정도이고 외경은 55mm이며 시험편과 접촉하는 면의 표면조도는 4S정도이다.

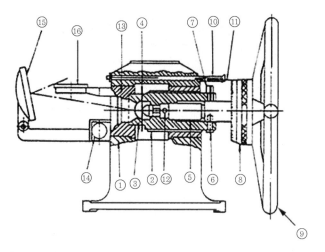

① dies 판   ② 판안판   ③ dies   ④ 시험편   ⑤ punch holer
⑥ 압판정지   ⑦ 압판 리드 눈금   ⑧ punch 리드 눈금
⑨ punch 이동 handle   ⑩, ⑪, ⑬, ⑯ punch력 측정계   ⑮ 거울

그림 11.1   에릭센(Erichsen) 시험기의 구조

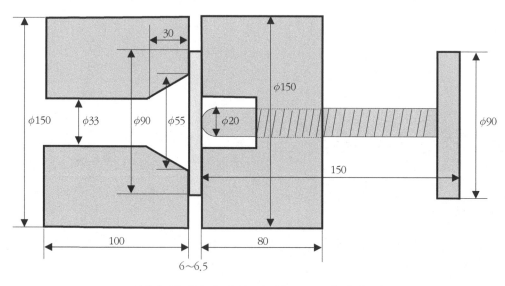

시험편 : ① $\phi90 \times 6 \sim 6.5$(mm),   ② $90 \times 90 \times 6 \sim 6.5$(mm)

그림 11.2   에릭센(Erichsen) 시험기의 내부형상

2) 시험편

그림 11.3은 에릭센 시험기의 시험편으로서 제1~3호까지 사용되고 있으며 시험편의 두께는 0.1~2.0mm정도이다.

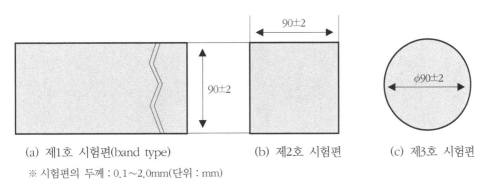

(a) 제1호 시험편(band type)　　(b) 제2호 시험편　　(c) 제3호 시험편

※ 시험편의 두께 : 0.1~2.0mm(단위 : mm)

그림 11.3 에릭센(Erichsen) 표준 시험편

에릭센 시험온도는 5~35℃가 적당하며 시험편에 graphite grease를 바른 후 시험기에 setting한다. Punch의 끝을 주름누르개 면과 같은 편면에 위치시킨 다음 Micro-meter 장치의 눈금을 0에 맞추고 5~20(mm/min)의 속도로 균일하게 펀치를 가압하며 시험편이 터지기 시작하면 punching 속도를 5(mm/min)까지 감속한다.

11.3 시험결과

시험편을 에릭센 시험기(그림 11.1)의 4번 위치에 삽입한 후 반구형의 펀치를 이동시키는 핸들(9)을 돌려 가압할 때 cupping되는 시험편 선단의 파면(破面)이 거울(15)을 통하여 나타나면 이 때의 가압력과 cup의 깊이를 측정하고 cupping된 시험편의 주름 발생, 두께의 차이, 터짐 등과 같은 형상을 관찰하여 소재의 연성과 deep drawing성을 파악한다. 그림 11.4는 cupping된 시험편의 형상을 나타낸 것이며 그림 11.5는 에릭센(Erichsen) 시험기 실물이다.

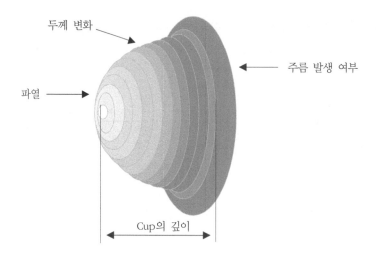

두께 변화

주름 발생 여부

파열

Cup의 깊이

그림 11.4 Cupping 된 시험편의 형상

그림 11.5 에릭센(Erichsen) 시험기

PART

2

금속조직 시험

재료시험
및
NDT

육안검사
(Macro Inspection)

12.1 파단면 검사

강재의 파단면을 육안으로 관찰함으로써 강재의 종류, 탄소의 함유량, 침탄 및 탈탄, 담금질 심도, 균열 발생의 원인(피로파괴), 내부결함 등을 파악할 수 있다. 표 12.1은 파단면의 육안검사 결과를 나타낸 것이다.

표 12.1 파단면의 육안검사 결과

검사 대상 소재	검사 목표	검사 결과
탄소강	탄소(C) 함유량	저탄소강 : 조백색 고탄소강 : 회색(Fe_3C 다량 석출)
	파면의 상태	저탄소강 : 요철이 심하다(연성파면). 고탄소강 : 비교적 평탄(취성파면)
경질강 및 특수강	재질 판정	일반적으로 짙은 회색

검사 대상 소재	검사 목표	검사 결과
열처리 강재	경화깊이	경화층 : 결정입도가 미세하고 회색(martensite) 비경화층 : 입도가 조립
	탈탄여부	탈탄층은 백색, 내부는 회색
	과열	비늘무늬 파면
표면경화처리 강재	침탄깊이	침탄층은 짙은 회색, 내부는 조백색
	질화깊이	질화층은 백색, 내부는 회색
	고주파 유도 경화 깊이	경화층은 회색, 내부는 조백색
주강, 주철	백점, 수축공, 편석, pit, 균열, 불순물 등	수소(H) 함유, 미배출 가스 존재, 원소 및 화합물의 불균일 분포, 잔류응력의 존재, 비금속 개재물
기계부품, 구조물	파괴의 핵	각종 내부결함 요소의 존재확인, 응력집중 지점의 확인
	파괴의 형태	피로파괴(striation crack), 충격 및 비틀림파괴(취성 및 연성 파면)

12.2 육안 조직검사

육안 조직검사는 강재의 표면 또는 단면을 #1000 연마지(emery paper 등)로 연마하여 검사 목표에 따른 부식액(etchant)으로 부식(etching)시킨 다음 후처리(세척, 건조 등)하고 조직(0.1mm 이상의 결정립) 및 불순물을 육안 또는 10배율 이내의 확대경으로 관찰한다. 표 12.2는 육안조직검사의 방법과 결과를 나타낸 것이다.

표 12.2 육안조직검사의 방법과 결과

검사 목표	부식액	부식 및 후처리	결 과
수지상 조직, 섬유 조직, 재결정 조직, 담금질 조직	1액 : 제2염화동 암몬 120gr+물 1,000cc 2액 : 제2염화동 암몬 120gr+염산 50cc +H₂O 1,000cc	1액에서 5~10분간 침지하고 2액에서 30~60분 침지한 후 수세하고 알코올 세척 및 건조	수지상(dendrite), 섬유상, 재결정 조직 관찰 가능 담금질 경화조직은 회색
백점, 편석, slag, 담금질 불균일	염산 : 물=1 : 1	부식액을 60~70℃로 가열하여 30~60분 침지 후 알코올 세척 및 건조	slag는 흑색의 점 또는 선상으로, 담금질 불균일은 얼룩무늬로 나타남.
P(인), S(황)	피크린산 5gr+ 알코올 100cc	부식액으로 부식하고 수세 및 건조한 후 철판위에서 가열하여 착색시킴	P 편석부 : 신속히 착색 FeS : 자색 MnS : 백색

12.3 황(S)분포 검사(Sulfur Printing)

설퍼 프린트는 철강재에 존재하는 황(S)의 편석이나 분포상태를 검사하기 위한 시험이며 AgS가 사진용 인화지에 흑색 또는 흑갈색으로 착색됨으로서 S의 분포를 알 수 있다. 시험절차는 다음과 같다.

① 시험편 준비 : 가공축과 직각인 단면을 약 20mm 두께로 절단 또는 원소재

② 시험편 연마 : 표면조도는 6.3~12.5S 유지(#1000 사포 사용), 불순물 및 유지분 세척

③ 부식액 준비 : 1~5% 황산 수용액

④ 인화지 준비 및 전사 : 사진용 bromide 인화지를 부식액에 5~10분간 담근 후 꺼내어 수분을 제거하고 시험편의 연마면에 1~3분간 밀착시킨다.

이때 다음과 같은 화학반응이 일어난다.

$$MnS + H_2SO_4 \leftrightarrow MnSO_4 + H_2S, \quad AgBr_2 + H_2S \leftrightarrow AgS + 2HBr$$

⑤ 인화지의 후처리 : 시험편에서 떼어낸 인화지는 수세한 후 15~40% 티오황산나 트륨 수용액에 5~10분간 침적하여 정착시킨 다음 흐르는 물로 30분 정도 세척 한다.

⑥ 인화지 건조 및 관찰 : 수세한 인화지를 건조시킨 후 흑색이나 흑갈색으로 나타나 는 황(S)의 분포를 관찰한다. 이 때 P(인)의 편석도 흑색으로 보이며 Ti이 함유된 강의 경우는 S의 분포가 잘 나타나지 않으므로 주의해야 한다. 표 12.3은 설퍼프 린트에 의한 황(S)편석의 분류를 나타낸 것이다.

표 12.3 설퍼프린트에 의한 황(S)편석의 분류

종 류	기호	상 태
정편석	S_N	S 편석의 분포가 강의 외부로부터 중심부 쪽으로 증가하여 나타난다.
역편석	S_I	S 편석의 분포가 강의 중심부로부터 외주부 쪽으로 증가하여 나타난다.
중심부 편석	S_C	S 편석의 분포가 강의 중심부에 집중되어 나타난다.
점상 편석	S_D	S 편석의 분포가 점(dot)상으로 나타난다.
선상 편석	S_L	S 편석의 분포가 선(line)상으로 나타난다.
주상 편석	S_{CO}	S 편석의 분포가 강의 중심부에서 주상(columnar)으로 나타난다.

12.4 비금속 개재물 검사

강재에 함유된 비(非)금속 개재물(介在物)은 황화물, 산화물, 질화물 등으로서 제강, 조괴(造塊)과정에서 생성된다. 이러한 비금속 개재물은 강재의 사용시 피로파괴의 원인이 되며 품질을 저하시키므로 가능한 생성되지 않도록 해야 한다. 비금속 개재물은 종류에 따라 A, B, C계로 분류한다.

① A계

제철, 제강중에 함유된 S이 Fe, Mn 등과 화합물을 형성한 황화물(FeS, MnS 등) 및 규산염(SiO_2)을 A형 개재물이라고 하며 압연, 단조 가공시 소성변형한다. 또한 황화물을 A_1계로, 규산염을 A_2계로 분류하기도 한다. 이들은 열간가공(단조, 압연)시 취화되어 강재의 파괴인자가 될 수 있다. FeS는 회자색의 취성물질이며, MnS는 회황색으로 연성이 있다.

② B계

용강중에 첨가된 Al이 산소(O)와 결합하여 생성한 Al_2O_3(알루미나)화합물을 B형 개재물이라고 한다. 이들은 입상으로서 가공방향으로 집단을 이루며 불연속적으로 분포되어 있다. 한편 Nb, Ti, Zr 등이 함유된 경우는 Al_2O_3를 B_1 계, Nb, Ti, Zr 등의 탄질화물을 B_2 계로 구분하기도 한다.

③ C계

압연이나 단조에 의해서 변형되지 않고 불규칙하게 분포된 입상의 산화물로서 Cr_2O_3 등을 C형 개재물이라고 한다. 한편 Nb, Ti, Zr 등이 함유된 경우는 Cr_2O_3를 C_1계, Nb, Ti, Zr 등의 탄질화물을 C_2계로 구분하기도 한다. 그림 12.1은 철강중에 분포된 A, B 및 C계 비금속 개재물의 종류를 나타낸 것이다. 비금속 개재물의 측정은 현미경 관찰법과 화학적 분석법 및 기타 방법 등으로 시험할 수 있다.

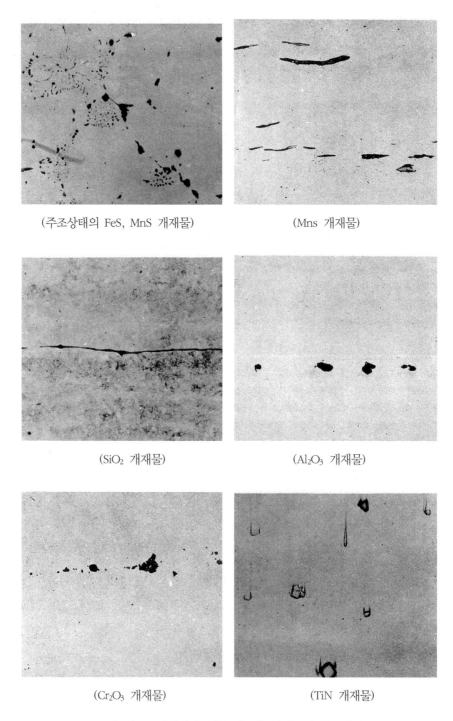

(주조상태의 FeS, MnS 개재물)   (Mns 개재물)

(SiO₂ 개재물)   (Al₂O₃ 개재물)

(Cr₂O₃ 개재물)   (TiN 개재물)

그림 12.1 강재내의 각종 비금속 개재물의 분포상태

1) 현미경 관찰법

① 시험편 준비 : 재료의 압연방향 및 단면방향으로 중심선을 따라 절단하여 채취한 후 grinder에서 연삭하고 #200~#1000 emery paper(사포)로 미세 연마한다. 또한 연마액에 의한 버프(buff)연마나 diamond paste로 마무리 연마한 후 세척 건조한다.

② 개재물 검사 : 가로, 세로 20개의 격자선이 있는 유리판을 삽입한 현미경의 접안경을 사용하여 400 배율로 시험편의 연마면을 고루 관찰하며 측정 시야수는 60을 표준으로 한다.

③ 청정도 판정 : 강재의 청정도 d(%)는 다음 식으로 산출할 수 있다.

$$d(\%) = \frac{n}{p \times f} \times 100 \qquad (12.1)$$

        n   : f개의 시야에서 전체 개재물이 점유한 격자점 중심의 수
        p   : 시야 내의 유리판 위의 총격자점 수
        f   : 시야수

일반적으로 강재의 청정도는 0.01~0.35(%) 범위이나 황쾌삭강의 경우는 0.5~1.2(%)정도로 비교적 높으며, 베어링 강재는 0.05~0.15(%)로 비교적 낮다. 청정도가 낮을수록 개재물이 적은 우수한 강재로 판정된다.

2) 기타 방법

개재물 측정을 위한 기타 방법들에는 경도시험법, 전자선 및 X-Ray 회절 분석법, 자기탐상법, 초음파 탐상법 등이 활용된다.

3) 청정도 산출 예

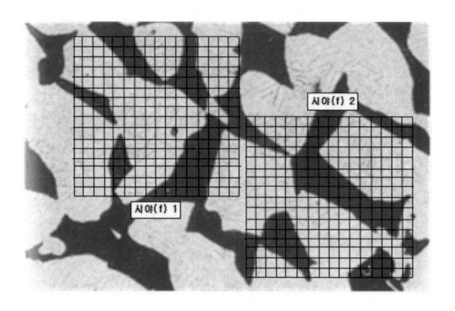

문제 1 백색 : 기본조직(matrix), 흑색 : 개재물일 때 청정도(d%)는?

풀 이 d%=(n/P×f)×100 식에서 시야수 f=f1 및 f2=2

P=시야 내의 총 격자점수=16×16=256

n=f1의 개재물(흑색)내 총 격자점수+f2의 개재물(흑색)내

총 격자점수=78+87=165

※ 청정도=(165/256×2)×100=32.23%

12.5 **소지(素地) 흠 시험**

비금속 개재물이나 pin hole, blow hole 등이 압연, 단조가공으로 연신되어 가는 선
상의 흠으로 나타난 것을 소지흠이라 하며 단삭(段削)시험법으로 측정할 수 있다.

1) 단삭(段削)시험법(step down test)

① 시험편 : 압연한 환봉의 강재를 그림 12.2와 같이 가공하고 12.5~25S의 표면조도를 유지한다.

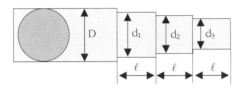

D : 30~75
d_1 : D−4, d_2 : 2/3D
d_3 : 0.5D, ℓ : 63.6
(단위 : mm)

그림 12.2 소지흠 측정용 단산 시험편

② 소지흠 측정 : 시험편 각 단의 가공면에 대한 소지흠의 개수와 길이를 육안 또는 확대경으로 측정하며 측정값은 각단마다 소지흠 번호로 표시한다.

③ 판정 : 같은 소지흠 번호마다 소지흠의 개수를 100mm^2 면적당 환산개수로 표시하며 환산개수는 63.6×3.14×(D−4)≒200(D−4)의 식으로 단삭면적을 산출하고 그 값에 100×100/200(D−4)를 곱하여 얻는다.

2) 기타 시험법

소지흠 시험은 단삭(段削)시험법 이외에 macro 부식법, 파면관찰법, 자분탐 상법 및 초음파 탐상법이 적용되고 있다.

chapter

13

현미경 시험
(Microscope Test)

13.1 금속현미경(Metallic microscope) 조직시험

금속재료의 미세조직을 금속현미경을 사용하여 광학적으로 관찰하고 분석하는 시험으로서 시편의 채취(Cutting) → 성형(Mounting) → 연삭(Grinding) → 광연마(Polishing) → 물세척 및 건조 → 부식(Etching) → 알코올 세척 및 건조 → 현미경 검사(사진촬영 및 조직분석)의 과정으로 진행된다.

현미경 조직시험으로 금속 및 합금의 결정립 및 주조, 가공, 열처리에 의한 조직의 변화를 관찰할 수 있다.

1) 시험편 준비

(1) 재료 절단(Cutting)

재료에서 조직을 검사하고자 하는 부위를 금속용 톱이나 그림 13.1 및 13.2와 같은 시험편 절단기를 사용하여 연삭, 연마 및 현미경 관찰하기에 적당한 크기로 채취한다. 절단용 휠(wheel)은 Al_2O_3, SiC 또는 다이아몬드 분말로 합성한 disc type으로서 고속

141

회전하는 전동모터에 부착하여 사용한다.

그림 13.1 시험편 절단기(Cutting Machine)

그림 13.2 시험편 절단기와 Cutting wheel

(2) 시험편 성형(Mounting)

금속 조각, 철사, 판재 등과 같이 작고, 가늘고, 얇은 소재는 연삭, 연마 및 현미경으로 관찰하기에 부적절하므로 그림 13.3과 같이 clamp로 고정시키거나 그림 13.4와 같은 mounting press를 사용하여 bakelite나 polysterene, lucite 등의 수지와 함께 100∼150℃에서 일정 압력(약 4,200psi)으로 그림 13.5와 같이 성형시킨다.

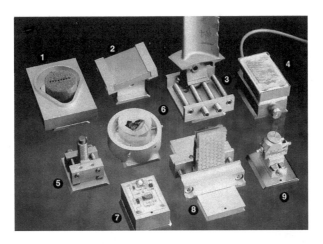

그림 13.3　작은 시험편의 Clamping

그림 13.4　Mounting Press(시험편 성형기)

그림 13.5　Mounting Press한 시험편

또한 그림 13.6과 같이 내경 ϕ20~50mm, 높이 20~50mm의 금속 파이프에서 poly-esters, epoxides, acrylics 등 액체 상태의 수지를 사용하여 상온에서 성형시키는 방법을 Cold mounting이라 한다.

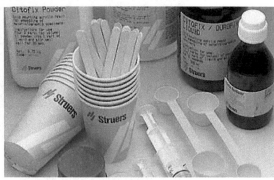

그림 13.6 Cold Mounting 장비와 재료

2) 시험편의 연삭(Grinding)

절단하거나 성형한 시험편의 검사하고자 하는 면을 tool grinder 및 emery paper(사포)로 연삭한다. Tool grinder 연삭은 절단한 시험면이 emery paper로 연삭하기에는 너무 거칠 때와 시험편의 날카로운 모서리를 부드럽게 하기 위해서 시행한다.

Emery paper에 의한 연삭은 그림 13.8과 같이 평탄한 table에서 거친 입자의 paper로부터 미세한 paper로 이동하면서 이전 paper에 의한 연삭선(scratch)과 수직방향으로 다음 paper에서 연삭한다. Paper 연삭은 물을 공급하면서 하는 것이 좋으며 #200~#1000(최대 #1500) paper를 단계적으로 사용하되 연삭 전 시험면의 거칠기와 비슷한 입자의 paper에서 연삭을 시작한다. 그림 13.7은 기계적인 emery(sand) paper 연삭기이다.

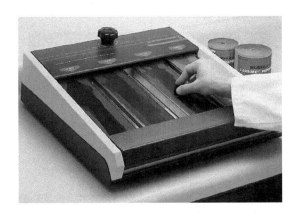

그림 13.7 시험편 평면연삭기

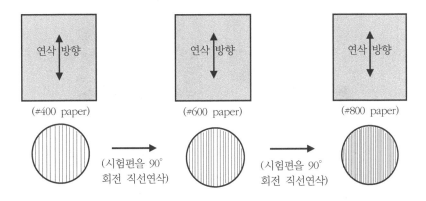

※ 이전의 거친 paper에 의한 scratch가 모두 사라질 때까지 다음 단계의 미세
paper에서 연삭하면서 더욱 미세한 단계로 넘어간다.

그림 13.8 Emery Paper 연삭 방법

3) 시험편의 연마(Polishing)

Emery paper에서 연삭이 완료된 시험편은 그림 13.9와 같은 기계연마기(polishing machine) 또는 그림 13.12와 같은 전해연마기(electrolytic polisher)로 광택연마한다. 기계연마는 Al_2O_3, Cr_2O_3, MgO 등의 미세분말(0.05~10μ)을 물에 용해한 slurry 또는 paste 상태의 연마액을 전동모터에 의해 고속으로 회전하는 disc type의 연마포에 뿌린 후 시험편의 연삭면을 접촉시켜 연마한다.

그림 13.9 연마기(Polishing Machine)와 연마재료

그림 13.10 각종 연마지 및 연마포

그림 13.10은 연마기에서 사용하는 각종 연마지 및 연마포이며, 그림 13.11은 연마 후 시험편을 세척하는 초음파 세척기와 부품들이다. 전해연마는 그림 13.12와 같은 전해연마기에서 그림 13.14 및 표 13.1에 나타낸 각종시약 즉 과염소산, 무수초산, 황산, 질산, 빙초산, 정인산, 크롬산 등과 증류수 또는 알코올을 혼합한 전해액으로 시험편을 전기분해방식에 의해 초미세 연마한다.

그림 13.11 초음파 세척기와 부품

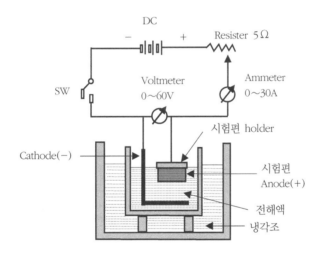

그림 13.12 전해연마기와 구조

　그림 13.13은 전해연마에서 전해조의 전압과 전류밀도에 따른 적정연마구간을 나타
낸 것으로서 A~B는 연마액에 의해 시험편 표면이 부식되는 구간이고 C~D는 적정연
마구간이며, D~E는 연마층에 산화물이 생성하는 구간이다.

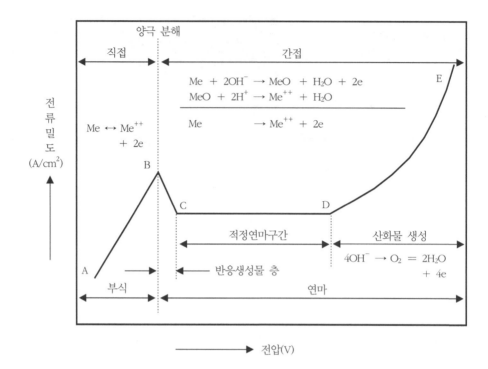

그림 13.13 전해조의 전압과 전류밀도에 따른 적정연마구간

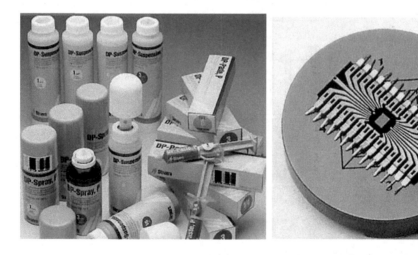

그림 13.14 각종 전해연마 시약과 전해연마 시험편 및 연마면

표 13.1 전해연마용 전해액 및 전해조건

전해액	전해조건	대음극	전해온도	전해시간	적용 시험편
과염소산 2% + 에탄올 7% + 글리세린 1%	5~15V, 0.5~2.2A/cm²	스테인리스강	24℃	0.5~30sec	탄소강 및 합금강, 고속도강, 스테인리스강
진한질산 1% + 메탄올 2%	4~7V, 1.0~2.8A/cm²	〃	24℃	20~60sec	알루미늄 및 Al합금
정인산 3% + 증류수 5%	1.9V, 0.09~0.11A/cm²	동	16~27℃	10~15min	황동(brass)
정인산 2% + 증류수 1%	10~20V, 0.8A/cm²	스테인리스강	21~24℃	10~15sec	청동(bronze)
과염소산 1% + 빙초산 20%	45V, 0.15~0.2A/cm²	〃	24℃	3~4min	크롬(Cr)
과염소산 11% + 에탄올 4%	50V, 0.8A/cm²	〃	38℃ >	10sec	아연(Zn)

4) 시험편의 부식(Etching)

광택연마(polishing)가 완료되어 긁힘자국(scratch)이 없는 시험편은 물세척하고 건조기 또는 헤어드라이어 등으로 건조시킨 후 시험편에 적합한 부식액(etchant)으로 연마면을 부식한다. 시험편의 부식은 재료에 따라 표 13.2와 같은 부식액으로 적정시간 부식한 후 곧 알코올로 시험편을 세척하고 건조시켜야 한다. 최적의 부식상태에서 알코올세척을 하지 않고 시간이 경과하면 잔류부식액에 의해서 과부식되어 현미경조직관찰을 할 수 없게 되므로 연마작업부터 다시 해야 된다.

표 13.2 각종 금속재료의 금속현미경 조직검사용 부식액

조직시험 재료	부 식 액	부식 시간
철강 (탄소강, 주철, 저합금강)	1) Nital : 질산(HNO_3) 2~5cc + 알코올 98~95cc 2) Picral : 피크린산 4~5gr + 알코올 100cc	5~30sec
조질처리강	HCl 5cc + 피크린산 1gr + 알코올 100cc	〃
Austenite stainless 강	$FeCl_3$ 5gr + HCl 50cc + 물(H_2O) 100cc	〃
Stainless 강	$CuSO_4$ 4gr + HCl 20cc + H_2O 20cc	〃
Cr 합금강	HNO_3 10cc + HCl 20~30cc + 글리세롤 30~20cc	〃
고속도 공구강	HNO_3 5~10cc + 알코올 95~90cc	〃
Cu(동), Brass(황동), Bronze(청동)	1) 염화제2철($FeCl_3$) 5gr + HCl 50cc + H_2O 100cc 2) HNO_3 75cc + 빙초산 25cc	〃
Ni 및 Ni 합금	1) 70% HNO_3 50cc + 50% 초산 50cc 2) HNO_3 75cc + 빙초산 25cc	〃
Al 및 Al 합금	1) 가성소다(NaOH) 10~20gr + H_2O 100cc 2) 50% 불산 0.5cc + H_2O 100cc 3) H_2SO_4 10~20cc + H_2O 90~80cc (70℃)	〃
Au, Pt 등 귀금속	왕수 : HNO_3 10cc + HCl 50cc + H_2O 60cc	〃
Zn 합금	1) 염산수용액 : HCl 5cc + H_2O 100cc 2) 무수크롬산 200gr + H_2O 1,000cc	〃
Sn 합금	HNO_3 2~5cc + 알코올 98~95cc	〃
Mg 합금	1) 에틸렌글리콜 75cc + H_2O 24cc + HNO_3 1cc 2) 주석산 10gr + HNO_3 90cc	〃
Pb 합금	1) 질산수용액 : HNO_3 5cc + H_2O 100cc 2) 빙초산 10cc + HNO_3 10cc + 글리세린 40cc	〃

부식작업은 핀셋으로 집은 솜에 준비된 부식액을 적신 다음 시험편의 광택연마면에 가볍게 비벼서 부식하는 화학적 수동부식과 전기화학적인 전해부식 및 이온화, 열, 증착에 의한 물리적 부식 등이 있다. 전해부식은 표 13.1과 같이 각 재질에 적용하는 전해액 속에 시험편을 담그고 직류 또는 저주파의 교류전기를 통하면 연마면이 전기분해하여 부식되는 것이다.

한편 물리적 부식(physical etching)에는 다음과 같은 방법이 있다.

① 이온부식 : 도금층, 서로 다른 소재의 용접부, 세라믹, 다공성재료의 부식에 적용하는 것으로서 Ar 등의 높은 에너지 이온을 1~10kV로 연마면에 충돌시켜 부식한다.

② 열부식 : 시험편의 가열에 따른 연마면의 조직변화를 고온현미경으로 관찰하거나 산화피막을 형성시켜 관찰한다.

③ 증착층 부식 : 굴절계수가 큰 ZnSe, TiO$_2$ 등을 연마면에 증착시켜 빛의 간섭효과에 의해서 조직을 관찰한다.

5) 알코올 세척, 건조 및 현미경 관찰

부식한 시험편은 곧 순수 알코올을 충분히 솜에 적신 후 핀셋을 사용하여 부식면과 시험편을 세척하고 건조기(hair dryer 등)로 건조시킨다. 현미경 관찰을 위한 시험편의 부식표면에는 먼지나 얼룩이 없도록 해야 하며 그림 13.15와 같은 데시케이터(desiccator)에 보관해야 산화되지 않는다.

그림 13.15 시험편 보관용 데시케이터(desiccator)

그림 13.16은 각종 금속현미경을 나타낸 것으로서 배율은 ×50∼1000 범위이며 사진 촬영을 위한 카메라가 부착되어 있고 모니터 또는 컴퓨터와 프린터가 연결된 제품도 있다. 현미경의 배율은 시험편에 접근시키는 대물렌즈(×5, 10, 20, 40, 100 등)와 관찰자의 눈을 대고 보는 대안렌즈(×10)의 배율이 서로 곱해져서 최종 배율로 조직이 보이는 것이다. 조직사진을 촬영하거나 모니터를 통해서 관찰하고자 할 때는 대안렌즈로 가는 빛을 차단하고 카메라 또는 모니터로 빛이 통하도록 조정하며 조직을 관찰할 때는 초점이 정확히 맞도록 조절해야 한다.

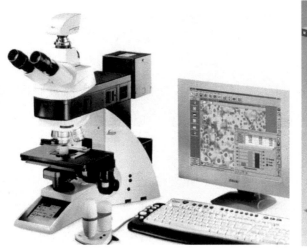
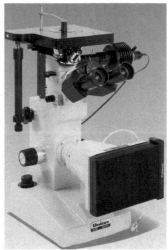

그림 13.16 각종 금속현미경

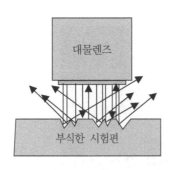

(현미경 조직)

그림 13.17 조직무늬 발생의 원리

그림 13.17은 조직무늬 발생의 원리를 나타낸 것으로서 시험편 표면이 부식되어 요철이 생긴 곳은 대물렌즈를 통하여 나간 빛이 반사되면서 산란하여 다시 렌즈 속으로 들어오지 못하므로 조직이 검게 보이는 것이며, 부식되지 않은 면은 시험편 표면에서 빛이 반사되어 다시 렌즈 내로 들어오므로 조직이 밝게 보이는 것이다.

6) 칼라부식(color etching)

(1) 시험편 연마

① 조연마 : #240, #320, #400, #800, #1000, #1200, #1500 등의 sand paper를 습식으로 사용하여 연마한다.

② 광택연마 : 1~15㎛ Alumina paste를 blue나 red 윤활제 또는 삼푸 등과 함께 Dur, Pellon, Nap, Mol, Plus, 합성 velvet, 인조 chamois 가죽 등의 연마포를 사용한 연마기에서 광택연마한다.

③ 전해연마 : A_2 전해액(Al, Ni, Co 합금), A_3 전해액(Ti 합금), Cu 전해액(Cu 합금) 사용

(2) 시험편 부식

① 칼라부식 시약

$(NH_4)HF_2$, $(NH_4)_2[CuCl_4] \cdot 2H_2O$, NH_3, $(NH_4)_2S_2O_8$, KOH, $K_2S_2O_5$, $KMnO_4$, MoO_3, HNO_3, $C_2H_2O_4 \cdot 2H_2O$, HCl, H_2SeO_4, C_2H_5OH, HF, $K_3[Fe(CN)_6]$, $FeCl_3 \cdot 6H_2O$, $Na_2S_2O_3 \cdot 5H_2O$ 등이 있다.

② 저장용액(stock solution) :

- Klemn 용 : 1ℓ의 flask에 증류수(H_2O) 300㎖를 넣고 30~40℃로 가열한 후 1kg의 $Na_2S_2O_3 \cdot 5H_2O$를 용해시켜 1~2일 사용한다.

- Beraha I용 : 24g의 $(NH_4)_2F_2$ + 200㎖ HF + 1000㎖ H_2O

- Beraha II용 : 48g의 $(NH_4)_2F_2$ + 400㎖ HF + 800㎖ H_2O

- Beraha III용 : 50g의 $(NH_4)_2F_2$ + 400㎖ HF + 600㎖ H_2O

③ Klemn 칼라부식

- Klemn Ⅰ 부식액 : 100㎖저장액+2g $K_2S_2O_5$ 부식액을 사용하여 주철, 탄소강, 저합금강, Mn강 등의 시험편을 1~2분 정도 부식시킨다.

- Klemn Ⅱ 부식액 : 100㎖저장액+5g $K_2S_2O_5$ 부식액에 Cu 및 Cu합금을 침지하여 부식시킨다.

- Klemn Ⅲ 부식액 : 11㎖저장액+40g $K_2S_2O_5$+100㎖ 부식액을 사용하여 Cu 및 Cu합금을 0.5~5분간 습식부식한다.

④ Beraha 칼라부식

- Beraha Ⅰ 부식액 : 1000㎖의 Beraha Ⅰ 저장액+1g $KHSO_4$로 탄소강, 저합금강, 고Mn강 등의 시험편을 5~20sec간 습식부식한다.

- Beraha Ⅱ 부식액 : 100㎖의 Beraha Ⅱ 저장액으로 고Mn강을 부식시킨다.

- Beraha Ⅲ 부식액 : 100㎖의 Beraha Ⅲ 저장액+1g $KHSO_4$로 Ni 합금, Co 합금, 은납땜 합금 및 austenite 강 등의 시험편을 0.5~5분간 습식부식 한다.

⑤ Lichtenegger-Bloech 칼라부식 : 20g $(NH_4)_2F_2$+0.5g $KHSO_4$+100㎖의 25~30℃ 부식액을 사용하여 austenite계 Cr-Ni 강을 부식시킨다.

⑥ Weck 칼라부식 : 4g $KMnO_4$+100㎖ H_2O+1g NaOH의 부식액으로 Al 및 Al 합금을 7~20sec간 부식시킨다.

⑦ Selen 칼라부식

- Selen Ⅰ부식액 : 100㎖ 알콜+2㎖ HCl+0.5㎖ Se산 부식액으로 주철 시험편을 2~3분간 습식부식한다.

- Selen Ⅱ부식액 : 100㎖ 알콜+30㎖ HCl+1㎖ Se산 부식액으로 ferrite계 Cr강 시험편을 부식시킨다.

- Selen Ⅲ 부식액 : 100㎖ 알콜+15㎖ HCl+2㎖ Se산 부식액으로 austenite계 Cr-Ni강 시험편을 부식시킨다.

⑧ Bloech 및 Wedl 칼라부식

- Bloech 및 Wedl Ⅰ부식액 : $100m\ell$의 저장용액(H_2O $80m\ell$+HCl $20m\ell$)+0.1~2g 의 $K_2S_2O_5$ 부식액으로 austenite계 강재를 부식시킨다.

- Bloech 및 Wedl Ⅱ부식액 : $100m\ell$의 저장용액(H_2O 1ℓ+HCl 1ℓ)+0.2~2g의 $K_2S_2O_5$ 부식액으로 austenite계 Cr−Ni 강을 부식시킨다.

⑨ MoO_3 칼라부식 : 2~5% HF+2.5~5% MoO_3 부식액으로 주철, 탄소강, 저합금강, austenite계 고합금강 등을 부식시킨다.

그림 13.18 칼라부식액으로 부식한 Cu합금과 Al합금의 미세조직

7) 각종 금속현미경조직 분석

(1) 철강, 주철, 분말합금 및 가공 조직

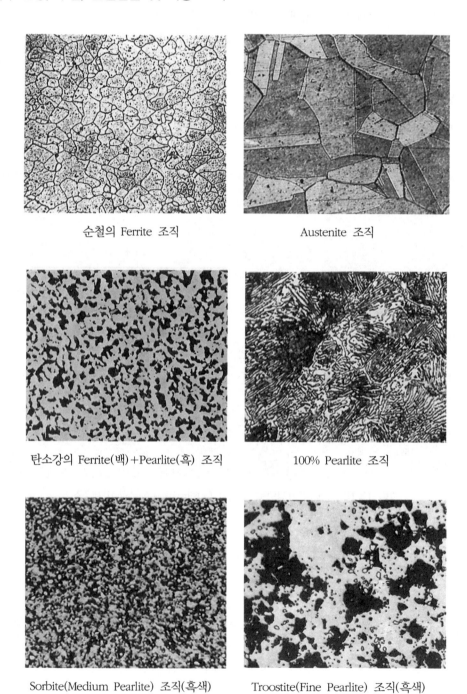

순철의 Ferrite 조직

Austenite 조직

탄소강의 Ferrite(백)+Pearlite(흑) 조직

100% Pearlite 조직

Sorbite(Medium Pearlite) 조직(흑색)

Troostite(Fine Pearlite) 조직(흑색)

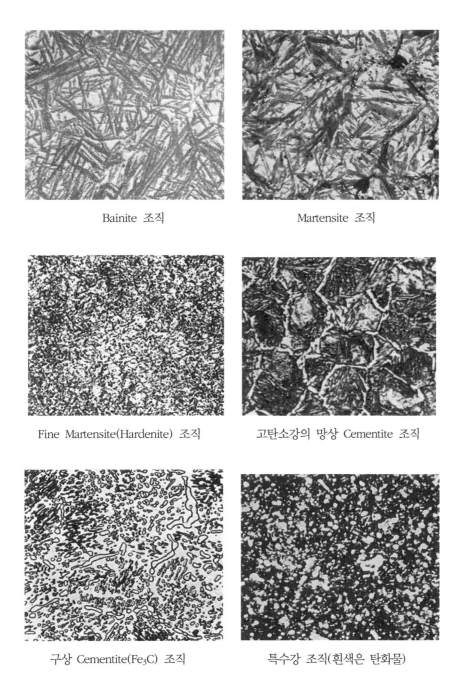

Bainite 조직

Martensite 조직

Fine Martensite(Hardenite) 조직

고탄소강의 망상 Cementite 조직

구상 Cementite(Fe₃C) 조직

특수강 조직(흰색은 탄화물)

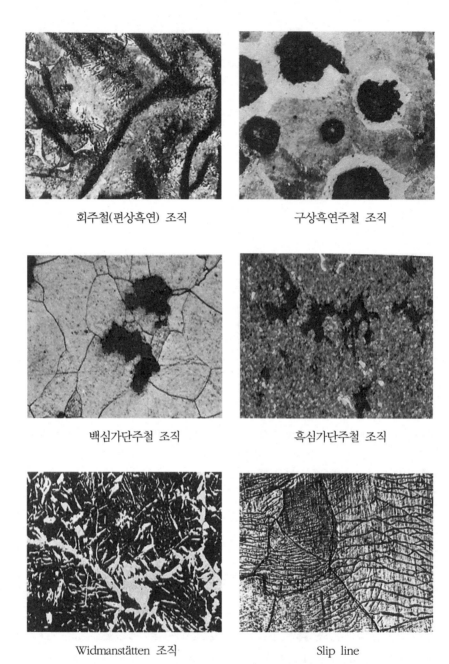

회주철(편상흑연) 조직

구상흑연주철 조직

백심가단주철 조직

흑심가단주철 조직

Widmanstätten 조직

Slip line

탄소강의 상온가공 조직　　　　분말합금 조직

탈탄조직(왼쪽 흰부분)　　　　침탄조직(왼쪽 검은부분)

그림 13.19 철강, 주철, 분말합금 및 가공 조직

(2) 철강 조직별 특성

① 경도(Hardness) 크기 : Ferrite < Austenite < Pearlite < Sorbite <
Troostite < Bainite < Martensite < Cementite

② 강인성(Toughness) 크기 : Cementite < Ferrite < Austenite < Martensite <
Troostite < Pearlite < Tempered Martensite, Bainite < Sorbite

③ 연성(ductility) 크기 : Cementite < Martensite < Bainite < Troostite <
Sorbite < Pearlite < Austenite < Ferrite

(3) 금속재료 현미경조직검사절차 요약

① 시편 연삭(Grinding) : #400(거친면 시편) → #600 → #800(미세면 시편) → #1000 → #1200 sand paper(사포)로 평탄한 면에서 직선방향으로 연삭

② 시편 광연마(Polishing) : 연마기에서 연마수용액(Cr_2O_3 또는 Al_2O_3 미세분말＋물)으로 거울면이 되도록 광택 연마한다.

③ 시편 부식(Etching) : 부식액(5% Nital 또는 Picral)을 핀셋 솜에 적시어 광연마면에 10∽30초간 문지른다. 이때 부식면에 색깔이 보이거나 광택이 남아 있으면 부식을 좀더 하여 얼룩이 없는 무광택의 밝은 회색면이 나타나도록 한다. 부식면이 너무 어두우면 과부식 되어 조직이 안보이므로 다시 연마→부식한다(단, 고탄소강재는 부식이 쉽게 되어 검은 회색이 되므로 부식시간을 짧게 하는 것이 좋다).

※ 부식액 제조

  1) 5% Nital : 약 70% 질산(HNO_3) 6.5ml＋알콜 100ml

  2) 5% Picral : 피크린산(노란색 분말) 5gr＋알콜 100ml

    * 액체 단위 ; ml 또는 cc, 고체 단위 ; gr

(4) 주요 철강재료의 현미경조직사진 및 분석

Ferrite 69%(백)＋Pearlite 31%(흑)
(αFe)   (αFe+Fe3C)

Ferrite 45%(백)＋Pearlite 55%(흑)

Sorbite 95.7%+Cementite 4.3%

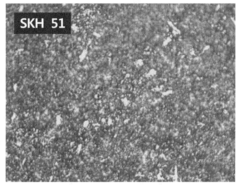

Sorbite+(Fe, Cr, W)23C6 & 6C

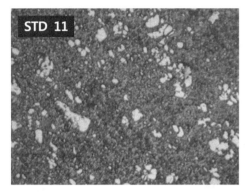

αFe+(Cr, Fe)7C3(흑)+(Cr, Fe)7C3(백)

Sorbite(흑)+Mo2C, WC, VC(백)

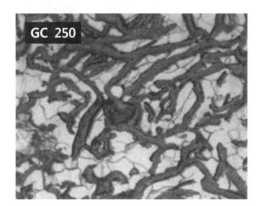

Ferrite(백)+Pearlite(회색)+Graphite(흑)

13.2 전자현미경 시험

1) 주사전자현미경(SEM ; Scanning Electron Microscope)

주사전자현미경은 재료의 미세조직 및 파면을 입체적으로 관찰할 수 있는 유용한 첨단장비로서 배율은 최하 50배율로부터 최대 수십만 배율 이상이 된다. 또한 X-Ray 분석장치를 부착시켜 시료의 화학적 성분도 분석할 수 있다.

그림 13-20은 최신 주사전자현미경을 나타낸 것이다.

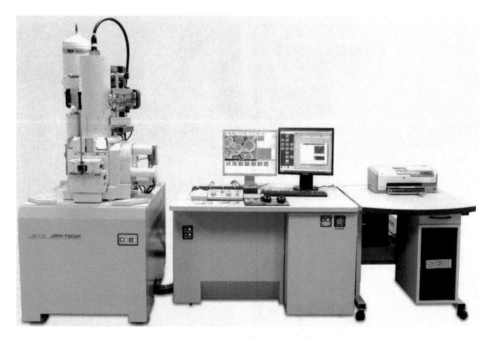

그림 13.20 주사전자현미경(SEM)

그림 13-21은 주사전자현미경의 내부형상 및 시편을 나타낸 것이며 그림 13-22는 Au-Pd Ion 코팅기로서 비금속 시료를 관찰할 때 시료의 표면을 코팅하며, EDX 분석 시는 주로 Carbon(C) 코팅기를 사용한다. 그림 13-23은 주사전자현미경의 Image 생성 과정이며 그림 13-24는 전자현미경 전자총의 필라민트이다. 그림 13-25는 주사전자현미경의 구조를 보여준다.

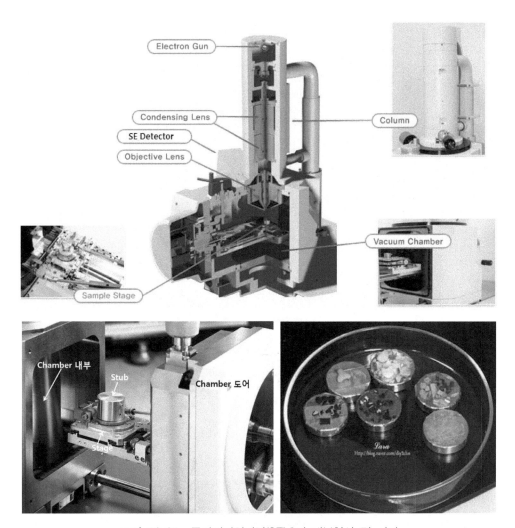

그림 13-21 주사전자현미경(SEM)의 내부형상 및 시편

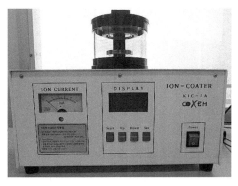

그림 13-22 Au-Pd ion 코팅기

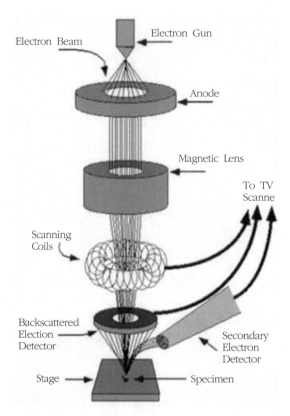

그림 13-23 주사전자현미경의 Image 생성과정

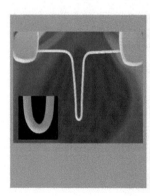

W 필라멘트

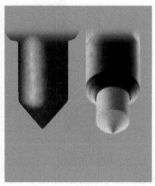

LaB6 Filament

cold field emission

(a) 열방사형 전자총　　　　　　　(b) 냉음극 전계방출형 전자총

그림 13-24 전자현미경 전자총의 필라멘트

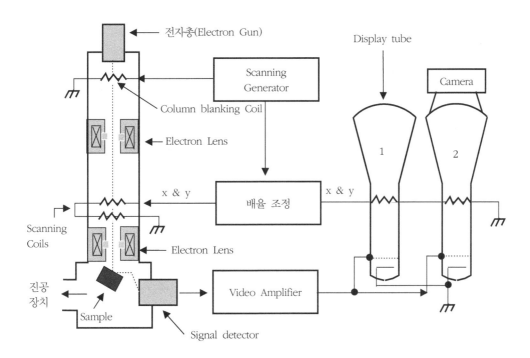

그림 13.25 주사전자현미경의 구조

그림13-26~30은 SEM과 조합된 EDX에 의한 시료의 성분분석 관계를 나타낸 것으로서 성분의 함유량(%)을 스펙트럼(Spectrum) 적분그래프로, 조직(상)의 분포를 Map형상으로 분석할 수 있다. 주사전자현미경은 20~30keV의 에너지를 가진 전자빔이 시료표면에 입사되어 원자와 충돌하면서 2차 전자, 후방산란전자, X-선 및 가시광선 등의 신호를 발생시키는데 이들을 검출기에 의해서 50A 이하의 해상도로 영상화하거나 화학조성 등을 분석하게 된다. 주사전자현미경의 특성은 초점(Focus)의 심도가 광학현미경보다 매우 커서 요철이 심한 파면을 고배율의 3차원 입체영상으로 볼 수 있으며 부착된 EPMA(Electron Probe Micro-Analyzer)에 의해서 시료의 미세부위에 대한 화학성분을 신속하게 정성 및 정량 분석할 수 있는 점이다.

그림 13-31은 육안 및 현미경으로 관찰할 수 있는 범위이며, 표 13-3에는 전자현미경과 광학현미경의 차이점을 비교하였다.

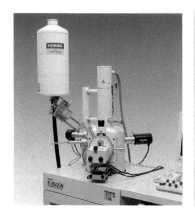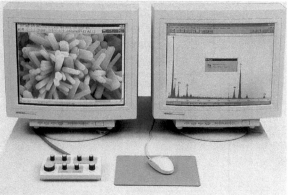

그림 13.26 EDX(Energy Dispersive X-ray)를 부착한 SEM과 Display

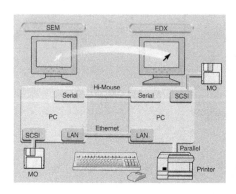

그림 13.27 SEM과 EDX의 조합 및 SEM Program Monitor 화면

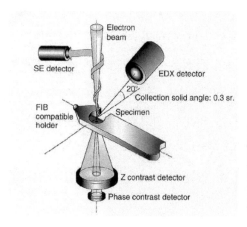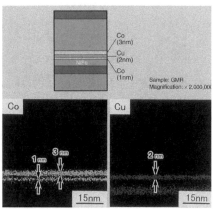

그림 13.28 EDX 분석구조와 시료의 성분분석 원리

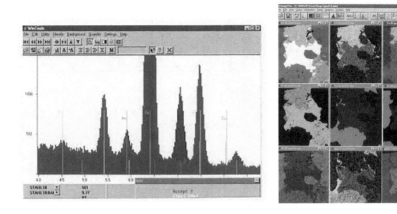

그림 13.29 EDX에 의한 시료의 성분분석 및 조직(상) 분석

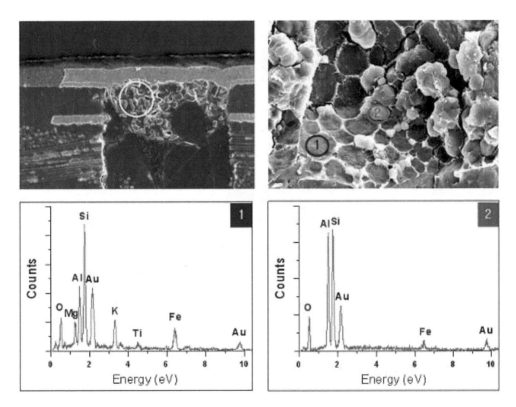

그림 13-30 전자현미경 시료의 EDS분석 예

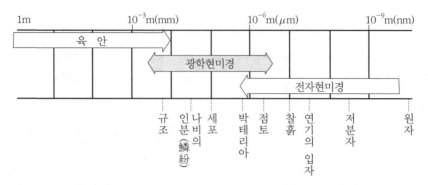

그림 13-31 육안 및 현미경으로 관찰할 수 있는 범위

표 13-3 전자현미경과 광학현미경의 차이점 비교

	TEM	광학 현미경
광원 (빛)	전자빔	가시 광원
파 장	0.0859(20kV)~ 0.0251(200kV)	7,500 Å (visible)~ 2,000 Å (Ultraviolet)
전파 매질	진 공	공 기
파 장	전자 렌즈(magnetic, electronics)	유리 렌즈(glass)
조리개 각도	35°	70°
파 장	point to point : 2.4 Å Lattice : 10 Å	Visible : 2,000 Å Ultraviolet : 1,000 Å
사용 배율	x25~x1,100,000 연속적으로 변화	x10~x2,000 렌즈 교환
초 점	전기적	기계적
콘트라스트 기구	산란, 흡수, 회절, 위상차	흡수, 반사

2) 주사전자현미경 파면사진

금속재료의 파면은 연성재료, 강인재료 및 취성재료에 따라 다르며, 또한 충격시험, 인장시험, 피로시험, 비틀림시험 및 마모시험 등과 같이 파괴시험의 종류에 따라서도 파괴형상이 다르게 나타난다. 그림 13.32와 같이 주사전자현미경으로 관찰한 재료

의 대표적인 파면은 연성파면인 딤플(Dimple), 섬유상(Fibrous)과 취성파면인 벽개면 (Cleavage facet), 결정립계, 강줄기(River)형 및 반복되는 작은 피로응력에 의해 발생하는 줄무늬(Striation)형 파면 등이 있다.

그림 13-33은 Al합금의 SEM 사진 및 EPMA에 의한 성분분석이다.

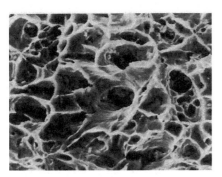
딤플(Dimple)형 연성파면

벽개(Cleavage facet)형 취성파면

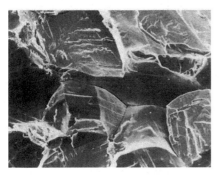
결정립계+벽개형 파면

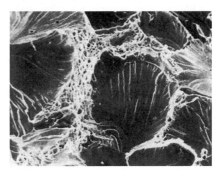
벽개+섬유(Fibrous)상 파면

결정립계(Grainboundary) 파면

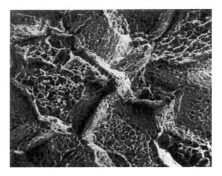
결정립계+딤플 파면

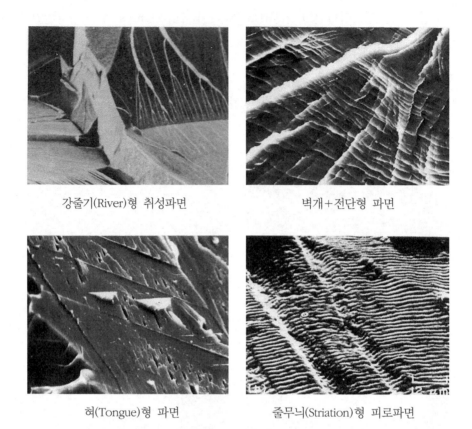

강줄기(River)형 취성파면

벽개＋전단형 파면

혀(Tongue)형 파면

줄무늬(Striation)형 피로파면

그림 13.32 금속파면의 주사전자현미경 사진

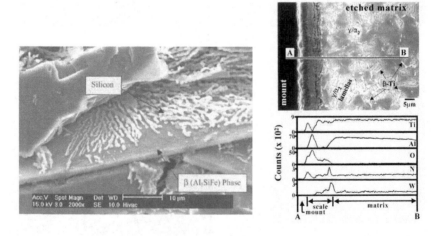

그림 13.33 Al합금의 SEM 사진 및 EPMA에 의한 성분분석

3) 투과전자현미경(TEM ; Transmission Electron Microscope)

(1) 개요

투과전자현미경(TEM)은 1934년 Ruska에 의해 발명된 장비로서 분해능이 1nm(10Å) 이상이며 현재는 0.2nm(2Å) 이하도 개발되고 있다. TEM의 영상 형성은 시험편의 파장보다 매우 작은 가속전자를 발생시켜 시편에 투과시키면 결정면이나 결함 등에 따라서 투과할 수 있는 전자빔의 강도 차이가 달라지는데 이 차이에 의해서 형광 스크린상에 명암이 발생하여 분해능이 우수한 시험편의 영상이 나타나게 되는 것이다.

TEM 가동시 가속전압은 일반 TEM(CTEM)의 경우 200keV 이하를, 주사 TEM(STEM)은 300keV 이상을 사용하며 시험편 표면을 0.2nm 정도의 전자빔이 고속주사하면서 모니터에 영상을 형성시킨다.

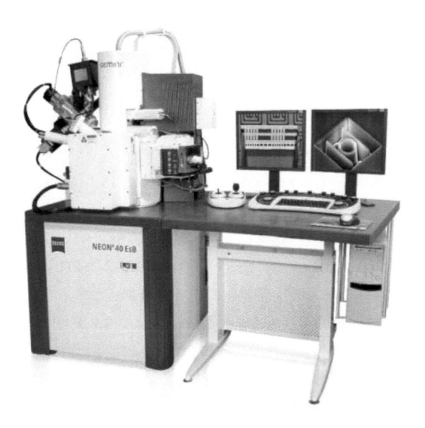

그림 13.34 최신 투과전자현미경(TEM)

TEM을 사용한 분석방법은 Bright Field, Dark Field, STEM, EDAX, X-Ray Mapping, Line Scanning, Phase 분석 등 다양하다. 그림 13.34는 최신 고성능 투과전자현미경을 나타낸 것이다.

(2) TEM 시험편 제작 방법

(a) 레플리카(Replica)법

얇은 Film으로 시험편의 표면을 복사하여 간접적으로 표면구조를 관찰하는 것으로서 다음과 같은 방법이 있다.

① Plastics Replica법 : 시험편의 표면을 연마하고 부식시킨 후 팔라디온, 클로디온, 폴리스티렌 등의 Plastics용액에 적시고 건조하여 셀룰로오즈 테이프로 Plastics Film을 벗겨낸 Plastics Replica를 사용하여 관찰한다.

② 탄소(C) Replica법 : 금속 시험편의 표면에 10^{-4}mmHg 이하의 압력하에서 탄소를 증착시킨 후 탄소필름을 떼어내어 관찰한다.

③ 산화물 Replica법 : Al합금 시험편을 연마하여 양극산화시킨 후 전해연마로 분리하여 관찰한다.

④ 석출 Replica법 : 석출물이 있는 시험편을 부식하고 탄소를 코팅시킨 후 탄소 필름을 분리하여 관찰한다.

⑤ 아세틸셀룰로오즈/탄소 Replica법 : Replica법 중에서 가장 널리 사용되며 그 준비 절차는 다음과 같다.

ⓐ 소량의 메틸아세테이트를 시험편의 표면에 바른 후 아세틸셀룰로오즈 필름을 접착시키는 작업을 2~3회 반복하여 시험편의 표면을 깨끗이 한다.

ⓑ 메틸아세테이트 용액이 충분히 건조되면 아세틸셀룰로오즈 필름을 핀셋으로 벗겨내어 깨끗한 유리판 위에 복사면이 위쪽으로 오도록 하여 양면테이프로 고정시킨다.

ⓒ 그 위에 다른 유리판을 덮어 고정시킨 후 50℃ 정도로 5~10분간 건조한 후 필름이 부착된 유리판을 진공증착장치에 넣고 탄소나 중금속을 증착시킨 다음 유리판을 꺼내어 필름을 1~4mm^{2}의 크기로 자른다.

ⓓ 깨끗한 유리판을 가열하고 그 위에 0.1~0.3mm 두께로 파라핀을 코팅한 후 파라핀이 굳기 전에 진공증착한 필름의 증착면을 파라핀에 접촉시킨다.

ⓔ 유리판과 아세틸셀룰로오즈 필름을 함께 메틸아세테이트 용액에 5분간 담그어 필름을 용해시킨 후 용액을 45~50℃로 가열하여 파라핀을 녹이면 진공증착된 필름이 떠오른다.

ⓕ 이 필름을 45~50℃로 가열된 메틸아세테이트 용액으로 세척한 후 증류수 또는 증류수와 알코올의 혼합용액이 담긴 페트리디쉬에 띄운 다음 현미경용 grid로 건져내어 여과지 위에서 건조시켜 TEM으로 관찰한다.

그림 13.35는 레플리카(Replica) 제조법을 개략적으로 나타낸 것이다.

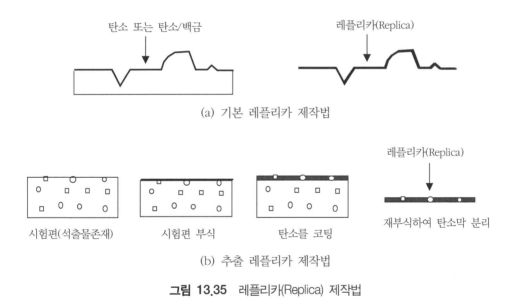

(a) 기본 레플리카 제작법

시험편(석출물존재)　　　시험편 부식　　　탄소를 코팅　　　재부식하여 탄소막 분리

(b) 추출 레플리카 제작법

그림 13.35 레플리카(Replica) 제작법

(b) 박판(Foil) 제작법

금속 시험편의 내부조직을 관찰하기 위하여 시험편의 두께를 수천 Å 정도로 얇게 가공하여 전자선을 통과시킴으로써 격자구조, 전위(dislocation) 등의 내부상태를 관찰 및 분석할 수 있으며 박판시험편의 제작방법은 다음과 같다.

① 약 50㎛ 두께의 시험편을 제작하는 것으로서 기계적인 방법과 화학적인 방법이 있으며, 기계적인 연마는 시험편에 열에 의한 조직변화가 발생할 수 있으므로 화학적 방법이 널리 활용되고 있다. 화학적인 연마는 양면이 평행한 시험편을 평면연마기에서 0.3~1mm 까지 연마한 후 재질에 맞는 묽은 연마시액으로 연마한다.

② ①항에서 연마한 시험편을 약 1,000Å 두께까지 최종 연마하는 것으로서 전해연마 또는 Ion milling을 적용한다. 전해연마는 Window법과 Bollman법이 있으며 Window법은 시험편의 외부를 절연체로 차단한 후 전해액에서 적정 전압과 전류를 가하여 연마하는 방법으로서 Window에 구멍이 뚫린다. Bollman법은 끝이 뾰죽한 스테인리스강의 음극을 시험편에서 0.5mm 정도 띄어 연마하여 구멍을 만든 후에 스테인리스 음극을 1~2mm 띄어 구멍과 시험편의 가장자리 사이를 계속 연마하여 매우 얇은 시험편을 얻는 방법이다. 한편 최근에는 음극의 노즐로부터 전해액을 분사시켜 양극의 시험편을 연마하는 Jet polishing 법이 널리 적용되고 있다. 그림 13-36은 TEM의 개략적인 내부구조를 나타낸 것이며, 그림 13-37은 시료의 표면, 단면 및 두께 등을 SEM으로 관찰한 것과 금속의 결정구조 및 전위 등의 내부구조를 TEM으로 관찰한 것을 보여준다.

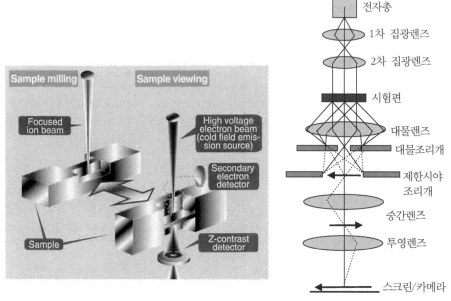

그림 13.36 투과전자현미경(TEM)의 내부구조

표면 형상의 관찰

단면 구조의 관찰　　　　　두께의 측정

그림 13-37 SEM으로 관찰한 영상(시료의 표면, 단면, 두께 등)
및 TEM으로 관찰한 영상(원자배열, 전위 등)

상(相)분석
(Phase Analysis)

14.1 정량 조직검사

1) 결정입도 측정법

(1) ASTM 법(FGC ; 비교법)

금속현미경 100배율로 촬영한 조직사진에서 $1 \text{ in}^2(25\text{mm}^2)$ 내에 있는 결정립수를 산출하는 방법으로서 현미경 100배율로 관찰한 결정입도의 크기를 미국재료시험협회(ASTM)에서 규정한 표준 결정입도 그림과 비교하여 가장 유사한 그림의 번호를 다음식에 적용하여 1 in^2 내의 결정립수를 계산한다.

$$n = 2^{(N-1)} \tag{14.1}$$

식 (14.1)에서 n은 100배율의 조직사진 1 in^2 내의 결정립수이며, N은 ASTM 표준 입도번호이다.

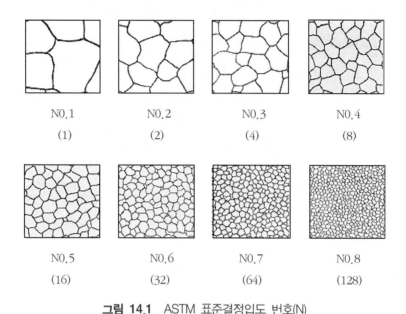

NO.1
(1)

NO.2
(2)

NO.3
(4)

NO.4
(8)

NO.5
(16)

NO.6
(32)

NO.7
(64)

NO.8
(128)

그림 14.1 ASTM 표준결정입도 번호(N)

※ ( ) 내의 수치는 100배율의 현미경 조직사진에서 $1in^2$ 내의 Ferrite 결정립수(n)

결정입도 번호를 결정할 때 결정립이 너무 작아서 현미경 100배율로는 판별이 곤란할 경우는 200배율로 관찰한 결정립의 크기를 ASTM 표준입도와 비교하여 결정한 입도번호에 2를 더한 번호를 최종 입도번호로 하여 식 (14.1)로 결정립수를 산출한다.

반면 현미경 100배율로 관찰한 결정립이 너무 클 때는 50배율로 관찰하고 ASTM 표준입도와 비교하여 결정한 입도번호에서 2를 뺀 번호를 최종 입도번호로 하여 $1in^2$ 내의 결정립수를 산출한다. 현미경 100배율로 관찰한 결정립 조직에서 평균 입도번호 판정은 다음과 같은 방식으로 산출한다.

$$Nm = \frac{\sum(a \times b)}{\sum b}$$
(14.2)

금속 현미경 100배율로 촬영한 결정립 조직사진에서 결정립의 크기가 약간씩 다를 때 평균적인 ASTM 입도번호(Nm)를 산출하는 방법은 다음과 같다.

즉 조직사진을 그림 14.1과 같은 ASTM 표준 결정립과 비교하였을 때 ASTM 입도번호의 7번, 7.5번, 8번이 존재하고(각 시야에서의 입도번호로서 a로 표기) 각 번호에 해당하는 결정립수가 3개, 8개, 3개씩(각 입도번호에 따른 시야수로서 b로 표기) 있을 경우 이 조직사진의 평균 입도번호(Nm)는 표 14.1과 같이 산출할 수 있다.

표 14.1 평균 ASTM 입도번호 산출법

a	b	a × b	Nm
7	3	21	
7.5	8	60	105/14 = 7.5
8	3	24	
계	14	105	

(2) 헤인(Heyn)법(FGI ; 절단법)

그림 14.2(a)와 같이 적당한 배율로 촬영한 결정립 조직사진에 2개의 직선을 임의로 그은 다음 각 직선과 결정립 경계선과의 총 교차점수를 측정하고 식 (14.3)을 적용하여 산출한 단위 직선당의 교차점수(PL)로 나타내는 방법이다.

$$P_L = \frac{측정된\ 총\ 교차점수}{조직사진내\ 직선의\ 총길이\ /\ 사진배율} \tag{14.3}$$

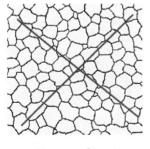
(a) Heyn법(FGI)

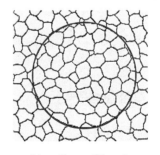
(b) Jefferies법(FGP)

그림 14.2 Heyn법(절단법)과 Jefferies법(계산법)

(3) 제프리즈(Jefferies)법(FGP ; 계산법)

그림 14.2(b)와 같이 적절한 배율로 촬영한 결정립 조직사진 내에 임의의 원을 그린 다음 원내에 있는 결정립수(ni)와 원주와 교차하는 결정립수(nc)를 측정하고 다음 식을 적용하여 단위 면적당의 결정립수(P_A)로 나타내는 방법이다.

$$P_A = \frac{ni + nc/2}{A}, \quad A = \frac{A'}{m^2} \tag{14.4}$$

식 (14.4)에서 A는 실제 원의 면적이고 A'는 조직사진에서의 측정면적이며 m은 사진의 배율을 나타낸다.

(4) 열처리 입도 시험법

① 아공석 중탄소강 및 공석강 : 한끝 담금질(Jominy end quenching)법(Gj), 서냉법 (Gf), 및 2회 담금질법(Gd) 적용

② 기계구조용 탄소강 및 구조용 합금강 : 산화법(Go) 및 담금질−뜨임(quenching - tempering)법(Gh) 적용

③ Austenite계 스테인리스강 및 내열강 : 고용화 열처리(solid solution treatment)법 (Gs) 적용

④ 고속도공구강 및 합금공구강 : 담금질(quenching)법(Gg) 적용

⑤ 침탄강 : 침탄 입도 시험법(Gc) 적용

2) 조직량 측정법(상분석)

(1) 면적(Area) 측정법

금속 현미경에 의해 촬영한 조직사진에서 일정한 면적을 지정한 후 그 면적범위 내의 조직별 면적을 측정하기 위하여 Planimeter를 사용하거나, 트래싱용지에 복사하여 조직별로 오려내어 천칭으로 총무게를 측정하고 식 (14.5)로 상분율을 산출한다. 그림 14.3은 면적(Area) 측정에 의한 상분율을 산출하는 방법이다.

$$상분률(\%) = \frac{측정할\ 조직의\ 총\ 면적\ 또는\ 무게}{조직사진에서\ 지정한\ 전면적\ 또는\ 총무게} \times 100 \qquad (14.5)$$

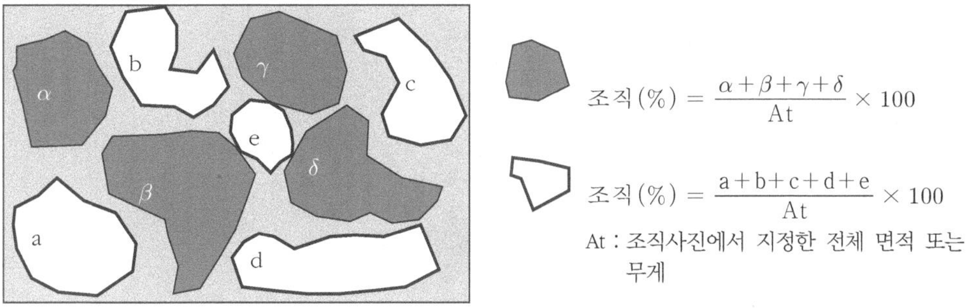

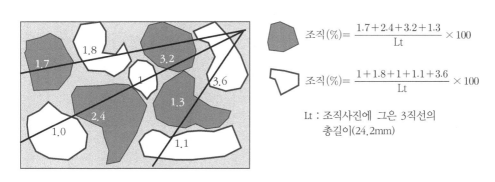

그림 14.3 면적(Area) 측정법에 의한 상분석

(2) 직선(Line) 측정법

그림 14.4와 같이 조직사진 위에 여러 방향으로 직선을 그어 그들 직선이 측정할 조직(상)을 통과하는 길이를 모두 측정한 후 식 (14.6)을 적용하여 전체 직선의 총길이로 나누어 산출한다.

$$상분률(\%) = \frac{측정할\ 조직을\ 통과하는\ 직선의\ 총길이}{조직사진에\ 그은\ 직선들의\ 총길이} \times 100 \qquad (14.6)$$

그림 14.4 직선(Line) 측정법에 의한 상분석

(3) 점(Point) 측정법

조직사진위에 투명 그래프 용지를 놓고 그림 14.5 및 식 (14.7)과 같이 측정할 조직 내에서 교차하는 점의 총수를 조직사진 전체에 나타나는 교차점수로 나누어 산출한다.

$$상분률(\%) = \frac{측정할\ 조직내에\ 나타난\ 총교차점수}{조직사진\ 전체에\ 나타난\ 총교차점수} \times 100 \tag{14.7}$$

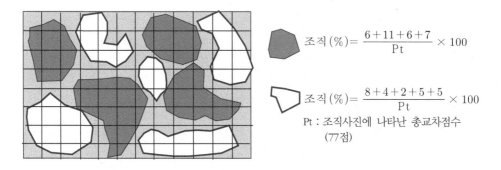

그림 14.5 점(Point) 측정법에 의한 상분석

3) 결정입도번호 산출 예

문제 1 다음 조직사진의 결정입도번호(KS)를 산출하시오(사진배율 ; 100배, 원의 직경은 실제배율에서 0.8mm를 조직사진의 배율로 확대함).

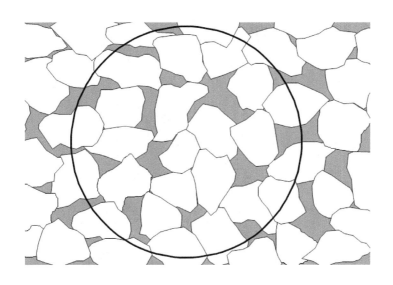

풀 이 결정입도번호 $N = (\log n / \log 2) - 3$

$$n = X \cdot (M^2 / 5,000) = 2^{N+3}$$

$$X = (W/2) + Z$$

W ; 원의 경계선에 걸린 결정입자수

Z ; 완전히 원안에 있는 결정입자수

M ; 현미경 배율, $(\log 2 = 0.301)$

n ; 실제 넓이 $1mm^2$ 안에 있는 결정입자수

N ; 결정입도번호

$X = (24/2) + 20 = 32$, $(W = 24개, Z = 20개)$

$n = 32 \times (100^2 / 5,000) = 64$, $(\log 64 = 1.8062)$

※ 결정입도번호 $N = (\log 64 / \log 2) - 3$

$$= (1.8062 / 0.301) - 3$$

$$= 6 - 3 = 3$$

문제 2 다음과 같이 500배율로 촬영한 현미경 조직사진에 나타낸 길이 126mm와 109mm의 2개 직선을 이용하여 Ferrite 조직의 결정입도번호를 산출하시오. 〈Heyn법(FGI)〉

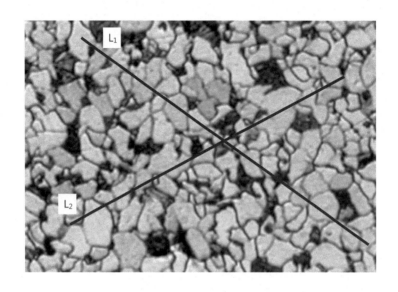

풀 이 결정입도번호 $N = (\log n / \log 2) - 3$

$n =$ 실제 $1mm^2$ 내의 결정입자수

$M =$ 현미경 배율$= \times 500$, $(\log 2 = 0.301)$

현미경 배율 M배에서 $1mm^2$ 내의 결정입자수 ;

$nM = (I_1 \times I_2) / (L_1 \times L_2)$

L_1, L_2 ; 각 선분의 길이로서 각각 126mm 및 109mm

I_1 ; L_1에 의해 절단된 결정입자수로 21개

I_2 ; L_2에 의해 절단된 결정입자수로 16개

$nM = (I_1 \times I_2) / (L_1 \times L_2) = (21 \times 16) / (126 \times 109)$

$\quad = 336 / 13,734 = 0.02446$

$n = nM \times M^2 = 0.02446 \times 500^2 = 6,115 = 2^{N+3}$

※ 결정입도번호 $N = (\log n / \log 2) - 3 = (\log 6,115 / 0.301) - 3$

$\quad = (3.7864 / 0.301) - 3 = 12.5794 - 3 ≒ 9.6$

문제 3 다음 현미경 조직사진은 100배율이며, 실제배율에서 0.8mm 배율로 확대한 조직사진에 나타낸 원을 이용하여 Ferrite 조직의 결정입도번호를 산출하시오. 〈Jefferies법(FGP)〉

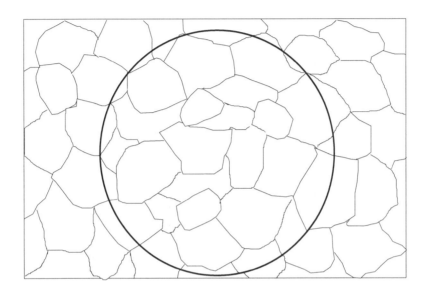

풀 이

$n = 2^{N+3}$ 식에서 $N = (\log n / \log 2) - 3$

$n = X(M^2/5,000)$, $X = (W/2) + Z$

W ; 원의 경계선에 걸린 결정입자수

Z ; 완전히 원안에 있는 결정입자수

M ; 현미경의 배율

n ; 실제 넓이 $1mm^2$ 내에 있는 결정입자수

W = 16, Z = 17이므로,

X = (W/2) + Z = (16/2) + 17 = 25,

$n = X(M^2/5,000) = 25 \times (100^2/5,000) = 50$

※ 결정입도번호 $N = (\log n / \log 2) - 3 = (\log 50 / \log 2) - 3$
$= (1.699/0.301) - 3 = 5.6445 - 3 ≒ 2.6$

4) 상분석 예

문제 1 다음 탄소강의 조직사진에서 Pearlite(흑색)량(%) 및 Ferrite(백색)량(%)을 산출하시오.

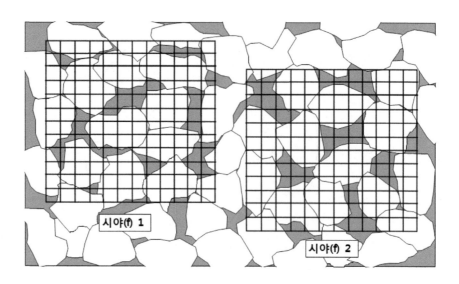

풀이

d (%)=[n/(P×f)]×100

P ; 시야 내의 총 격자점수로서 12×12=144개

f ; 시야수로서 f1 및 f2 : 2개

   (f1 총 격자점수=12×12=144개, f2 총 격자점수=12×12=144개)

n ; f개의 시야에서 Ferrite 또는 Pearlite 조직 내의 총 격자점수

   f1 시야의 Pearlite 조직 내의 격자점수 29개,

   f2 시야의 Pearlite 조직 내의 격자점수 27개

총 격자점수 n=f1+f2=29+27=56개

※ Pearlite (%)=[n/(P×f)]×100

               =[56/(144×2)]×100=19.44%

※ Ferrite (%)=100−19.44=80.56%

문제 2 다음 탄소강의 조직사진에서 Pearlite(흑색)와 Ferrite(백색)량(%)을 각각 산출하시오.

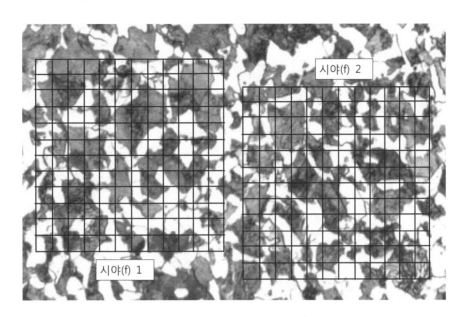

풀이 [n/(P×f)]×100 식에서

f (시야수)=f1 및 f2=2개

P=1개 시야 내의 총 격자점수=12×12=144

n=시야 f1의 Pearlite내 총 격자점수+시야 f2의 Pearlite내 총 격자점수

n=f1+f2=87+92=179

※ Pearlite %=[n/(P×f)]×100

$\qquad$ =[179/(144×2)]×100=62.15%

※ Ferrite %=100−62.15=37.85%

참고자료

1) ASTM 결정입도번호 및 결정입수

ASTM 결정입도 NO.	x100배율에서 1in²(25.4mm²) 면적 내의 결정입수		1mm² 내의 결정입수
	평균 결정입수	결정입수 범위	
-3	1/18	3/64~3/32	1
-2	1/8	3/32~3/16	2
-1	1/4	3/16~3/8	3
0	1/2	3/8~3/4	8
1	1	3/4~3/2	16
2	2	1/2~3	32
3	4	3~6	64
4	8	6~12	128
5	16	12~24	256
6	32	24~48	512
7	64	48~96	1,024
8	128	96~192	2,048
9	256	192~384	4,096
10	512	384~768	8,192

※ 평균 입도번호 $m = \Sigma a, b / \Sigma b$
  a ; 각 시야의 입도번호, b ; 시야수(5~10)

2) 개재물의 형태 및 열처리입도시험법

개재물의 형태 구분	
d (disconnected)	불연속 배열의 경우
T (thin)	폭이 1.0mm 이하인 경우
H (heavy)	폭이 3.0mm 이하인 경우
vd (very disconnected)	심하게 불연속 배열의 경우
g (grouped)	군집된 경우

열처리 입도시험법	
KS 기호	시험법 명칭
AGC	침탄입도시험법 *AG ; Austenite Grain
AGS	서냉법
AGC	2중 급냉법
AGT	Quenching-Tempering법
AGE	선단급냉법(Jominy end quenching법)
AGO	산화법

(예) AGS−(6.5 70%+2.5 30%)$_{(7)}$ − 920℃×3/2hr)는 서냉법에 의해 920℃로 1.5시간 유지시킨 시험편에서 7회(시야) 측정했을 때 입도번호 6.5가 70%, 2.5가 30% 혼재된 것을 나타낸다.

특수 시험

chapter

15

파괴인성 시험
(Fracture Toughness Test)

15.1 파괴인성의 개요

금속재료가 파괴를 일으키는 데는 파괴의 핵이 되는 미소한 균열(crack)의 존재가 필수적 인자가 된다. 이러한 균열은 제조과정을 통하여 재료나 제품에 이미 존재하고 있었거나 사용 중에 외력 및 환경의 조건에 의해 발생되며 점차적으로 또는 급속히 성장하여 어느 한계점에 도달하면 파괴에 이르게 되는 것이다. 이와 같은 파괴거동은 취성파괴 양상을 보이며 아무런 예고 없이 발생하므로 인적, 물적으로 큰 피해를 당할 수 있다. 취성파괴 이론에는 소성변형을 동반하지 않는 유리나 도자기와 같이 완전취성재료에 대한 Griffth의 이론과 소성변형이 극히 제한된 영역에서 나타난 후 탄성적으로 파괴에 이르는 금속재료의 파괴에 대한 Orwan과 Irwin 등의 이론이 있다.

Irwin은 균열이 있는 물체의 crack tip(첨단) 부근에 발생하는 응력상태를 표시하는 방법으로서 응력확대계수(stress intensity factor ; SIF)라고 하는 K를 도입하였다. 즉 인장응력(σ_t)을 받는 무한판에 길이 2a의 crack이 존재할 때 K는 식 (15.1)과 같이 표시된다.

$$K = \sigma_t \sqrt{\pi a} \tag{15.1}$$

또한 Irwin은 K 이외에 에너지해방률(energy release rate) 또는 crack 진전력(crack extension force)이라는 $\mathcal{J}$도 정의하였는데 $\mathcal{J}$는 K와 다음 식 (15.2)와 같은 관계가 성립한다.

$$\begin{aligned} &① \ 평면응력상태에서 : \mathcal{J} = K^2/E \\ &② \ 평면변형상태에서 : \mathcal{J} = (1-\nu^2)K^2/E \end{aligned} \tag{15.2}$$

식 (15.2)에서 E는 Young modulus(탄성계수)이고 ν는 Poisson's ratio를 나타낸다. Irwin은 에너지해방률 $\mathcal{J}$가 어느 임계값($\mathcal{J}c$)에 이르면 crack의 진전이 일어난다고 생각하였으며 $\mathcal{J}c$를 crack 저항력이라고 하였다. 임계응력확대계수 Kc 또는 K₁c와 $\mathcal{J}c$는 식 (15.3)과 같은 관계가 성립한다.

$$\begin{aligned} &① \ 평면응력상태에서 : Kc = \sqrt{E \cdot \mathcal{J}c} \\ &② \ 평면변형상태에서 : K_1c = \sqrt{E \cdot \mathcal{J}_1c/1-\nu^2} \end{aligned} \tag{15.3}$$

임계응력확대계수 Kc를 파괴인성(fracture toughness)이라 하며 특히 K₁c를 평면변형 파괴인성(plane strain fracture toughness)이라고 한다.

취성파괴는 파괴인성이 낮을 때 발생하므로 이를 방지하기 위해서는 구조물에 사용되는 재료가 부하(loading) 또는 사용환경 상태에서 한계값 이상의 파괴인성을 가지면 된다. K 또는 $\mathcal{J}$는 선형파괴역학(linear fracture mechanics ; LEM)의 중요한 para-meter이지만 이를 대신하는 것으로 crack 개구변위(crack opening displacement ; COD)가 있다. 이것은 Cottrel 및 Wells에 의해 제창된 것으로서 COD는 crack의 임의점에서의 변위이며 특히 crack첨단에서의 변위를 crack 첨단개구변위(crack tip opening displacement ; CTOD)라고 한다.

파괴는 CTOD가 어느 한계값에 이르렀을 때 발생하는 것으로 알려져 있다.

파괴인성 시험법

평면변형파괴인성(K_{1c})을 실험적으로 측정할 수 있는 방법은 1975년도에 미국재료시
험협회에서 규정한 ASTM E-399를 주로 적용한다.

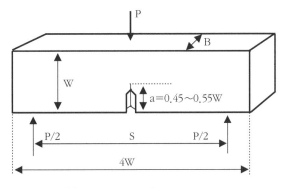

(a) 3 Point Bending Specimen

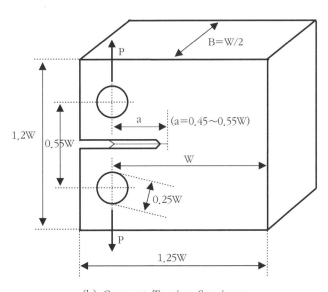

(b) Compact Tension Specimen

그림 15.1 파괴인성 시험편

이 규정에 따르면 일반적으로 그림 15.1과 같이 3점굽힘 시험편이나 compact tension(CT)시험편의 notch 첨단에 1.3mm 이상의 피로crack을 발생시킨 후 인장시험기에 의해서 그림 15.2와 같은 하중-crack 개구변위(P-COD) 곡선을 얻으면 된다.

그림 15.2에서 P_5는 P-COD 곡선의 5% off set 하중점이며 P_Q는 P_5내의 최대하중이다. 이때 $P_{max} / P_Q < 1.1$이면 K_{1C}가 얻어질 수 있으며, CT시험편을 사용할 경우는 파괴인성값(K_Q)은 식 (15.4)로 산출할 수 있다.

$$K_Q = \frac{P_Q}{BW^{1/2}} \cdot f(a/W)$$

$$= \frac{P_Q}{BW^{1/2}} [29.6(a/W)^{1/2} - 185.5(a/W)^{3/2} \qquad (15.4)$$

$$+ 665.7(a/W)^{5/2} - 1,017.0(a/W)^{7/2} + 638.9(a/W)^{9/2}]$$

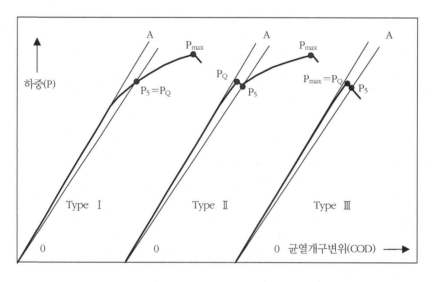

그림 15.2 파괴인성값 결정에 적용되는 하중-변위(P-COD) 곡선

제15장 파괴인성 시험(Fracture Toughness Test)

한편 3점굽힘 시험편을 사용할 경우는 식 (15.5)에 의해서 산출한다.

$$K_Q = \frac{P_Q \cdot S}{BW^{3/2}} \cdot f(a/W)$$

$$= \frac{P_Q \cdot S}{BW^{1/2}} [2.9(a/W)^{1/2} - 4.6(a/W)^{3/2} \qquad (15.5)$$

$$+ 21.8(a/W)^{5/2} - 37.6(a/W)^{7/2} + 38.7(a/W)^{9/2}]$$

식 (15.4와 15.5)에서 B는 시험편의 두께로서 W/2이고, W는 시험편의 폭, a는 crack의 길이로서 0.45~0.55W이며, S는 지점간 거리이다. 식 (15.4 및 15.5)로 얻은 K_Q(파괴인성값)가 식 (15.6)을 만족시키면 K_Q는 $K_{1}c$(평면변형파괴인성값)가 된다.

$$a \quad \text{또는} \quad B \geq 2.5(K_Q / \sigma_{ys}) \qquad (15.6)$$

여기서 σ_{ys}는 시험재료의 항복강도(0.2% offset yield strength)이다. 이와 같은 ASTM의 $K_{1}c$에 대한 요구조건을 Irwin의 평면변형인 β값의 항으로 나타내면 식 (15.7)과 같다. 즉 $\beta_{1}c$가 0.4 이하이면 시험편은 평면편형을 할 수 있으며 K_Q는 $K_{1}c$된다.

$$\beta_1 c = \frac{1}{B} (K_Q / \sigma_{ys})^2 \leq 0.4 \qquad (15.7)$$

파괴인성의 단위는 SI unit인 $MPa \cdot m^{1/2}$를 주로 사용하며 $K_{1}c$를 얻으려면 시험편의 두께(B)는 식 (15.6 또는 15.7)에 부합되어야 한다.

그림 15.3과 15.4는 시험편의 두께(B)와 $K_{1}c$의 관계를 나타낸 것이다.

197

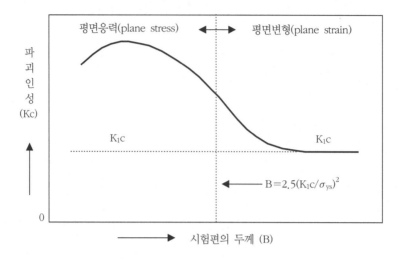

그림 15.3 두께 함수에 따른 재료의 인성

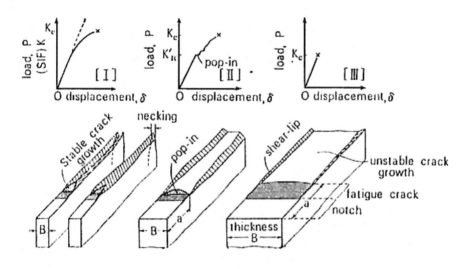

그림 15.4 시험편 두께(B)에 따른 파괴양상과 응력-변위 곡선

한편 K_1c와 CVN 충격흡수에너지의 관계에서 Barsom과 Rolfe는 연성-취성천이온도(ductile-brittle transition temperature) 구역에서는 식 (15.8)이 성립하며 upper shelf 영역에서는 식 (15.9)가 성립한다고 하였다.

$$K_1c^2/E = A(CVN) \tag{15.8}$$

$$(K_1c/\sigma_{ys})^2 = 5/\sigma_{ys}\,[CVN-(\sigma_{ys}/20)] \tag{15.9}$$

식 (15.8)에서 A는 비례상수이고 E는 탄성계수(Young's modulus)이며 식 (15.9)에서 CVN은 충격천이온도 곡선의 상단평행부인 Upper Shelf 영역에서의 충격값이다. Paris는 J 적분법에 의한 파괴조건으로서 식 (15.9)의 성립을 주장하였으며, Clausing은 CVN 충격시험편에서의 파괴개시의 응력상태는 K_1c 시험편에서의 응력상태인 평면변형임을 확인하였다. 그림 15.5는 upper shelf 영역에서의 K_1c와 CVN의 관계가 정비례함을 나타낸 것이며, 그림 15.6은 CVN 시험편의 시험온도에 따른 충격흡수에너지값(E)의 변화를 나타낸 것이다.

그림 15.6에서 NBT(nil brittle transition)는 무취성천이온도이며, NDT(nil ductility transition)는 무연성천이온도이다.

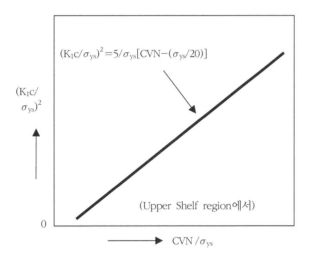

그림 15.5 K_1c와 CVN-E의 관계

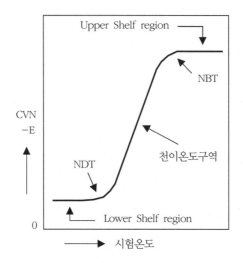

그림 15.6 시험온도와 CVN-E

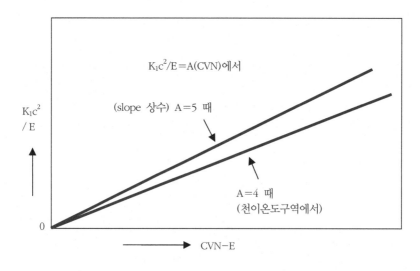

그림 15.7 K_1c와 CVN-E의 관계

그림 15.7은 천이온도구역에서의 $K_1c^2/E=A(CVN)$식에 따른 K_1c와 CVN-E의 관계를 나타낸 것이며, 그림 15.8은 균열첨단개구변위(CTOD)에서의 소성역의 크기(r^*_p)를 보인 것이다.

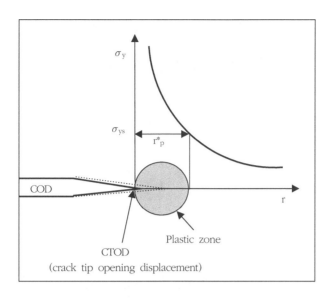

그림 15.8 CTOD에서의 소성역 크기

금속재료에 대한 파괴인성 시험에서는 그림 15.1에 나타낸 파괴인성 시험편을 그림
15.9(a)와 같은 Servopac을 사용하여 약 2mm 이내의 피로 crack을 발생시킨 후 그림
15.9(b)의 만능재료시험기(UTM)에서 굽힘 또는 인장시험하여 그림 15.2와 같은 하중−
변위(P−COD) 곡선을 얻는다.

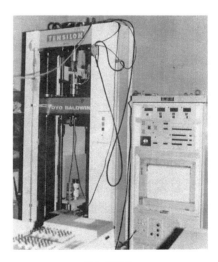

(a) Servopac　　　　　　　　(b) UTM

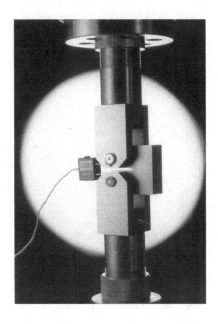

그림 15.9 피로 crack 발생장치인 Servopac과 만능재료시험기(UTM)

chapter

16

스프링 시험
(Spring Test)

16.1 스프링 시험의 개요

스프링은 공업적으로 매우 중요한 부품이며 그 종류는 다음과 같다.

(a) Coil Spring 시험기   (b) 겹판재 Spring 시험기

그림 16.1 스프링 시험기의 종류

즉 ① 평판(flat) 스프링, ② Coil 스프링, ③ Sheet 스프링, ④ Ring 스프링, ⑤ 겹판 (leaf) 스프링 등이 있다. 스프링에 대한 시험은 하중 및 재질 시험과 표면 및 형상 검사를 위주로 이루어지며 인장, 압축 또는 비틀림 하중을 적용한다. 하중시험은 스프링에 지정된 최대하중을 가한 후 하중을 제거하였을 때 스프링이 변형 없이 원상복귀 되는가를 시험하는 방법으로서 재료의 질, 열처리성 및 스프링의 강도를 판정하기 위한 것이다. 한편 스프링에 지정하중을 가하였을 때 지정변형이 발생하는지를 시험하는 방법은 치수에 따른 스프링의 강성(stiffness)을 측정하기 위한 것이다. 그림 16.1은 Coil 용 및 판재용 최신 스프링 시험기이다.

16.2 스프링 시험결과 산출식

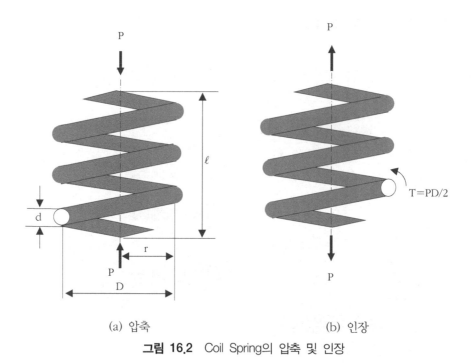

(a) 압축   (b) 인장

그림 16.2 Coil Spring의 압축 및 인장

그림 16.2는 coil spring의 압축 및 인장시험을 도식적으로 나타낸 것으로서 응력이 작용할 때 스프링에는 비틀림 모멘트(torque)가 작용하고 재료내부에서는 전단응력에 의한 deflection(변형)이 발생한다.

1) 원형 단면 Coil Spring의 압축시험

(1) Deflection(δ)

$$\delta = 8PND^3/Gd^4 \qquad\qquad (16.1)$$

> P : 축방향 하중(kgf)
> D : coil의 평균지름(mm)
> d : coil 선재의 지름(mm)
> N : 유효 coil의 권수
> G : 강성계수

(2) 재료표면에 나타나는 전단응력(τ)

$$\tau = 8PD/\pi d^3 \qquad\qquad (16.2)$$

(3) 스프링의 비틀림각(θ)

$$\theta = 32T\ell/\pi d^4 G \qquad\qquad (16.3)$$

> T : 비틀림 모멘트(torque)로서 T=DP/2
> ℓ : coil spring의 길이
> π : 3.14

(4) 스프링의 탄성에너지(U)

$$U = T\theta/2 = 4P^2D^3N/d^4G \qquad\qquad (16.4)$$

2) 직4각형 평판 spring의 굽힘시험

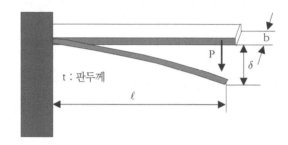

그림 16.3 평판 스프링의 굽힘시험

(1) 최대 굽힘응력(σ)

$$\sigma = 6\ell^2 \mathrm{P} / \mathrm{bt}^2 = 2\mathrm{tE}\delta / 3\ell^3 \tag{16.5}$$

(2) 하중(P)

$$\mathrm{P} = \mathrm{bt}^3 \mathrm{E}\,\delta / 4\ell^3 = \mathrm{bt}^2\sigma / 6\ell \tag{16.6}$$

(3) Deflection(δ)

$$\delta = 2\ell^2\sigma / 3\mathrm{tE} \tag{16.7}$$

(4) 단위 체적당 에너지(U)

$$\mathrm{U} = \sigma^2 / 18\mathrm{E} \tag{16.8}$$

chapter 17

X선 회절시험
(X-Ray Diffraction Test)

17.1 X선의 개요

X선은 1895년 독일의 물리학자인 Roentgen이 처음 발견하였으며 당시에는 그 특성을 알 수 없었으므로 X선이라고 하였다. X선은 무색, 무취, 무감각하고 빛과 같이 직진하며 물체를 통과하여 사진필름을 감광시킨다. 또한 X선은 물체의 결정에 의해서 회절(diffraction)하는 전자파(電磁波)로서 파장은 $0.5 \sim 2.5 \text{Å}$ 정도이며, X선이 어떤 물체의 단위면을 수직으로 통과할 때 단위시간당 에너지를 X선의 강도(intensity)라고 한다. 그림 17.1은 X-ray 발생장치의 개략도이며, 그림 17.2는 결정에 의한 X선의 회절을 나타낸 것이다.

X선 회절에 따른 Bragg 법칙은 식 (17.1)과 같으며 결정의 원자간 거리 또는 격자상수(lattice constant)를 측정할 수 있다.

$$n\lambda = 2d\sin\theta, \ d = n\lambda / 2\sin\theta \tag{17.1}$$

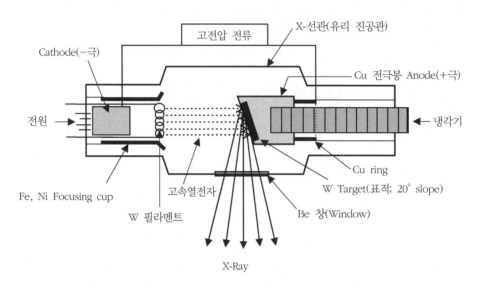

그림 17.1 X-Ray 발생장치의 개략도

식 (17.1)에서 n은 X선의 차수, λ는 X선의 파장, d는 원자간 거리, θ는 결정에 투과되는 X선의 입사각 또는 반사각이다.

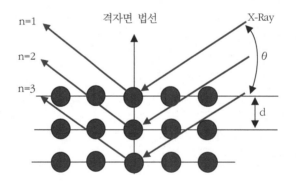

그림 17.2 결정에 의한 X-Ray의 회절

17.2 X-ray의 회절에 의한 정량(定量) 분석법

X선 회절에 의한 정량분석법 중에서 직접비교법은 多결정재료에 직접 적용할 수 있으므로 여러 조직(相)이 존재하는 시료에서 각각의 조직을 정량적으로 분석할 수 있다. 철강 또는 주철을 담금질(quenching)이나 오스템퍼링(austempering)한 후 그 시료의 기지조직(matrix)이 Ferrite(α-Fe)와 잔류 Austenite(γ-Fe)의 2개 조직으로 구성되었을 경우 각 조직의 량을 직접 비교하여 측정하는 방법은 다음과 같다.

시료의 각 조직이 가지는 결정구조는 서로 다르지만 원소조성은 같으므로 X선의 흡수계수는 같으므로 X선 회절강도(I)는 식 (17.2)와 같다.

$$I = \left(\frac{I_0 e^4}{m^2 C^4}\right)\left(\frac{\lambda^3 A}{32\pi r}\right)(1/v^2)\left[|F|^2 \cdot P\left(\frac{1+\cos^2 2\theta}{\sin^2\theta\cos\theta}\right)\right]\left(\frac{e^{-2M}}{2\mu}\right) \quad (17.2)$$

식 (17.2)에서

$$(1/v^2)\left[|F|^2 \cdot P\left(\frac{1+\cos^2 2\theta}{\sin^2\theta\cos\theta}\right)\right]\left(\frac{e^{-2M}}{2\mu}\right) = R$$

$$\left(\frac{I_0 e^4}{m^2 C^4}\right)\left(\frac{\lambda^3 A}{32\pi r}\right) = K_2$$

로 하면

$$I = \frac{K_2 R}{2\mu} \quad (17.3)$$

식 (17.3)과 같이 된다. 윗 식에서 I는 회절하는 X선의 단위길이당 적분강도, I_0는 X선 입사빔의 강도, e는 전자의 하전, m은 전자의 질량, C는 광속도, λ는 X선 빔의 파장, A는 X선 빔의 단면적, r는 diffractometer circle의 반지름으로서 전자에서 관측점까지의 거리, v는 시료의 단위격자체적, F는 시료의 결정구조인자(structure factor 또는

structure scattering factor), P는 결정면지수의 다중도(multiplicity), θ는 Bragg' angle, $(1+\cos^2 2\theta/\sin^2\theta \cos\theta)$는 Lorentz 편광인자(Lorentz Polarization factor ; L.P. factor), μ는 시료의 X선 흡수계수, e^{-2M}는 시료원자의 온도계수(M=B$(\sin\theta/\lambda)^2$, B=0.4), 32는 결정에서 가능한 대칭요소의 조합수로서 32점군이며 π는 3.14이다. 또한 K_2는 X선이 회절하는 물질의 종류나 양에는 무관한 상수로서 X선 diffractometer자체에서 처리되며, R은 θ, (h kℓ) 및 물질의 종류에 의존하는 상수로서 시료에 대한 각 X선 회절인자들을 적용하여 계산한다.

Ferrite를 α로, 잔류 Austenite를 γ로 표시하고 이들의 양을 각각 V_α와 V_γ로 하면 식 (17.3)은 식 (17.4)와 같이 나타낼 수 있다.

$$I_\alpha = \frac{K_2 R_\alpha V_\alpha}{2\mu m} \text{ 및 } I_\gamma = \frac{K_2 R_\gamma V_\gamma}{2\mu m} \tag{17.4}$$

식 (17.4)에서 μm은 혼합물의 X선 흡수계수이다. 식 (17.4)를 α에 대한 γ의 비례식으로 나타내면 식 (17.5)와 같으며,

$$\frac{I_\gamma}{I_\alpha} = \frac{R_\gamma V_\gamma}{R_\alpha V_\alpha} \tag{17.5}$$

이때 시료는 α-Fe과 γ-Fe의 2상으로만 구성된 것으로 보면 $V_\alpha + V_\gamma = 1$이 된다. 그러나 기지조직(matrix)을 α-Fe과 γ-Fe 및 Fe_3C의 3상으로 할 경우는 Fe_3C의 양을 Vc로 하면 $V_\alpha + V_\gamma + V_c = 1$로 해야 되나 Fe_3C를 α-Fe에 포함한 것으로 하여 $V_\gamma + V_\gamma = 1$로 하고 식 (17.5)에 $V_\alpha = 1 - V_\gamma$를 대입한 후 V_γ에 대하여 정리하면 식 (17.6)이 된다.

$$V_\gamma = \frac{I_\gamma R_\alpha}{I_\gamma R_\alpha + I_\alpha R_\gamma} \tag{17.6}$$

이때 V_γ의 값을 100분율로 하면 잔류 Austenite의 %양을 얻을 수 있다.

210

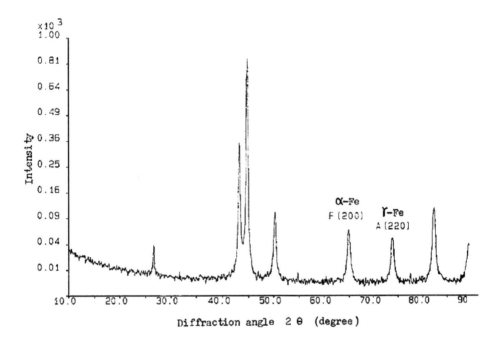

그림 17.3 X-Ray 회절(diffraction) pattern(철강재료)

그림 17.3과 같은 X-ray 회절 pattern에 나타난 많은 X선 회절 peak들에 대한 적분 강도(I)는 식 (17.2)로 산출할 수 있으나 매우 복잡하다. 그러나 최신 X-ray diffrac-tometer를 사용하면 I 값이 직접 계산되므로 지정한 (h kℓ)에 대한 α-Fe 및 γ-Fe의 회절 peak를 찾으면 I_α와 I_γ의 값을 알 수 있다.

그림 17.2에서 Bragg 법칙인 $n\lambda = 2d\sin\theta$의 n=1이고 X선 회절면지수가 (h kℓ)일 때 $n\lambda = 2d(h\ k\ell)\sin\theta$가 된다. 이때 단위격자가 BCC나 FCC와 같이 입방정(Cubic)이고 격자상수(lattice constant)가 a일 때는 식 (17.7)과 같으므로

$$d(h\ k\ell) = \frac{a}{\sqrt{h^2 + k^2 + \ell^2}} \tag{17.7}$$

$n\lambda = 2d(h\ k\ell)\sin\theta$에 식 (17.7)을 대입하면 식 (17.8)과 같다.

$$\lambda^2 = \left(2 \cdot \frac{a}{\sqrt{h^2 + k^2 + \ell^2}} \cdot \sin\theta \right)^2 \tag{17.8}$$

$$\sin^2\theta = \frac{\lambda^2}{4a^2} (h^2 + k^2 + \ell^2) \tag{17.9}$$

식 (17.8)은 식 (17.9)와 같으므로 α-Fe과 γ-Fe에 대한 X선 회절 peak를 찾으려면 X선이 회절할 수 있는 α-Fe 및 γ-Fe의 면지수 $(h\,k\ell)_\alpha$와 $(h\,k\ell)_\gamma$를 결정하고 식 (17.9)로부터 $(2\theta)_\alpha$ 및 $(2\theta)_\gamma$를 구하면 된다. 일반적으로 α-Fe에서 X선 회절이 잘되는 $(h\,k\ell)$은 (200), (211) 등이며 γ-Fe에서는 (220), (311) 등이 있다. 이중에서 α-Fe은 (200)을, γ-Fe은 (220)을 선택하여 2θ를 구하면 다음과 같다.

X-ray diffractometer에서 Cu Kα_1 target(표적)을 사용하여 파장(λ)이 1.5406 Å인 X선 beam을 방출했을 경우 각 시료에 대한 α-Fe과 γ-Fe의 격자상수 a_α 및 a_γ를 얻을 수 있으며, $(h^2 + k^2 + \ell^2)$는 (200)일 때 4, (220)일 때 8이므로 이들 값을 식 (17.9)에 대입하여 산출하면 $(2\theta)_\alpha$ 및 $(2\theta)_\gamma$를 알 수 있다.

한편 R_α 및 R_γ는

$$(1/v^2) \left[\,|\,F\,|^2 \cdot P \left(\frac{1 + \cos^2 2\theta}{\sin^2\theta \cos\theta} \right) \right] \left(\frac{e^{-2M}}{2\mu} \right) = R$$

에서 각 항을 α-Fe 및 γ-Fe에 대한 값으로 놓고 계산하면 얻을 수 있으며, 이들 각 항은 다음과 같다.

① v : $v_\alpha = (a_\alpha)^3$, $v_\gamma = (a_\gamma)^3$이다.

② F : α-Fe은 BCC 결정이므로 단위격자(unit lattice)에 2개의 Fe원자가 0 0 0와 1/2 1/2 1/2의 좌표에 위치하며, h+k+ℓ=2n (n=정수)의 면지수를 가질 때 F_α =2f$_{(Fe)}$, $|F_\alpha|^2 = 4f^2_{(Fe)}$로 되어 X선이 회절할 수 있다.

그러나 h+k+$\ell \neq$ 2n이면 $F_\alpha = 0$가 되어 그 면지수에서는 X선의 회절이 불가능하다. 또한 γ-Fe은 FCC 결정이므로 단위격자내에 4개의 Fe원자가 0 0 0, 1/2 1/2 0, 0 1/2 1/2, 1/2 0 1/2의 좌표에 위치하며 h, k, ℓ이 非혼합지수일때는 F_γ

$=4f_{(Fe)}$, $|F_\gamma|^2=16f^2_{(Fe)}$로 되어 X선이 회절이 가능하지만, h, k, ℓ이 혼합지수이면 $F_\gamma=0$가 되어 X선이 회절이 불가능하다. 여기서 $f_{(Fe)}$은 Fe원자의 산란인자(atomic scattering factor)로서 $(\sin\theta/\lambda)\cdot(A^{-1})$의 비례함수이며 X선 target에 대한 $(\sin\theta/\lambda)\cdot(A^{-1})$값은 θ_α와 θ_γ를 알면 θ대 $(\sin\theta/\lambda)\cdot(A^{-1})$의 표(table)에서 각각 찾을 수 있다. 또 각 원자대 $(\sin\theta/\lambda)\cdot(A^{-1})$의 표에서 α-Fe과 γ-Fe에 대한 $f_{(Fe)}$값을 찾으면 $|F_\alpha|^2$ 및 $|F_\gamma|^2$를 얻게 된다.

③ P : BCC 및 FCC와 같은 입방정계에서는 {h k ℓ}=48, {h k ℓ} 및 {h k 0}=24, {h h 0}=12, {h h h}=8, {h 0 0}=6이다.

지금 α-Fe의 회절면은 (200)이므로 {h 0 0} 형이 되어 P=6이며, γ-Fe의 회절면은 (220)이므로 {h h 0} 형이 되어 P=12가 된다.

④ $(1+\cos^2 2\theta/\sin^2\theta\ \cos\theta)$: 전자산란에 대한 $I = I_o(e^4/\gamma^2\ m^2\ C^4)\ (1+\cos^2 2\theta/2)$의 Thomsen식에서 편광인자인 $(1+\cos^2 2\theta/2)$를 Lorentz 인자인 $(4\cdot\sin^2\theta\ \cos\theta)^{-1}$과 w합한 것으로서 X선 회절각의 함수이다. (L.P.인자)α와 (L.P.인자)γ의 값은 θ대 L.P.인자의 표에서 찾을 수 있다.

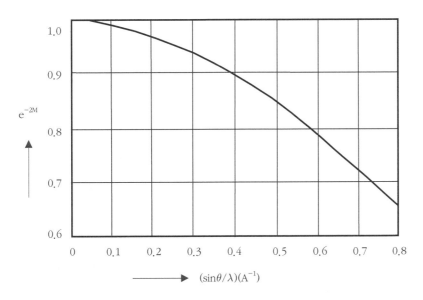

그림 17.4 함수$(\sin\theta/\lambda)\cdot(A^{-1})$에 대한 온도인자 e^{-2M} 값

⑤ e^{-2M} : 시료원자의 열진동에 의한 X선 beam의 산란에 대한 함수이며 α-Fe과 γ-Fe의 e^{-2M} 값은 그림 18.4에서 α-Fe과 γ-Fe의 $(\sin\theta/\lambda) \cdot (A^{-1})$값을 사용하여 얻을 수 있다.

표 17.1 Austempering한 구상흑연주철(ADI)의 잔류 Austenite량을 산출할 수 있는 X-ray diffraction factors 값

Diffraction factors \ Phase	α-Fe (Ferrite)	γ-Fe (Austenite)
결정(crystal)의 구조	BCC	FCC
회절면(diffraction plane)의 Miller 지수	(200)	(220)
X-ray의 회절각도 : 2θ(deg.) ( ) ; 계산값	64.90 (65.01)	73.71 (73.745)
격자상수(lattice parameter) : a(Å)	2.871	3.633
단위격자(unit cell)의 체적 : v	23.665	47.950
X-ray beam의 $(\sin\theta/\lambda)(A^{-1})$ 값 (CuKα1 target의 λ=1.5406 Å)	0.345	0.390
Fe원자의 scattering factor : f(Fe)	14.57	13.53
결정의 structure factor : $\lvert F \rvert^2$	849	2930
(hkl)의 다중도(multiplicity) : P	(h00) ; 6	(hh0) ; 12
L.P. factor : $(1+\cos^2 2\theta/\sin^2\theta\cos\theta)$	4.857	3.750
온도 factor : e^{-2M}	0.917	0.895
$R = (1/v^2)(\lvert F \rvert^2 \cdot P \cdot L.P.\text{factor})(e^{-2M})$	R_α= 40.515	R_γ=51.325

chapter
18

불꽃 시험
(Spark Test)

18.1 탄소강의 불꽃시험

탄소강의 불꽃시험은 탄소강을 고속으로 회전하는 연삭용 그라인더(tool grinder)에 일정한 압력으로 접촉하여 마찰시킬 때 발생하는 불꽃을 표준시험편의 불꽃과 비교 관찰하여 탄소량을 개략적으로 판정하는 시험으로서 재료를 감별하는 방법 중의 한가지 이다. 또한 불꽃시험은 침탄, 탈탄 및 질화의 유무를 감별하거나 그 깊이를 추정할 수 도 있다.

강재의 불꽃시험에는 다음과 같은 방법이 있다.

1) 그라인더 불꽃시험

고속으로 회전하는 그라인더에 강재를 접촉시킬 때 발생하는 불꽃의 형태를 분석하여 함유 원소를 파악함으로써 재료를 판별한다. 그림 18.1은 그라인더 불꽃의 형태를 나타낸 것이며, 표 18.1은 불꽃시험용 그라인더 숫돌의 조건을 보인 것이다.

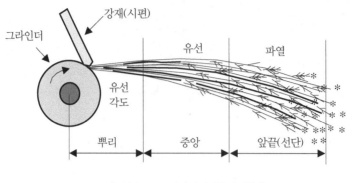

그림 18.1 그라인더 불꽃의 형태

표 18.1 불꽃시험용 그라인더 숫돌의 조건

재 료	A 또는 WA
결정입도	30~40
결정입자의 결합도	M~Q
지 름	8~10″(203~254mm)
회전속도	1,200m/min
전동기	0.2~0.4KW

2) 분말 불꽃시험

재질 판정을 하고자 하는 강재의 미세 분말을 준비한 후 가스버너의 불꽃이나 가열된 전기로에 분말을 낙하시킬 때 발생하는 불꽃으로 함유 원소 및 재질을 판정한다.

3) 매립시험

강재를 고속 회전하는 그라인더에 마찰시킬 때 비산하는 연삭분말을 투명한 유리판 사이에 얇게 삽입한 후 분말의 형상과 색 등을 현미경으로 관찰하여 재질을 판정한다.

4) 펠릿(pellet) 시험

강재를 그라인더에서 연삭시킬 때 얻은 미세분말을 작은 입자로 구상화한 pellet의 색과 형상을 비교 분석하여 재질을 판정한다.

철강재료를 감별하는 방법에는 불꽃시험법을 비롯하여 화학분석법(시료의 화학반응 시험), 분광분석법(스펙트럼 분석), 현미경검사법(조직분석), 시약반응법(시약에 의한 표면색 변화관찰), 자석시험법(강자성과 비자성재료 구분), 전자 유도시험법(유도전류 변화 측정), 자성시험법(투자율 측정), 접촉열기전력시험법 등이 있으며 현장에서 가장 간단하게 적용할 수 있는 방법이 그라인더 불꽃시험법이라 할 수 있다.

표 18.2 탄소강의 불꽃 특성

C%	유선					파 열(불꽃)				손의 느낌
	색	밝기	길이	굵기	수량	모양	크기	수량	꽃가루	
0.05〉	오렌지	어둡다	길다	굵다	적다	파열이 없다				부드럽다
0.05						2줄파열	적다	적다		
0.1						3줄 "			없다	
0.15						다줄 "				
0.2						3줄 " 2단 꽃				
0.3						다줄파열 2단 꽃			나타나기 시작	
0.4						다줄파열 2단 꽃				
0.5		밝다	길다	굵다			크다			
0.6										
0.7										
0.8										단단하다
0.8〈	적색	어둡다	짧다	가늘다	많다	복잡	적다	많다	많다	

　　그라인더 불꽃시험은 그림 18.1과 같이 ① 유선의 색, 개수, 밝기, 길이 굵기 등과 ② 불꽃의 수량, 크기 모양, 꽃가루 등 및 ③ 손에 전달되는 진동의 느낌을 파악하여 강재의 종류를 판별한다.

　　불꽃시험은 강종을 판별하는 것 외에 강재의 질구분, 서로 다른 강재의 선별, scrap 의 선별, 탈탄(불꽃 감소), 침탄(불꽃 증가) 및 질화(불꽃발생 감소) 정도의 판정, 고온 내산화성 검사(내산화성 강재 ; 불꽃발생 어려움, 산화성 강재 ; 불꽃발생 용이), 주철의 가단화 정도 파악(가단화의 진행에 따라 탄소강 불꽃과 유사), 림드강재 구분(유선이 가늘고 암적색이며 우모상의 꽃이 핌), 담금질 여부(담금질로 경화된 강재는 불꽃 수량 이 증가하고 유선의 각도가 증가함) 판정 등이 가능하다.

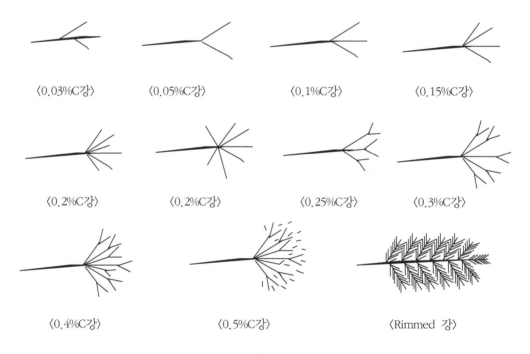

〈0.03%C강〉　　〈0.05%C강〉　　〈0.1%C강〉　　〈0.15%C강〉

〈0.2%C강〉　　〈0.2%C강〉　　〈0.25%C강〉　　〈0.3%C강〉

〈0.4%C강〉　　〈0.5%C강〉　　〈Rimmed 강〉

그림 18.2 탄소강 불꽃파열의 특징

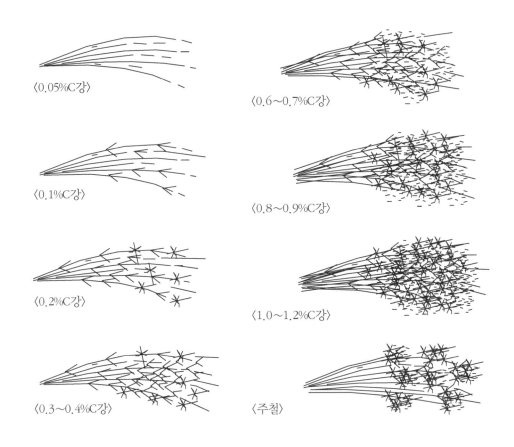

그림 18.3 탄소강 및 주철의 불꽃에서 유선과 파열의 형태

그라인더 불꽃시험시 숫돌에 대한 시험편의 가압력은 0.2%C 강재의 경우 유선의 길이가 약 50cm 정도 되도록 조절하고 시험은 항상 동일 조건으로 실시해야 하며 표준시험편의 불꽃과 비교하여 강종을 판정한다. 표 18.2는 탄소강의 C%에 따른 불꽃의 특성을 나타낸 것이다. 그림 18.2는 탄소강 불꽃파열의 특징이며, 그림 18.3은 탄소강 및 주철의 불꽃을 유선과 함께 나타낸 것이다.

18.2 합금강의 불꽃시험

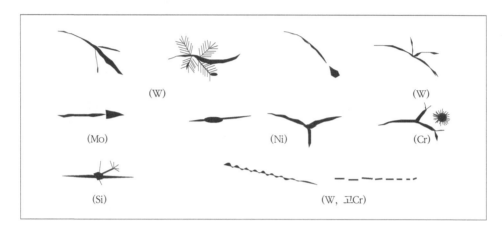

그림 18.4 합금원소의 불꽃 형상

표 18.3 합금강의 불꽃 특성

영향	합금원소	유 선				파 열				손의 느낌	특 징	
		색	밝기	길이	굵기	색	모양	수량	꽃가루		모양	위치
탄소 파열 조장	Mn	황백색	밝다	짧다	굵다	백색	가는나무 가지형	많다	있다	연하다	꽃가루	중앙
	Cr	오렌지색	어둡다	〃	가늘다	오렌지색	국화꽃 모양	불변	〃	단단 하다	꽃	앞끝
	V	변화 적다				변화 적다	가늘다	많다	-	-	-	-
탄소 파열 저지	W	암적색	어둡다	짧다	가는파 상단속	적색	작은방울 여우꼬리	적다	없다	단단 하다	여우 꼬리	앞끝
	Si	노란색	〃	〃	굵다	백색	흰구슬	〃	〃	-	흰구슬	중앙
	Ni	붉은 황색	〃	〃	가늘나	붉은 황색	팽창섬광	〃	〃	단단 하다	팽창 섬광	〃
	Mo	붉은오렌 지색	〃	〃	〃	붉은오 렌지색	창끝	〃	〃	〃	창끝	앞끝

합금강(특수강)의 불꽃시험에서는 Cr, Ni, W, Mo, V, Mn, Si 등의 특수 합금원소에서 발생하는 불꽃을 관찰하고 그 특성을 분석하여 재질을 판정한다. 그림 18.4는 합금원소의 불꽃 형상을 나타낸 것이고 표 18.3은 합금원소 불꽃의 특성이며, 그림 18.5는 각종 철강재료의 불꽃시험을 스케치한 것이다.

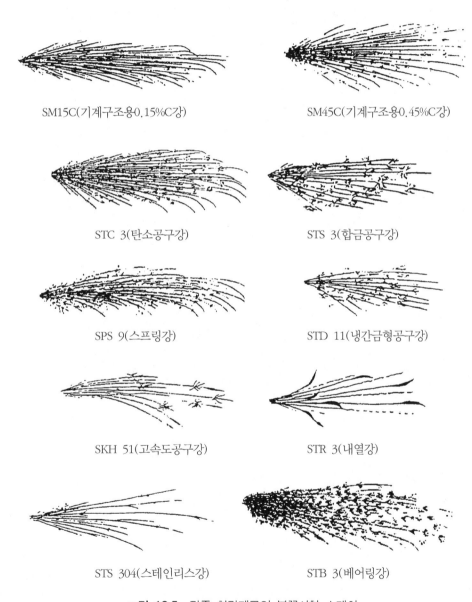

SM15C(기계구조용0.15%C강)

SM45C(기계구조용0.45%C강)

STC 3(탄소공구강)

STS 3(합금공구강)

SPS 9(스프링강)

STD 11(냉간금형공구강)

SKH 51(고속도공구강)

STR 3(내열강)

STS 304(스테인리스강)

STB 3(베어링강)

그림 18.5 각종 철강재료의 불꽃시험 스케치

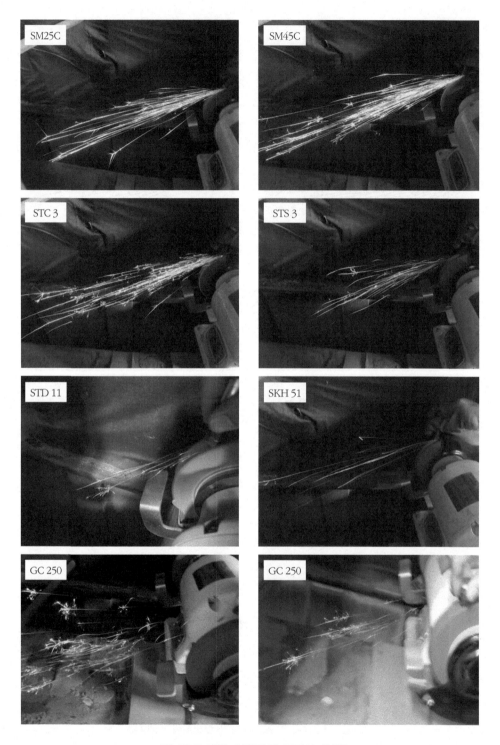

그림 18.6 각종 철강재의 그라인더불꽃

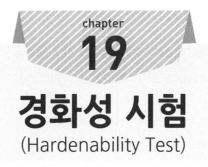

chapter
19

경화성 시험
(Hardenability Test)

표면경화층 및 탈탄층의 깊이 측정

1) 경도시험법

표면경화층 또는 탈탄층이 있는 재료를 수직으로 절단하여 연마한 후 시험 편의 표면으로부터 0.1mm 간격으로 수직 또는 경사지게 비커스 경도(HV)를 측정해서 HV550 (HRC55)가 되는 지점까지의 깊이를 유효경화층이라 한다. 한편 탈탄층의 깊이는 탈탄된 강재 표면부의 낮은 경도가 갑자기 증가하는 지점까지로 한다. 그림 19.1은 경화층의 여러 가지 경도측정방법을 나타낸 것이다.

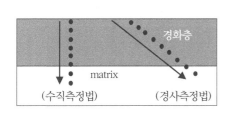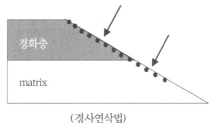

그림 19.1 경화층의 경도 측정방법

2) Macro 및 Micro 조직시험법

연마한 시험편을 부식액으로 부식하면 표면부의 경화층과 탈탄층은 소지(matrix)와 다른 색으로 나타나므로 확대경 또는 현미경을 사용하여 경화층(회색)과 탈탄층(백색)의 깊이를 측정할 수 있다.

3) 기타 시험법

① 초음파 시험법

강재의 경화층 또는 탈탄층의 깊이가 5~100mm 범위인 시험편에 초음파를 투과하면 경화층, 탈탄층과 소지(matrix)와의 경계선에서 echo가 CRT 스크린에 나타남으로써 그 깊이를 측정할 수 있다.

② 와전류 시험법

고주파전류의 표피효과(skin effect)를 이용한 측정법이다.

③ 보자력 시험법

강재의 미세조직에 따라 변하는 보자력(保磁力)을 이용하는 방법으로서 시험편의 표면을 자화시킨 후 잔류자기강도를 측정하여 자화조직의 깊이를 알 수 있으며 2~10mm 정도의 경화층 또는 탈탄층 깊이 측정에 적합하다.

④ 화학분석 시험법

불순물을 제거한 시험편 표면의 조직을 0.3gr 정도 채취하여 화학적으로 분석한다.

19.2 담금질성(Hardenability) 시험

1) Jominy end Quenching 시험법

조미니 끝 담금질 시험법은 그림 19.2와 같이 0.4%C 강을 직경 25.4mm(1″), 길이 100mm(4″)에 3.2mm(1/8″)의 머리테가 있는 시험편으로 가공하여 약 830℃에서 조직을 Austenite화한 후 가열로에서 꺼내어 시험편을 수직으로 세우고 끝단면으로 부터 12.7mm(1/2″) 떨어진 곳에서 수돗물을 분사하여 냉각시킨다.

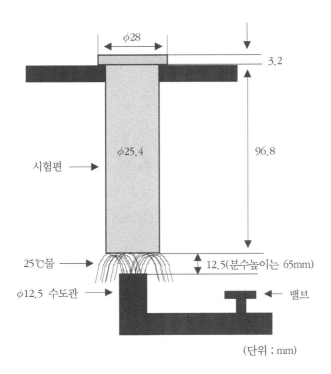

그림 19.2 Jominy 시험편과 장치

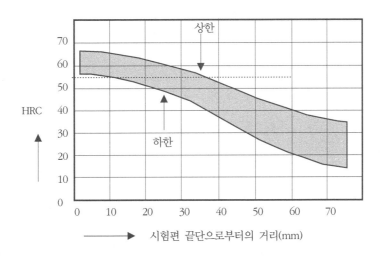

그림 19.3 H-band(Jominy band)

완전히 냉각된 시험편의 측면을 약 0.4mm 깊이로 연삭, 연마한 후 끝단으로부터 약 1.5mm 간격으로 Rockwell C scale로 경도를 측정하여 그림 19.3과 같은 Hardenability band(경화능 곡선)를 작성하고 HRC 55 이상이 되는 곳까지를 담금질성이 나타난 것으로 규정하며 H-band가 규정된 강을 H-steel이라 한다.

2) SAC(surface area center) 시험법

담금질성이 낮은 강에 적용하는 방법으로서 그림 19.4와 같은 시험편을 수냉 담금질한 후 시험편의 중간부 절단면의 직경선을 따라 약 1.6mm 간격으로 경도(HRC)를 측정하여 그림 19.5와 같은 그래프를 작성하고 시험편 표면으로부터 HRC 55까지의 깊이를 Martensite 조직이 나타나는 경화층으로 규정한다.

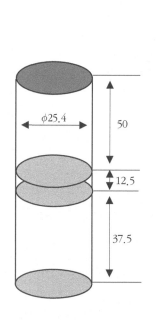

그림 19.4 SAC 시험편 그림

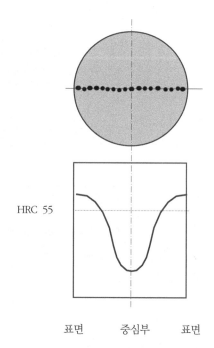

19.5 담금질한 SAC시험편 중심부
단면의 경도분포

3) PF(penetration fracture) 시험법

경화깊이가 얇은 강의 경화능을 측정하는 방법으로서 $\phi 19.05mm$의 봉강 시험편을 10% 염수에서 담금질한 후 부러뜨려 파단면을 담금질 결정립 크기가 다른 10개의 표준시험편과 비교하여 결정립의 크기(F=1~10)를 결정하고 경화능을 판정한다.

4) Shepherd PV 시험법

그림 19.6과 같이 봉재로부터 시험편을 가공하여 담금질한 후 중심부를 수직으로 절단한 면을 부식하여 경화층을 관찰하며 경도(HRC)를 측정함으로써 경화깊이를 알 수 있다.

경화깊이

그림 19.6 PV시험편의 경화능 측정

5) 이상임계지름(Di) 산출에 의한 측정법

강재의 담금질성은 주로 화학성분과 결정입도에 의해 결정되므로 C%와 Austenite 결정입도에 의해서 정해지는 이상임계지름을 기본 Di라 하며 합금원소가 첨가된 합금강의 Di는 식 (19.1)에 의해서 산출할 수 있다.

$$\text{Di (mm)} = \text{기본 Di (mm)} \times f\,Si \times f\,Mn \times f\,Ni \times f\,Cr \qquad (19.1)$$

식 (19.1)에서 f는 담금질성 배수(Multiplying factor)로서 합금강의 Di와 탄소강 Di (기본)와의 비(ratio)이다. 그림 19.7은 강재의 C%와 결정립도에 따른 기본 Di 값을 산정하는 도표이다.

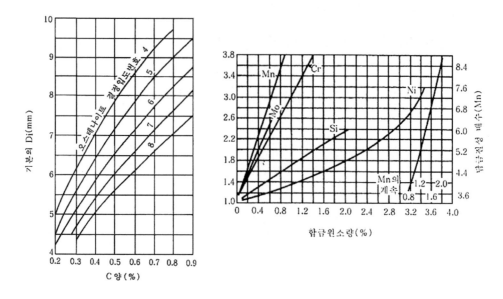

그림 19.7 강재의 C%와 결정립도에 따른 Di값 및 합금원소의 담금질성 배수

6) 공냉(air cooling) 시험법

합금원소 첨가에 의하여 임계냉각속도가 매우 느린 강재는 공냉하여도 경화되므로 이들 강재의 경화능 시험은 그림 19.8과 같이 직경 25.4mm, 길이 177.8mm인 시험편을 직경 152.4mm에 길이 152.4mm의 봉재에 있는 나사홈에 삽입한 후 가열하여 조직을 Austenite화한 다음 공냉시킨다. 시험편이 완전히 냉각된 후에 나사홈으로부터 빼내어 길이방향에 따라 일정한 간격으로 경도를 측정한다.

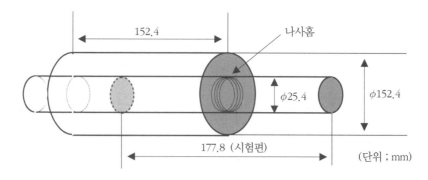

그림 19.8 공냉 경화능 시험편

chapter
20

응력-변형 측정 시험법
(Stress-Strain)

기계적인 Strain 측정

1) Lever식 확대 Strain gauge 이용법

그림 20.1 Lever식 확대 Strain gauge

2) Lever와 Dial gauge 이용법

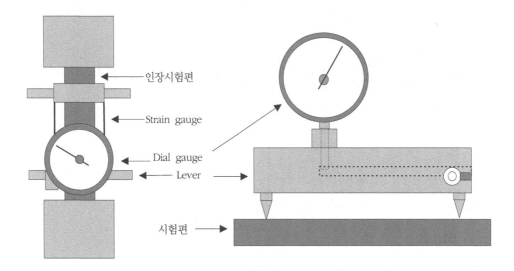

그림 20.2 Dial gauge와 Lever를 이용한 Strain gauge

3) 광학적 간섭법

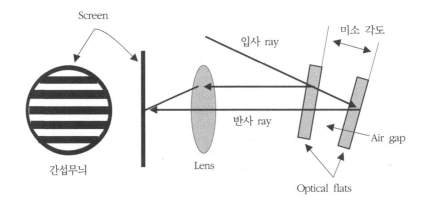

그림 20.3 Optical Interferometer

20.2 전기적인 Strain 측정

1) 전기저항 이용법

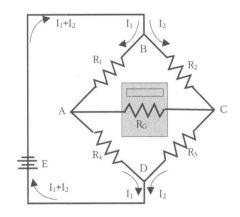

그림 20.4 Wheatstone bridge

그림 20.5 Strain bridge

재료 내에서 발생하는 전기저항의 변화는 Strain의 변화에 비례하므로 식 (20.1)이 성립한다.

$$F = \frac{\triangle R/R}{\triangle L/L}, \ \epsilon = \triangle L/L = \triangle R/R \cdot F \tag{20.1}$$

F   : Gauge 상수

R   : 전기저항(Ω)

$\triangle$R   : 전기저항의 변화량(Ω)

L   : 시험편의 표점거리(mm)

$\triangle$L   : 표점거리의 변화량(mm)

ϵ : Strain

그림 20.4에서 $R_1/R_4 = R_2/R_3$의 관계가 성립하며 $\triangle R_1 = (R_2/R_3)\triangle R_4$이며 $R_2/R_3 = 1$이므로 $\triangle R_1 = \triangle R_4$가 된다. 종탄성계수(Young율) $E = \sigma/\epsilon = $ Stress/Strain이므로 $\sigma = E \cdot \epsilon = E \cdot R_2 \cdot \triangle R_4 / F \cdot R \cdot R_3$가 된다.

2) 전기 용량형 변위계(Capacitor) 이용법

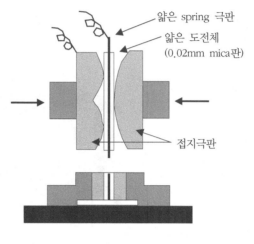

얇은 spring 극판
얇은 도전체
(0.02mm mica판)

접지극판

그림 20.6 Capacitor

20.3 광탄성(Photoelasticity) 시험

1) 편광 시험장치(Polariscope)

1816년 David Brewster가 응력을 받고 있는 유리에 편광(Polarization)을 투과시키면 응력분포에 따라 화려한 문양이 나타난다는 것을 발표하였다.

그 후 그림 20.7과 같은 광탄성 시험장치에 의해서 금속제품의 2차원 및 3차원 응력 분포를 등경사선(Isoclinic line)과 등색선(Isochromatic line)의 편광무늬로 관찰할 수 있게 되었다. 편광에는 평면편광과 원형편광이 있으며 평면편광에는 등경사선과 등색 선이 함께 나타나고 원형편광에는 등색선만 나타난다. 편광시험장치는 수은등을 사용 한 단색광원(monochromatic light source), Polarizer, Analyzer, 각종 lens, Filter, 원형 편광 발생시 필요한 1/4 파장 판(wave plate) 등으로 구성되어 있으며 시험편에 입사 되는 광(光)은 평행이어야 한다.

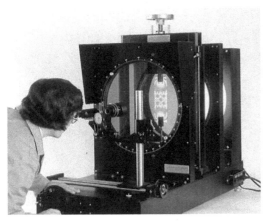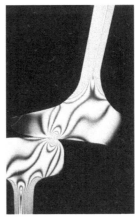

그림 20.7 광탄성 편광시험장치(Polariscope)와 편광무늬

2) Fringe 상수(Constant)

$$\text{Fringe constant}\,(\text{FC}) = (\sigma \times t)/n \tag{20.2}$$

$$\sigma = \sigma_1 - \sigma_2 = (\text{FC} \times n)/t$$

σ : stress   t : 두께

n : 간섭의 차수(Fringe order)

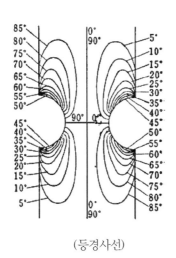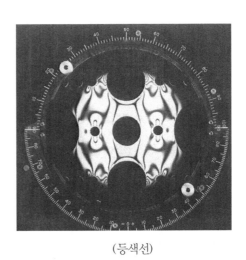

(등경사선)   (등색선)

그림 20.8 등경사선(Isoclinic line)과 등색선(Isochromatic line)

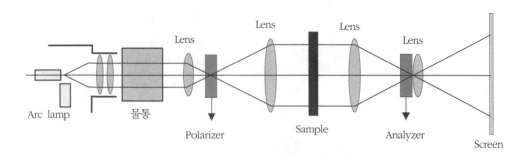

그림 20.9 등경사선(Isoclinic line)용 광탄성 장치의 구조

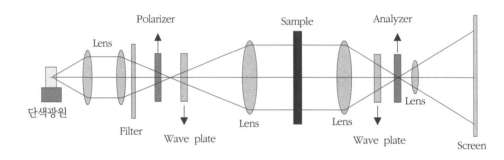

그림 20.10 Polariscope(편광장치)의 구조

20.4 Stress coating법

Stress coating은 기계부품이나 구조물의 표면에 락커(lacquer) 등의 취성이 큰 물질을 균질하게 coating하고 건조시킨 후 정적 또는 동적인 외력(stress)을 가했을 때 stress에 비례하는 변형(strain)이 표면에 나타나며 균열(crack)이 발생하는데 이때의 stress를 측정하는 방법으로서 주로 응력(stress)과 변형(strain)의 방향, 크기 및 위치 등을 분석한다.

Stress coating은 유효표점거리가 0이며, 전체적인 Strain의 분포상태를 알 수 있고 검사체(기계 부품 및 구조물)의 재질, 형상, 하중작용방식 등에는 무관하게 적용할 수 있다. Stress coating의 정밀도는 ±10% 정도이며 코팅한 락커는 15~24시간 건조시킨 후 시험한다. 그림 20.11은 Stress coating의 원리이다.

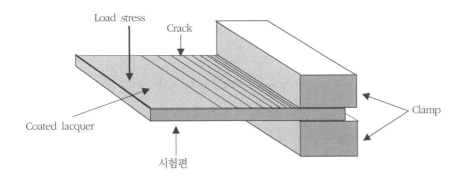

그림 20.11 Stress coating의 원리

20.5 X-ray 이용 Stress 측정법

금속재료의 조직은 무수한 원자들이 규칙적으로 결합한 미세한 결정입자(grain)들의 집합체이므로 외력(stress)을 가했을 때 결정입자에 미소한 변형이 생기며 여기에 X-ray를 투과하여 회절시킴으로써 원자위치의 변위를 측정하고 작용된 표면 탄성응력(elastic stress)을 측정할 수 있다.

그림 20.12는 X-ray Diffraction에 의한 Stress 측정원리이며, 그림 20.13은 결정의 X-ray 회절사진을 나타낸 것이다.

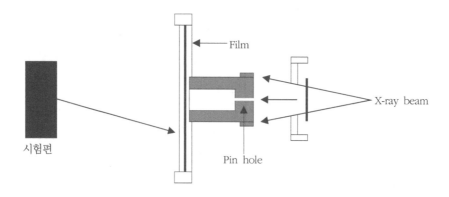

그림 20.12 X-ray Diffraction에 의한 Stress 측정원리

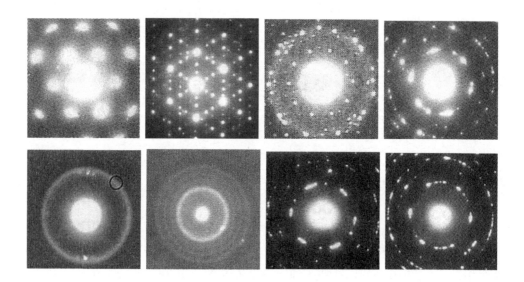

그림 20.13 결정의 X-ray 회절사진

PART

4

비파괴 시험(NDT)

재료시험
및
NDT

- 비파괴 시험의 개요 -

1. 비파괴 시험(非破壞 試驗)의 목적

각종 재료와 제품 및 구조물 등에 대한 품질관리(QC)나 품질보증(QA)의 수단으로서 피검사체를 손상, 분리, 파괴시키지 않고 원형 그대로 유지한 상태에서 그 내부에 발생한 변형, 균열, 기포, 이물질과 같은 결함을 여러 가지 탐상법을 적용하여 찾아냄으로써 불량품 생산을 억제하고 구조물을 사고없이 안전하게 사용할 수 있도록 하는데 있다.

비파괴 검사를 실시함으로서 제품에 대한 신뢰성을 향상시키며, 불량률 감소에 따른 생산원가 절감과 제조기술의 개선 및 제품의 수명을 연장할 수 있다.

비파괴 시험은 Non-Destructive Testing(NDT), Non-Destructive Inspection(NDI) 및 Non-Destructive Examination(NDE)과 같이 나타낸다.

2. 비파괴 시험의 종류

현재까지 개발된 비파괴 시험방법은 약 70여 가지가 있다고 하지만 가장 주요하게 사용되는 탐상법은 다음과 같은 10여 가지 정도의 종류가 있다.

① 초음파(超音波) 탐상(Ultrasonic Testing ; UT)

② 방사선(放射線) 탐상(Radiographic Testing ; RT)

③ 자분(磁粉) 탐상(Magnetic Particle Testing ; MT)

④ 침투(浸透) 탐상(Penetrant Testing ; PT)

⑤ 와전류(瓦電流) 탐상(Eddy Current Testing ; ET 또는 ECT)

⑥ 누설(漏泄) 탐상(Leak Testing ; LT)

⑦ 음향방출(音響放出) 탐상(Acoustic Emission Testing ; AE)

⑧ 기타 : 적외선 탐상(Thermography), 변형량 측정(Strain Measurement ; SM), 육안 검사(Visual Testing ; VT) 등

3. 비파괴 시험 종류에 따른 피검사체와 탐상대상

① 초음파 탐상 : 주조품, 용접부, 압연재, 단조재 등의 내부결함검사 및 두께 측정

② 방사선 탐상 : 주조품, 용접부 등의 내외부 결함검사 및 사진촬영

③ 자분 탐상 : 강자성체 철강 제품의 표면부 결함검사

④ 침투 탐상 : 금속 및 비금속 제품의 표면개구균열 탐상

⑤ 와전류 탐상 : 철강 및 비철금속으로 된 pipe, wire 등의 표면부 결함탐상, 재질 판별, 박막두께 측정

⑥ 누설 탐상 : 밀폐된 압력용기, 저장탱크 및 관(pipe)재의 관통균열부 탐상

⑦ 음향방출 탐상 : 금속 및 복합재료로 제조된 구조물에서 발생하는 동적 균열의 탐상과 전체적인 진단

4. 비파괴 시험으로 검출할 수 있는 소재의 결함

① 압연재 : lamination, 비금속 개재물, 표면결함 등

② 주강품 : 균열, 수축공, 개재물, 기공, 모래 등

③ 단강품 : 균열, 다공성 기공, 비금속 개재물 등

④ 용접부 : 균열, 기공, pit, slag, 융합불량, 용입불량, undercut, overlap 등

⑤ 세라믹스 : 기공, 균열, 이물질

⑥ 보수검사대상 제품 : 피로균열, 응력부식균열, 침식부, 열균열 등

5. 비파괴 검사 기술자의 인증된 수준

① Level 1 : 주어진 시험절차서에 따라서 탐상장비의 규정된 교정, 탐상시험 및 결과를 평가할 수 있는 자

② Level 2 : Code, 표준 및 시방(specifications)에 관련하여 검사절차서를 작성 하며, 탐상장비의 설정과 교정 및 검사결과를 평가하고 해석하여 시험보고서를 작성할 수 있는 자

③ Level 3 : 적용하고자 하는 검사방법과 기법의 결정 및 Code의 해석을 책임
 질 수 있으며 각종 비파괴 검사에 대한 실무적인 폭넓은 지식과 탐상능력을
 가진 자

각 Level의 유효기간은 5년이며, 기간 만료시는 보수교육을 받아야 한다.

chapter 21

초음파 탐상시험
(Ultrasonic Testing ; UT)

21.1 초음파(超音波) 탐상시험의 개요

1) 초음파 발생의 원리

그림 21.1과 같이 수정(quartz)판과 같은 진동자에 고주파 전압을 가하면 (＋), (－) 전하에 따라 진동자 두께 방향으로 신축성을 나타내며 전기적 에너지를 기계적 에너지로(송신 초음파 ; 초음파 발생), 또 기계적 에너지를 전기적 에너지로(수신 초음파 ; echo 발생) 변환시키는 압전효과(壓電效果 ; Piezoelectric effect)가 나타나는데 이러한 효과에 의해서 초음파가 발생하며 초음파 탐상이 가능하게 된다.

241

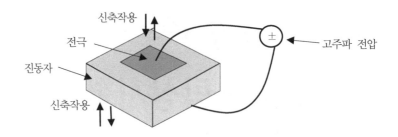

그림 21.1 압전효과(壓電效果 ; Piezoelectric effect)

2) 音波(sonic)의 종류

음파는 빛, 전파, 전류 등과 같이 주파수(Frequency)를 가지며 그 크기로서 음파의
종류를 다음과 같이 나타낼 수 있다.

① 저음파(Subsonic) : F > 20Hz

② 청음파(Audible sonic) : 20Hz < F < 20KHz

③ 초음파(Ultrasonic) : F > 20KHz

음파의 주파수는 식 (21.1)과 같이 음속을 파장으로 나눈 값으로서 1초(sec)당 음파
의 주기(cycle)수인 CPS로 나타내며 단위는 Hertz(Hz)이다.

$$주파수(F) = \frac{V}{\lambda} = \frac{cycles}{sec} \ (Hz) \tag{21.1}$$

(1,000,000Hz=1,000kHz=1MHz)

V : 음속(Velocity of sound) (m or cm/sec)= F × λ

λ : 파장(Wave length) (mm)= V/F

※ 0℃ 공기 중에서의 음속은 331m/sec이며 18℃에서는 340m/sec이다.

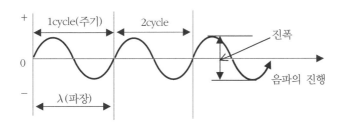

그림 21.2 음파의 진행과 주기(cycle) 및 파장

그림 21.2는 음파의 진행과 주기(cycle) 및 파장(λ)을 나타낸 것이다.

일반적으로 초음파 탐상에 사용되는 주파수 범위는 0.5~25MHz이며 금속 재료의 내부 결함탐상에 주로 사용되는 주파수는 2~5MHz이다.

3) 음파의 특성

① 전파에 비해 파장이 짧고 진행속도가 느리다.

② 전파는 진공 중에서도 진행하나 음파는 진행하지 못한다.

③ 공기 중에서는 음파와 전파가 모두 진행하지만 1MHz 이상의 초음파는 진행하지 못한다.

④ 水 중에서 음파는 진행하지만 주파수가 30kHz 이상인 전파는 진행하지 못 한다.

⑤ 고체(금속 등)내에서 음파는 잘 진행하지만 전자파는 극히 짧은 파장을 가진 것 이외에는 진행하지 못한다.

⑥ 초음파는 지향성이 좋아 고체내의 투과력이 크고 계면이나 불연속(결함)부로부터 반사된다. 또한 진행거리가 비교적 길며 조건에 따라서 속도 및 파형의 변화가 일어나고 물체(동식물 포함)에 피해를 주지 않는다. 단 0.1(mW/cm^2) 이상의 에너지를 갖는 초음파는 생체에 변화를 유발할 수 있다.

4) 초음파의 종류

(1) 종파(Longitudinal wave)

그림 21.3과 같이 소리(音)입자의 진동방향이 음파의 진행방향과 같은 파로서 압축파(compression wave), 수평파, 소멸파 또는 L-파라고도 하며 음속이 가장 빠르고 고체, 액체 및 기체상태에서 모두 존재한다(단 주파수가 1MHz 이상일 때는 기체상태에서 존재하지 않는다). 종파는 X-cut 수정으로부터 용이하게 발생되므로 가장 널리 사용하며 횡파나 표면파로 변형시킬 수도 있다.

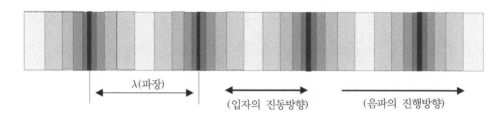

λ(파장)   (입자의 진동방향)   (음파의 진행방향)

그림 21.3 종파의 입자 진동 및 진행방향

(2) 횡파(Shear or transverse wave)

그림 21.4와 같이 소리(音)입자의 진동방향이 음파의 진행방향과 수직인 파로서 전단파(shear wave), 가로파 또는 S-파라고도 한다. Y-cut 수정으로부터 발생하며 음속은 종파속도의 50% 정도이고 파장이 짧으며 고체상태에서만 존재한다.

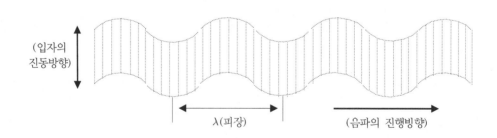

(입자의 진동방향)   λ(파장)   (음파의 진행방향)

그림 21.4 횡파의 입자 진동 및 진행방향

(3) 표면파(Surface wave)

표면파는 그림 21.5와 같이 음의 에너지가 집중되어 있는 물체의 표면부를 따라서 약 1파장 깊이로 투과하여 종 및 횡 진동으로 진행하는 파로서 Rayleigh파라고도 하며 음속은 횡파속도의 90% 정도이다. 표면파는 주로 물체의 표면부 결함탐상 및 반도체의 박막두께 측정 등에 이용된다.

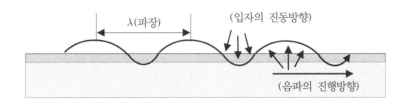

그림 21.5 표면파의 입자 진동 및 진행방향

(4) 판파(Plate wave)

판파는 그림 21.6과 같이 주로 얇은 판(3파장 이내의 두께를 가지는 금속판)에서 전 두께를 통하여 양쪽면에서 대칭모드(S-mode) 또는 비대칭모드(A-mode)로 파가 진행되므로 박판(sheet) 내의 결함을 검출하는데 사용되며 Lamb파라고도 한다. 판파의 속도는 주파수, 입사각 및 판의 두께 등에 의해 결정된다.

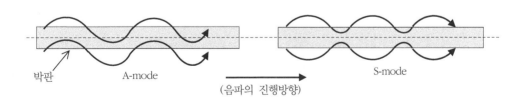

그림 21.6 판파의 모드

5) 초음파 탐상의 장단점

(1) 장점

① 초음파는 침투력이 강하고 고감도이므로 물체(검사체) 내의 깊은 곳에 위치한 불연속(결함)과 미세한 결함(0.6mm 크기)도 신속하고 용이하게 검출할 수 있다.

② 불연속의 위치, 크기, 방향 및 형상 등을 비교적 정확히 측정할 수 있으며 장비의 휴대가 용이하다.

③ 자동탐상이 가능하고 주로 검사체의 한 면에서 검사하며 검사자와 주변에 피해를 주지 않는다.

④ 결함탐상은 각종 금속, 세라믹, 플라스틱, 인체 등을 대상으로 폭넓게 적용된다.

(2) 단점

① 접촉매질(couplant), 표준시편(STB), 대비시편(RB) 등이 필요하다.

② 진동자에서 발생한 초기 초음파 빔에는 불감대가 존재하므로 검사체 표면직하의 결함은 탐상이 곤란하다.

③ 결정입도가 크고 기포가 많은 물체, 표면이 매우 거칠고 불규칙한 물체 및 반사면이 평행하지 않은 물체는 탐상이 어렵다.

④ 초음파 탐상에 대한 숙련된 기술과 폭넓은 지식이 요구되며 검사체의 특성(조직, 용접 및 제조상태 등)에 대해서도 파악해야 한다.

6) 음향 임피던스(Acoustic Impedance)

음향 임피던스는 초음파가 물질 내부로 진행하는 것을 방해하는 고유음향 저항으로서 식 (21.2)로 산출할 수 있으며, 표 21.1은 음파의 주파수가 5MHz 때 각종 물질에 따른 음속과 임피던스를 나타낸 것이다.

$$\text{Impedance } Z = \rho \times V \ (\text{gr/cm}^2 \text{sec}) \qquad (21.2)$$

ρ : 매질(물질)의 밀도(density ; 비중) (gr/cm^3)

V : 종파의 음속(Velocity of sound) (cm/sec)

V=λ(파장)×F(주파수)

표 21.1 각종 물질에 따른 음속과 임피던스(음파의 주파수가 5MHz 때)

물 질	밀 도 (gr/cm^3)	음 속(m/sec)				Impedance (gr/cm^{2}sec)
		종 파		횡 파		
		(cm/sec)	파장(mm)	(cm/sec)	파장(mm)	
Aluminium	2.7	632,000	1.264	313,000	0.626	1,706,400
Steel	7.8	594,000	1.188	325,000	0.65	4,633,200
Cast Iron	6.9	530,000	1.06	220,000	0.44	3,657,000
Plastics(아크릴)	1.18	270,000	0.54	112,000	0.224	318,600
Air(18℃)	0.0012	34,000	0.068	-	-	40.8
Water(20℃)	1.0	148,000	0.296	-	-	148,000

7) 초음파의 거동

(1) 입사파 – 반사파 – 굴절파 및 입사각 – 반사각 – 굴절각(그림 21.7 참조)

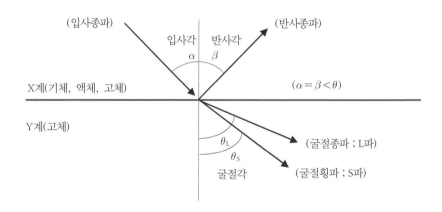

그림 21.7 입사, 반사, 굴절의 파 및 각도

(2) 스넬의 법칙(Snell's law)

음파가 계면에서 경사지게 입사하는 경우에는 한 종류의 입사파가 입사되어도 입사각에 따라 다른 파로 변형되어 굴절되는 현상을 말하며 식 (21.3)으로 나타낸다.

$$\text{Snell's Law ; } \frac{\sin \alpha}{\sin \theta} = \frac{V_1}{V_2} \tag{21.3}$$

α : 입사각

θ : 굴절각

V_1 : X계(제1매질)에서 입사파의 음속

V_2 : Y계(제2매질)에서 굴절파의 음속

문제 1 제1매질(물)에서의 음속(V_1)이 1,480m/sec이고 제2매질(철)에의 음속(V_2)은 5,940m/sec인 음파가 입사각(α) 10°로 제1매질로부터 제2매질로 침투할 때 제2매질에서의 굴절각(θ)은 몇 도인가?

풀이 Snell's Law $\sin \alpha / \sin\theta = V_1 / V_2$에서

$$\sin \theta = (V_2 / V_1) \times \sin \alpha = (5,940 / 1,480) \times \sin 10$$
$$= 4.0135 \times 0.1736 = 0.6967$$

이므로 굴절각 $\theta = 44.163°$이다.

(3) 임계각(Critical Angle)

① 종파의 임계각 또는 제1임계각

그림 21.7과 같이 제1매질(액체)로부터 입사하여 제2매질(고체)로 투과하는 음파는 굴절되어 종파와 횡파로 진행한다(종파의 굴절각이 횡파의 굴절각보다 크다). 입사각이 증가하면 종파의 굴절각도 점차 증가하여 90°가 됨으로써 제2매질의 표면 또는 제1매질과의 계면에 평행하게 되는데 이 때의 입사각을 종파의 임계각 또는 제1임계각이라고 한다(그림 21.8 참조).

초음파가 철강재료를 투과할 경우 입사각(제1임계각)이 약 14.5°일 때 종파의 굴절각은 90°가 된다.

즉 Snell's Law인 $\sin\alpha/\sin\theta = V_1/V_2$에서 굴절각은 $\sin\theta = \sin 90 = 1$이고 제1매질(물)에서의 음속은 1,480(m/sec), 제2매질(철강)에서의 종파음속은 5,940(m/sec)이므로 $\sin\alpha/1 = 1,480/5,940 = 0.249$이 되어 입사각(제1임계각) $\alpha = 14.42°$이다.

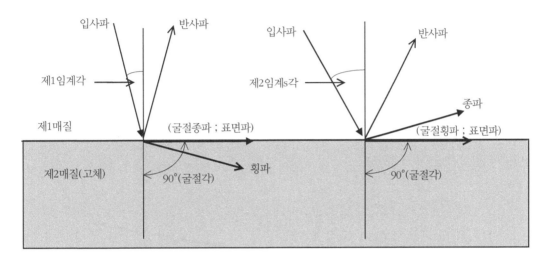

그림 21.8 제1임계각(종파의 임계각) 및 제2임계각(횡파의 임계각)

② 횡파의 임계각 또는 제2임계각

제1매질(액체)로 부터 입사하여 제2매질(고체)로 투과하는 음파의 입사각이 제1임계각 이상으로 커지면 종파의 굴절각은 90° 이상이 되어 제2매질을 벗어나게 되며 뒤따르는 횡파의 굴절각이 90°로 증가하여 제2매질의 표면과 평행하게 진행한다. 즉 횡파의 굴절각이 90°가 될 수 있는 입사각을 횡파의 임계각 또는 제2임계각이라 하며 제2임계각 이상의 입사각에서는 제2매질 내에서의 굴절파인 종파와 횡파는 모두 사라진다(그림 21.8 참조).

초음파가 철강재료를 투과할 경우 입사각(제1임계각)이 약 27.5°일 때 횡파의 굴절각은 90°가 된다. 즉 Snell's Law $\sin\alpha/\sin\theta = V_1/V_2$에서 굴절각은 $\sin\theta = \sin 90 = 1$이고 제1매질(물)에서의 음속은 1,480(m/sec), 제2매질(철강)에서의 횡파음속은 3,250(m/sec)이므로 $\sin\alpha / 1 = 1,480/3,250 = 0.4554$가 되어 입사각(제2임계각) $\alpha = 27.1°$이다.

(4) 음장(音場, Sound field) 및 음압(音壓)

음장이란 음파가 물질 내에 존재하는 영역으로서 근거리 음장과 원거리 음장이 있다. 근거리 음장은 초음파의 강도가 매우 불규칙하게 나타나는 영역이므로 결함의 크기나 위치결정에 영향을 미치게 되어 정확한 탐상이 이루어지지 않는다. 원거리 음장은 근거리 음장의 초점(Xo)으로부터 음파가 분산하여 물질 내를 진행하면서 산란, 흡수 등에 의해 감쇠되어 소멸하는 지점까지의 영역을 말하며 초음파에 의한 결함탐상이 이루어진다(그림 21.9 참조).

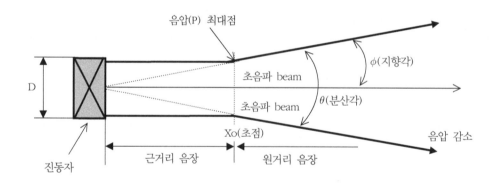

그림 21.9 근거리 음장, 원거리 음장 및 초음파 빔의 지향각

지향각(ϕ) 및 근거리 음장 한계거리(Xo)는 식 (21.4 및 21.5)로 산출할 수 있다.

$$\sin\phi = 1.22 \times \frac{\lambda}{D} = 1.22 \times \frac{V}{D \cdot F} \tag{21.4}$$

$$\text{근거리 음장 한계거리} ; X_0 = \frac{D^2}{4 \cdot \lambda} = \frac{D^2 \cdot F}{4 \cdot V} \tag{21.5}$$

ϕ : 초음파 빔의 지향각도

D : 진동자의 직경(mm)

F : 주파수(Hz)

λ : 파장(mm)

V : 음속(m/sec), $(\lambda = V/F)$

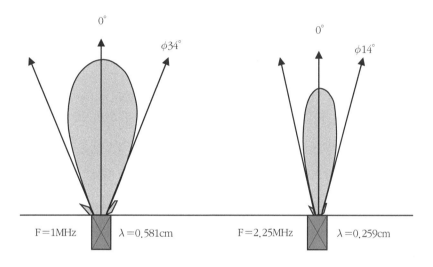

그림 21.10 진동자의 주파수에 따른 지향각도

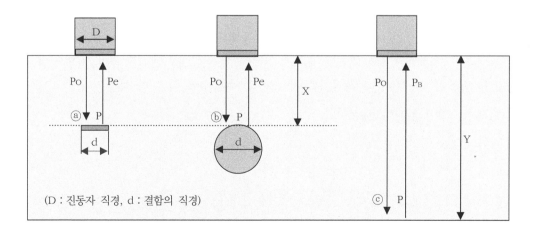

ⓐ $P = P_0 \cdot \dfrac{C_A}{X \cdot \lambda}$ (단, $X > 1.6X_0$)

$Pe = P \cdot \dfrac{F_A}{X \cdot \lambda} = P_0 \cdot \dfrac{C_A \cdot F_A}{X^2 \cdot \lambda^2}$ (단, $F_A < C_A$)

ⓑ $Pe = P_0 \cdot \dfrac{C_A \cdot d}{4X^2 \cdot \lambda}$ (단, $d/\lambda > 0.2$)

ⓒ $P_B = P_0 \cdot \dfrac{C_A}{2Y^2 \cdot \lambda}$

λ : 파장
P : X(Y) 거리에서의 음압
P_0 : 투과음압
Pe 및 P_B : 반사음압
C_A : 진동자의 면적
F_A : 평면 결함의 면적

그림 21.11 반사음압의 산출식

그림 21.10은 주파수에 따른 지향각, 음장의 크기를 나타낸 것이며, 그림 21.11은 검사재료 내를 투과하는 음압(P_0)과 결함 ⓐ와 ⓑ 및 후면 ⓒ에서 반사하는 음압(Pe 및 P_B)을 산출하는 식을 나타낸 것이다.

원형 진동자의 직경(D)이 클수록, 파장(λ)이 작을수록 음파의 지향 각도(ϕ)는 감소하여 예민해지며 $\phi \fallingdotseq 70 \times (\lambda/D)$와 같이 된다. 음장 X_0의 1.6배 이상에서 거리가 2배이면 음압 P는 반으로 감소한다. 탐촉자 전면의 평균 음압을 P_0로 하고 중심축상의 임의의 거리 X점의 음압을 P_X라 할 때 관계식은 (21.6)과 같다. 음압(P)은 진동자의 면적($A = \pi D^2/4$)에 정비례하고 파장(λ)과 거리 X에 반비례 한다. 음압이 거리 X에 반비례하는 것은 음파의 확산손실에 기인한다.

$$P_X = \frac{\pi D^2 P_0}{4\lambda X} = \frac{A}{\lambda} \times \frac{P_0}{X} \ (X > 1.6X_0) \tag{21.6}$$

표 21.2는 수직탐촉자의 진동자 크기와 주파수에 따른 각 매질의 지향각도(ϕ)를 나타낸 것이고 표 21.3은 탐촉자의 진동자 크기와 주파수에 따른 각 매질의 근거리 음장의 한계거리(X_0)를 나타낸 것이다.

표 21.2 수직탐촉자의 진동자 크기와 주파수에 따른 지향각도(ϕ)

초음파 주파수(MHz)		1	2	2.25		4	5
진동자의 직경(D mm)		30	20	18	28	20	20
매질에 따른 지향각	철강	14°	10°	10°	6.6°	5.2°	4.1°
	알루미늄	15°	11°	11°	7.0°	5.5°	4.4°
	아크릴	6.3°	4.8°	4.6°	3.0°	2.3°	1.9°
	물	3.5°	2.6°	2.6°	1.6°	1.3°	1.0°

표 21.3 탐촉자의 진동자 크기와 주파수에 따른 근거리 음장의 한계거리(Xo)

초음파 주파수(MHz)		1	2	2.25		4	5
진동자의 직경(D mm)		30	20	18	28	20	20
매질에 따른 근거리 음장 한계거리	철강	38	34	31	75	68	85
	알루미늄	36	32	29	70	63	79
	기름	162	144	131	317	288	360
	물(20℃)	152	135	123	298	270	338

(5) 초음파의 감쇠(Beam attenuation)

물질을 통하여 진행중인 초음파 Beam의 강도(세기)가 점차 감소하는 것을 말하며, 검사체의 표면거칠기와 접촉 및 투과에 따른 감쇠요인은 산란, 흡수, 전이(전달), 확산(분산), 반사 등에 의한 초음파 beam의 손실이다.

감쇠계수(α)는 식 (21.7)을 적용하여 산출할 수 있다.

$$\text{감쇠계수 } \alpha \; ; \; P = Po \, e^{-\alpha d}, \; \alpha d = 20 \log (Po/P) \, (dB)$$

$$\alpha = \frac{20 \log (Po/P)}{d} \, (dB/m) = \frac{20 \log (Ho/H)}{d} \, (dB/m) \qquad (21.7)$$

$$\alpha = \frac{\Delta Hs}{2T} = \frac{\Delta H - \Delta H_{BS}}{2T} \, (dB/m), \; \Delta H_{BS} = 6dB$$

P　: 거리 d에서의 음압

Po : d=0에서의 초기음압

d　: 매질 내에서 초음파 Beam의 진행거리

H　: CRT의 Echo 높이

T　: 검사체의 두께

dB : Decibel(음의 세기)

$\triangle H = H_{B1} - H_{B2} = H_{BS} + \triangle H_s$, $\triangle H_s = \triangle H - H_{BS}$, $T \geq 3N$ 때

$\triangle H_{BS} = 6dB$ 이므로 감쇠계수 $\alpha = (\triangle H - 6)/2T(dB/m)$ 이다.

초음파의 산란, 분산, Beam의 진행거리 및 주파수에 따른 음파의 감쇠는 그림 21.12 와 같다.

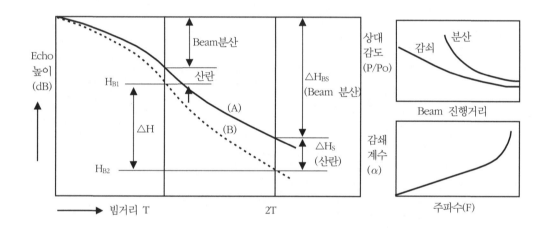

그림 21.12 빔분산과 진행거리, 산란 및 주파수에 따른 감쇠

(6) 데시벨(Decibel ; dB)

데시벨은 소리(音)의 강도(단위 ; W/m^2) 또는 音源의 강도(단위 ; W)를 표준음과 비 교하여 표시하는 단위이며 음압의 比, 전압의 比, Echo의 높이 比 등 두 개의 수치비 (數値比)를 log를 사용 축소시켜 나타낸다.

$$X\ dB = 20\log_{10}(B/A)$$

즉 초음파 beam의 진행거리가 2배 증가할 때마다 6dB씩 감쇠한다.

A=B의 경우는 0dB이 되며 이 값을 기준으로 한다. 한편 B/A=2일 때는 약 6dB, B/A=4일 때는 약 12dB, B/A=0.5일 때는 −6dB이 된다.

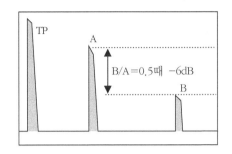

B/A	X(dB)
0.1	−20
0.2	−14
0.5	−6
1	0(기준값)
2	6
5	14
10	20

(7) 초음파 Beam의 투과 및 반사

탐촉자로부터 나온 초음파 beam이 그림 21.13과 같이 재료 속으로 투과할 때 재료의 표면이 평탄하고 깨끗하면 직진으로 입사하고 CRT에 반사 pulse(echo)도 잘 나타나지만 표면이 거칠 때는 초음파 beam이 산란하므로 반사 pulse도 거칠고 작게 나타난다. 이러한 현상은 그림 21.14와 같이 재료 내부에 존재하는 결함의 형상 및 표면상태에 따라서도 같은 양상으로 나타난다.

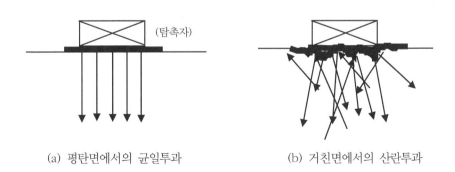

(a) 평탄면에서의 균일투과   (b) 거친면에서의 산란투과

그림 21.13 물질의 표면으로부터 투과되는 초음파 Beam

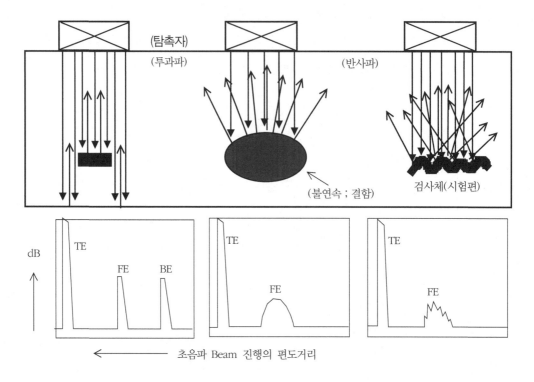

그림 21.14 결함으로부터 초음파 beam의 반사 및 CRT의 echo형태

21.2 초음파 탐상기 및 부속장비

1) 탐촉자(Probe)

전기적 에너지를 초음파로 변형시키는 진동자를 설치한 센서로서 특수 cable을 사용하여 초음파 탐상기에 체결함으로서 초음파를 송수신할 수 있으며 그림 21.15와 같이 수직형, 분할형, 사각형 및 Brush형, Wheel형 등이 있다.

(1) 탐촉자의 종류

① 수직 탐촉자(Straight beam type) : 검사체의 표면에서 수직방향으로 초음파 빔을 투과하여 내부 결함을 탐상하는데 사용한다.

② 사각(경사) 탐촉자(Angle beam type) : 검사체의 표면에서 일정 각도로 초음파 빔을 투과하여 내부 결함을 탐상하는데 사용하며 진동자의 고정각형 및 가변각형이 있다.

③ 분할형 탐촉자(Pitch & Catch beam type) : 한 개의 탐촉자에 송신용 진동자와 수신용 진동자가 약간의 각도로 대칭하여 설치되어 있으며 소재의 표면부 결함을 탐상하거나 두께측정에 사용한다.

④ 기타 탐촉자 : Paint brush type, Tire type 등이 있다.

한편 수직 및 사각 탐촉자는 기능면에서 다음과 같이 구분된다.

(a) 수직 및 사각 탐촉자   (b) 조대 결정립 소재용 탐촉자

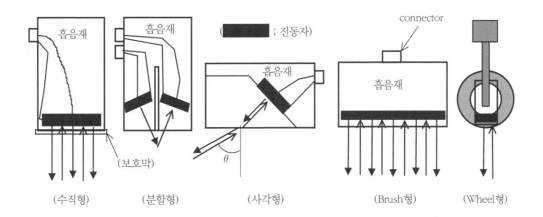

그림 21.15 탐촉자의 종류와 형상

ⓐ 송수신 탐촉자 : 보통 크기의 두께를 가진 소재에서 초음파 진행방향과 수직
방향으로 존재하는 내부결함을 탐상하는데 사용한다.

ⓑ 송신 탐촉자 : 두께가 큰 소재의 내부결함 탐상시 표면부에 접촉하여 초음파
빔을 투과시킨다.

ⓒ 수신 탐촉자 : 두꺼운 소재의 표면에서 송신 탐촉자로부터 발생한 초음파 빔
을 소재의 뒷면에서 수신한다.

ⓓ 직접접촉식 탐촉자 : ①~③의 탐촉자를 소재의 표면에 접촉매질을 바르고 직
접 접촉시켜 탐상한다.

ⓔ 국부수침식 탐촉자 : 물속에 있는 소재의 탐상시 탐촉자를 물속에 반쯤 담그
고 소재의 표면과 일정 거리를 유지면서 탐상한다.

(2) 탐촉자의 성능

① 감도(Sensitivity) : 불연속부를 찾아내는 능력으로서 A-scope 수평선상에 불연속
부로부터 반사되는 음의 에너지를 찾아내는 것이다.

② 분해능(Resolution) : 깊이 또는 탐상시간에서 인접한 두 개의 불연속부로 부터 반
사파를 분리할 수 있는 탐촉자의 성능을 말한다.

③ 사용 주파수 : 접촉법은 0.5~10MHz, 수침법은 10~25MHz범위이다.

2) 진동자(압전자)의 종류

① 수정(Quartz) : 일반적으로 가장 많이 사용되며 기계적, 전기적, 화학적 및 열적으
로 안정하다. 불용성이며 高硬度이므로 내마모성이 우수하여 수명이 길다. 큐리
점(Curie point)이 576℃(초음파 발생을 위한 압전현상이 소실되는 온도)이므로
고온사용이 가능하며 수신효율은 보통이나 송신(음향에너지의 발생)효율이 가장
저고 파형변환이 심하며 저주파수에서 고전압이 요구된다.

② 황산리튬(Lithium sulphate ; LiSO₄) : 초음파 에너지의 수신효율이 가장 좋으며 물
과의 음향 임피던스 차이가 적어서 초음파 통과율이 크므로 방수처리한 후 수침
용으로 적절하다. 또한 수명이 길고 분해능이 좋으며 파형변환도 적다. 반면 수용

성이고 깨지기 쉬우며 큐리점이 130℃이므로 74℃ 이하에서만 사용이 가능하다.

③ 티탄산바륨(Barium titanate ; $BaTiO_3$) : Ceramic의 일종으로서 초음파 송신효율이 가장 좋으며, 낮은 전압에서도 작동하고 불용성이므로 습기와 화학적으로 안정하여 고감도 탐상에 적절하다. 그러나 수신효율이 가장 적고 분해능이 낮으며 내마모성이 적어 수명이 짧다. 또한 수정보다도 파형변환이 심하며 큐리점이 130℃이므로 저온에서 사용된다.

④ 니오비움산납(Lead metaniobate ; $PbNbO_3$) : Ceramic의 일종으로서 내부 damping이 높아 흡음재 없이도 고분해능 탐상이 가능하며 고온에서 사용할 수 있으나 취약하여 깨지기 쉽고 고주파수 발생은 불가하다.

⑤ 니오비움산리튬(Lithium niobate ; $LiNbO_3$) : Ceramic의 일종으로 큐리점이 1,200℃로서 고온용이며 고주파수의 진동자이지만 분해능이 약하다.

⑥ 지르콘티탄산납(Lead ziconate-titanate ; $PbZrTiO_3$) : PZT라고 하며 티탄산바륨계의 단점을 보완하기 위해 티탄산납과 지르콘산납을 절반씩 혼합한 재질로서 큐리점이 350℃이므로 고온용으로 사용된다.

3) 동축 케이블(Probe cable)

그림 21.16과 같이 탐촉자와 초음타 탐상기를 연결하여 pulse전압과 echo(수신신호)를 상호전달하는 cable로서 유연성이 있지만 접으면 성능이 급감하며 길이는 2m이고 양끝에는 탐상기 및 탐촉자에 연결하는 소켓이 부착되어 있다.

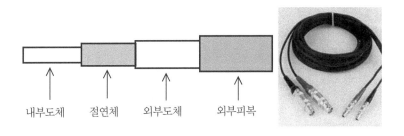

내부도체   절연체   외부도체   외부피복

그림 21.16 동축 cable의 구조

4) 접촉매질(Couplant)

초음파 탐상시 탐촉자(Probe)와 검사체(시험편)의 접촉면에 공기층이 형성되면 음파가 계면에서 전반사하여 검사체로 입사하지 못하므로 액막을 형성하여 초음파 빔의 투과효율을 증가시키기 위해서 사용하는 액상의 물질이다.

또한 접촉매질은 주사(scanning)를 부드럽게 하고 탐상감도를 향상시키며 탐촉자의 마모를 방지하는 효과도 있다. 접촉매질은 인체에 무해하고 소재를 부식시키지 않으며 사용후 제거가 용이하고 저렴해야 한다.

접촉매질의 종류와 특성은 다음과 같다.

① 각종 Oil(기계유, 식용유 등) : 표면이 매끄럽고 평탄한 부위의 탐상에 적합하며 음파의 전달효율은 보통이다.

② 글리세린 : 음파의 전달효율이 비교적 좋으며(글리세린 함량 75% 이상에서) 표면이 매끄럽고 평탄한 부위의 탐상에 적합하나 장비의 고장원인이 될 수도 있다.

③ 물유리 : 글리세린보다 음파의 전달효율은 좋으나 건조하여 고체화되면 탐촉자를 손상시킬 수 있다.

④ 합성풀, 구리스 : 거친 표면이나 경사면 및 측면의 탐상에 적합하다.

⑤ 글리세린 페이스트 : 글리세린에 소량의 계면활성제와 첨가제를 혼합한 것이다.

⑥ 물 : 물의 순도와 온도에 따라서 음파의 전달효율에 차이가 있으며 기름에 비해서 비교적 성능이 낮다. 공기중에서는 증발하고 경사진 면은 흘러내리므로 주로 검사체를 물속에 담그고 탐상하는 수침법에 적용한다.

접촉매질의 성능은 물유리＞글리세린＞각종 Oil＞합성풀＞구리스＞물과 같다.

5) 초음파 탐상기

초음파 탐상기에는 Analog(Dial) type과 Digital type이 있으며 CRT(Monitor), 송신부, 수신부(증폭부), 전원부, 동기부, 시간축부 등으로 구성되어 있다. 그림 21.17은 초음파 탐상기의 종류를 나타낸 것이다.

(a) Analog type

(b) Digital type

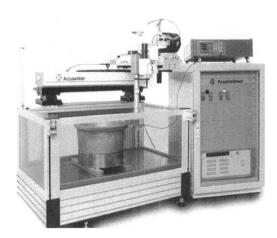
(c) 자동탐상 장치

그림 21.17 초음파 탐상기의 종류와 자동탐상 장치

송신부는 500V 이상의 전기 pulse를 생성하여 탐촉자의 진동자에 전송함으로써 초
음파를 발생시킨다. 수신부는 초음파의 echo를 수신하여 음압을 전압으로 변환하고 증
폭시켜 CRT에 pulse로 나타낸다.

또한 초음파 탐상기의 조정판넬에는 측정범위, 음속, 영점, Pulse energy 및 동조,
Gain(감도), Gate, 주파수, Filter, Rejection, Focus 등을 조정하는 dial knob 또는 touch
button(Digital type)이 있다. 그림 21.18 및 21.19는 Analog type 및 Digital type 초음
파 탐상기의 각 조정부를 나타낸 것이다.

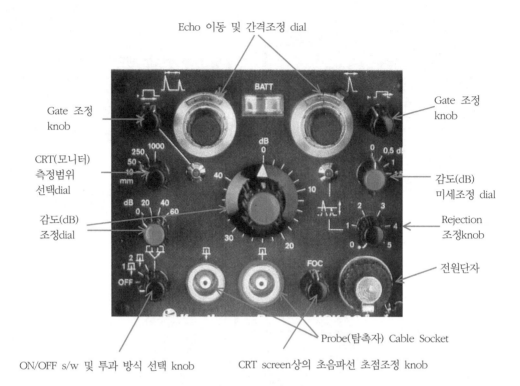

Echo 이동 및 간격조정 dial

Gate 조정 knob

CRT(모니터) 측정범위 선택dial

감도(dB) 조정dial

ON/OFF s/w 및 투과 방식 선택 knob

Gate 조정 knob

감도(dB) 미세조정 dial

Rejection 조정knob

전원단자

Probe(탐촉자) Cable Socket

CRT screen상의 초음파선 초점조정 knob

그림 21.18 Analog type 탐상기의 각 조정부 명칭

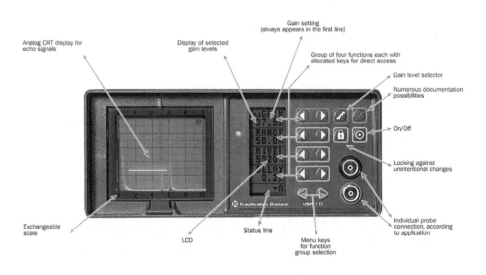

Analog CRT display for echo signals

Display of selected gain levels

Gain setting (always appears in the first line)

Group of four functions each with allocated keys for direct access

Gain level selector

Numerous documentation possibilities

On/Off

Locking against unintentional changes

Individual probe connection, according to application

Exchangeable scale

LCD

Status line

Menu keys for function group selection

그림 21.19 Digital type 탐상기의 각 조정부 명칭

(1) 초음파 탐상기의 조정 기능

① 측정범위 조정 : 검사체의 두께에 따라 CRT의 수평축(mm)에 나타내는 측정범위 (50, 100, 125, 250, 500, 1,000mm)를 선정한다.

② 음속 조정 : 2,000~6,500(1,200)m/sec 범위로 조정할 수 있다.

③ Gain 조정 : 반사 pulse(echo)의 증폭도를 CRT의 수직축(%)에 나타내는 것으로서 감도(sensitivity)조정이라고 하며 0.5~100dB범위에서 20dB×3단계, 2dB×20단계 조정 및 0.5dB×3단계의 미세조정이 있다.

④ Gate : gate는 검사체의 표면과 후면 echo사이에서 나타나도록 하여 결함 echo만 을 검출하기 위한 것이다. 즉 검사체 내부에 존재하는 결함에 대한 탐상정보를 lamp나 alarm의 신호에 의해서 쉽게 알 수 있도록 한 것으로서 CRT에 나타나는 초음파 빔의 선상에 ⊓과 같은 ⊓ 모양으로 나타나며 결함 echo가 gate와 접촉되 면 부저음 또는 적색램프가 켜지는 신호가 발생한다.

Gate는 그림 21.20과 같이 조정 knob을 사용하여 좌우로 이동하거나 gate의 폭 을 확장시킬 수 있다.

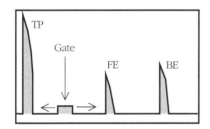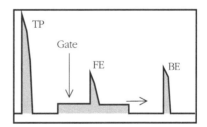

그림 21.20 Gate

⑤ Rejection : 숲모양(林狀)의 전기적인 잡음 echo를 제거하는 기능을 가지는 것으 로서 CRT에 나타난 임상(forest) echo의 rejection에 의한 조정은 그림 21.21과 같다. rejection 후에는 전체적으로 echo의 높이가 낮아지므로 실제 결함검사에는 rejection을 OFF 상태로 하거나 0으로 하고 탐상한다.

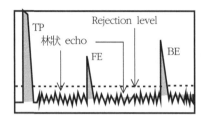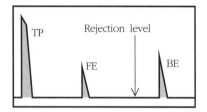

그림 21.21 임상(forest) echo의 Rejection

⑥ DAC(Distance Amplitude Compensation)회로 : 재료 내에 동일한 크기의 결함이 재료표면으로 부터 깊이가 서로 다른 위치에 존재할 때는 탐촉자로부터 입사된 초음파가 결함에 의해 반사되어 CRT에 나타나는 echo의 높이는 결함까지의 거리가 멀수록 작게 나타난다. 이는 초음파 beam의 진행거리가 멀수록 확산, 산란 및 흡수 등에 의해서 초음파가 감쇠되기 때문이다.

DAC회로는 거리-진폭-보상에 대한 회로로서 검사체 내에 크기가 같은 결함이 다수 존재할 때 검사체 표면으로부터 각 결함까지의 거리에 관계없이 동일한 높이의 echo가 나타나도록 그림 21.22와 같이 전기적으로 보상한다.

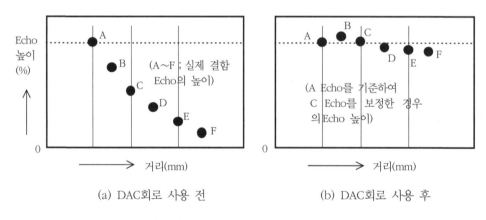

(a) DAC회로 사용 전 　　　(b) DAC회로 사용 후

그림 21.22 수직탐상시 DAC회로에 의한 결함 Echo 높이 보정

6) 표준시편(Standard Test Block ; STB)

초음파 탐상기의 성능을 조정하여 모든 기능을 표준상태로 유지하기 위해 사용하는 시험편으로서 측정범위와 탐상감도 등을 조정하며 사각탐촉자의 입사점과 굴절각, 수직탐촉자의 분해능 확인 및 DAC곡선을 작성한다(그림 21.23).

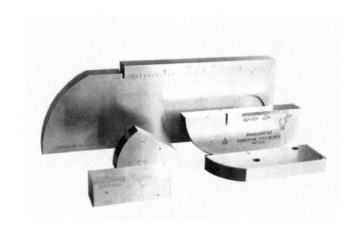

그림 21.23 각종 표준시편의 형상

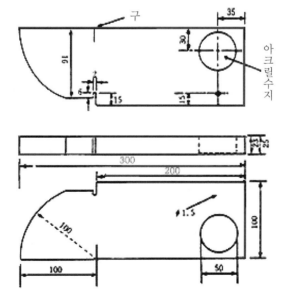

그림 21.24 STB-A1의 형상 및 치수(mm)

① STB-G형 : 1~5MHz의 수직탐상용으로서 탐상기의 감도조정, 특성시험, 탐촉자의 성능시험에 사용하며 재질은 SNCM439 베어링강이다.

② STB-N1형 : 주로 13~40mm의 강판을 수직탐상할 때 탐상감도를 조정하며 SM 50C로 제작한다.

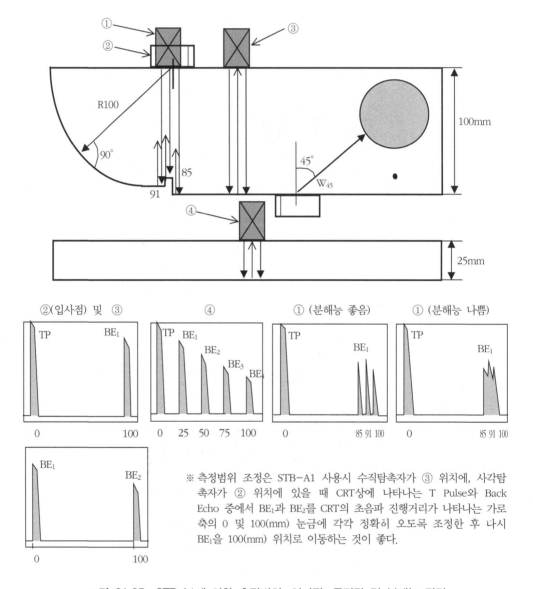

※ 측정범위 조정은 STB-A1 사용시 수직탐촉자가 ③ 위치에, 사각탐촉자가 ② 위치에 있을 때 CRT상에 나타나는 T Pulse와 Back Echo 중에서 BE_1과 BE_2를 CRT의 초음파 진행거리가 나타나는 가로축의 0 및 100(mm) 눈금에 각각 정확히 오도록 조정한 후 다시 BE_1을 100(mm) 위치로 이동하는 것이 좋다.

그림 21.25 STB-A1에 의한 측정범위, 입사점, 굴절각 및 분해능 점검

③ STB-A1형 : Killed steel(SM50C)로 제작하며 가장 많이 사용하는 시편으로 그림 21.24와 같고 그림 21.25와 같이 수직 및 사각탐상시에 적용한다.

ⓐ 두께 25mm, 길이 100mm, 200mm이내 수직탐상 측정범위 조정

ⓑ 길이 91mm는 횡파에 의한 수직탐상 측정범위 조정

ⓒ R100mm 곡면은 횡파에 의한 사각탐상 측정범위 조정

ⓓ 좌측 상단 2mm hole에 의해 85mm, 91mm, 100mm의 echo로서 수직 탐상 분해능 측정

ⓔ R100mm의 곡면에 의해 사각탐상의 입사점 측정

ⓕ 50mm hole에 의해 35~70° 및 1.5mm hole에 의해 80°사각 탐상의 굴절각 측정

④ STB-A2형 : 사각탐상시 탐상기의 감도조정과 분해능 검정에 사용하며 열처리한 SM50C로 제작한다.

⑤ STB-A3형 : 현장에서 사용할 수 있는 소형의 사각탐상용으로서 측정범위와 탐상 감도를 조정한다. R50mm의 곡면은 입사점 점검, 측정범위 조정에, 2개의 ϕ8 mm hole은 굴절각 점검에 사용하며 SM50C로 제작한다.

7) 대비(對比)시편(Reference Block ; RB)

탐상목적에 해당하는 제정된 표준시편이 없을 경우나 미세결함 및 특수 재료의 탐상시 표준시편 대용으로 사용하며 검사체와 동일한 재료 또는 초음파 특성이 유사한 강재로 제작한다.

① RB-4 : 사각 및 수직탐상의 거리-진폭 특성곡선의 작성과 탐상감도 조정에 사용한다.

② RB-A5 : Tandem 및 Stradle 주사의 탐상각도 조정에 사용한다.

③ RB-A6 : 곡률을 갖는 검사체의 원주형 용접부 탐상시 입사점, 굴절각에 대한 추정과 DAC 작성 및 감도조정에 사용한다.

④ RB-A7 : 곡률을 갖는 검사체의 길이 접합부 탐상시 입사점, 굴절각에 대한 측정 과 DAC 작성 및 탐상감도조정에 사용하며, 두께 1/2 beam 행정이나 탐촉자 거리측정에도 사용한다.

⑤ RB-A8 : 곡률반경이 250mm 이하인 경우에 사용한다.

⑥ RB-D 및 E : step식 시편으로서 분할형 수직탐촉자의 성능 측정과 탐상감도 조정에 사용하며 Normalizing(불림)처리한 보일러용 압연강재로 제작한다.

⑦ RB-RA, RB, RC 및 RD : 수직 탐촉자의 원거리 분해능 측정에 사용하며 RB-D 및 E 시편의 형상은 그림 21.26과 같다.

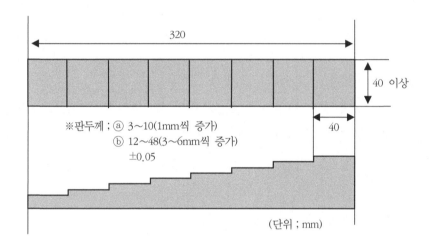

그림 21.26 RB-D, E 시편의 형상

8) 기타 시편

(1) ASTM(미국재료시험협회) 시편

① ALCOA series A(Area/Amplitude Blocks) : 3~3/4″ 길이와 1~15/16″ 정방형 또는 2″ 원형단면으로 된 8개 시편이 1set이며 3/4″ 깊이의 평저공(FBH : Flat Bottom Hole)이 하단부 중앙에 위치한다. CRT sceen상에서 결함 echo의 높이 점검에 사용한다.

② ALCOA series B(Distance/Amplitude Blocks) : ϕ2″로 된 19개의 시편이 1set이며

3/4″깊이의 평저공(FBH)이 하단부 중앙에 위치한다. 시편의 길이는 1/16″로부터 2배씩 증가하여 5×3/4″에 이른다.

③ ASTM RB시편(Basic set block) : Area와 Distance Amplitude block의 혼합형이다.

④ Calibration Blocks(교정시편)

(2) ASME(미국기계학회) 시편

Basic Calibration Block : 원자로, 압력용기 등의 용접부에 대한 수직 및 사각탐상의 감도조정을 목적으로 한다.

(3) BS(British Standard) 시편

Block A2(STB-A1과 동일), Block A3, Block A4, Block A5, Block A6, Block A7 등이 있다.

21.3 초음파 탐상기법

1) 탐상법의 분류

(1) 원리상

그림 21.27~21.29와 같이 펄스 반사법, 투과법, 공진법이 있다.

① 펄스 반사(Pulse echo)법 : 송수신 겸용 탐촉자를 사용한다.

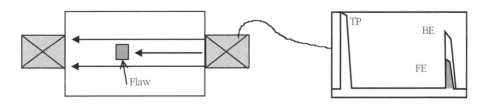

그림 21.27 펄스 반사법

② 투과(Through transmission)법 : 송신용 및 수신용 탐촉자를 사용한다.

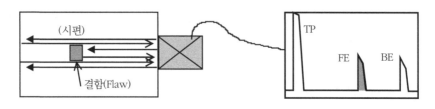

그림 21.28 투과법

③ 공진(Resonance)법 : 연속적인 종파를 사용 두께측정 및 결함탐상에 적용한다.

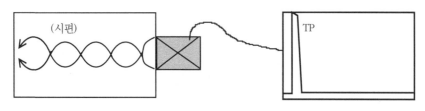

그림 21.29 공진법

(2) 탐상결과 CRT(Monitor) 표시(Display)법

초음파에 의한 소재 내부의 결함 탐상결과를 CRT(Monitor)에 표시하는 방식에는 A-Scope, B-Scope 및 C-Scope가 있으며 그림 21.30과 같다.

① A-Scope(Scan) : CRT에 시간(횡축)과 증폭(Echo)과의 比로 나타내며 재료내부에 존재하는 불연속부(결함)의 깊이와 크기를 알 수 있다.

② B-Scope(Scan) : 초음파 투과방향에 대한 결함의 표면과 후면이 CRT에 또는 Printing으로 표시되며 주로 의학용으로 사용된다.

   X축은 탐촉자의 진행거리, Y축은 검사체의 두께를 나타내므로 불연속(결함)까지의 깊이와 불연속의 길이(폭)를 알 수 있다.

③ C-Scope(Scan) : X-Ray사진과 같이 결함의 전체 윤곽이 CRT 화면이나 Printing으로 표시되지만 결함까지의 깊이를 측정하기는 어려우며 주로 의학용으로 사용된다. 그림 21.31은 C Scope type의 초음파 탐상기이다.

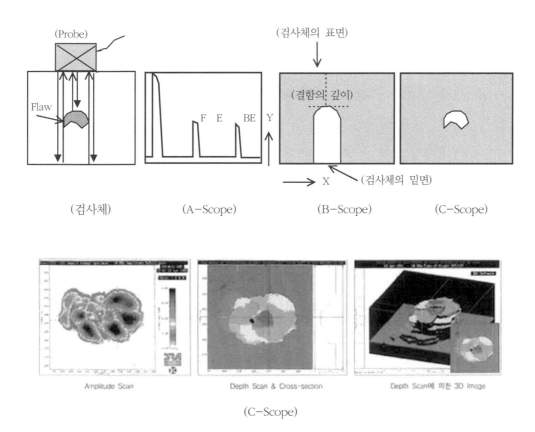

(검사체)   (A-Scope)   (B-Scope)   (C-Scope)

(C-Scope)

그림 21.30   탐상결과 CRT(Monitor)의 표시(display)

그림 21.31   C Scope type 초음파 탐상기

2) 수직 탐상법

(1) 수직탐상 준비

① 탐상방향 : 봉재는 측면, 각재 및 대형 단조강은 전방향에서 탐상한다.

② 탐상범위 : 전면, 특정면, 특정부위 등이다.

③ 초음파 주파수 선정 : 두께 40mm 이상의 강재는 2MHz를, 그 이하는 5MHz를 사용하며 5mm 이하의 박판재는 10MHz 이상을 적용한다.

④ 탐상면 전처리 : 거친면이나 부식된 면은 grinder, file, wire brush, sand paper 등으로 연삭한다.

⑤ 접촉매질(couplant) : 평면은 oil을, 거친면이나 곡면은 글리세린이나 물유리 등을 사용하고 경사면이나 수직면은 풀(paste)이나 구리스 등을 사용한다.

⑥ 탐상감도 표시 : STB-N1 : 50%, STB-G, V15-5.650% 등이나 BG : 100%, BG : 100%+6dB 등으로 표시한다.

   ※ SN비 : 신호(signal)와 잡음(noise)크기의 비로서 숲모양의 Echo로 나타난다.

   ※ 조도(調度) : Gain, Pulse폭 및 동조, Rejection 등 탐상도형에 영향을 주는 모든 조정장치의 조합을 말한다.

(2) Echo 높이의 比(%)

(Flaw Echo의 높이/Back Echo의 높이)×100(그림 21.32 참조)

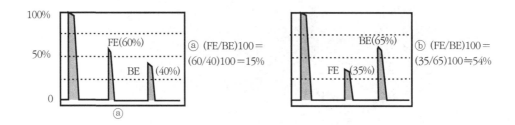

그림 21.32 저면(Back) Echo와 결함(Flaw) Echo의 높이 比(%)

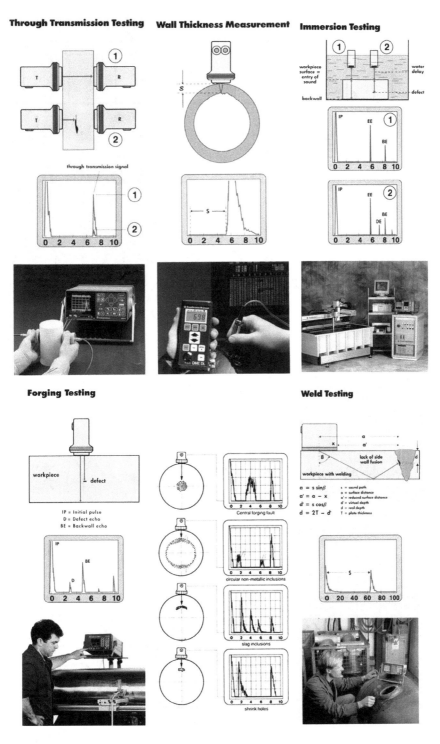

그림 21.33 수직탐상(결함탐상, 두께 측정, 수침법) 및 사각탐상 작업

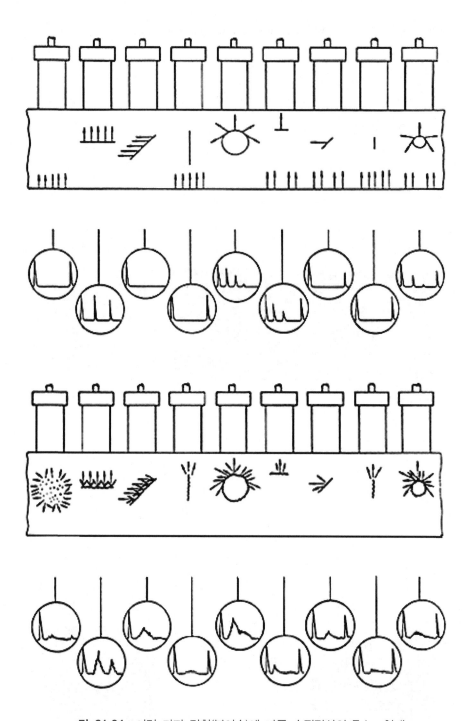

그림 21.34 여러 가지 결함(불연속)에 따른 수직탐상의 Echo 형태

3) 사각(경사) 탐상법

(1) 0.5 skip 및 1.0 skip 이내의 결함탐상과 결함의 위치 산출(그림 21.35)

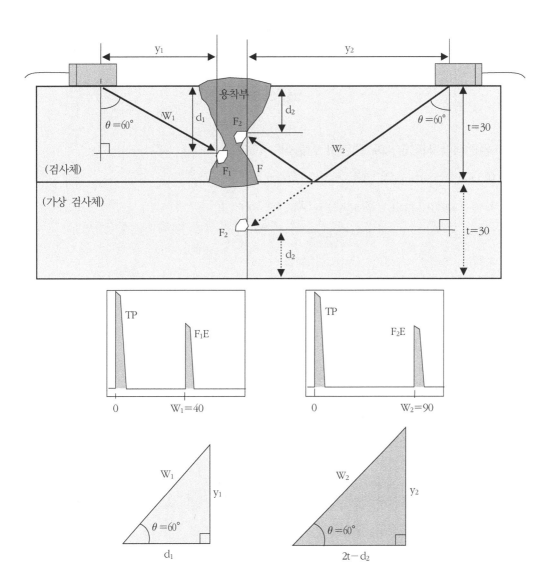

※ 직사법 : $\sin\theta = y_1/W_1$, $\cos\theta = d_1/W_1$
1회 반사법 : $\sin\theta = y_2/W_2$, $\cos\theta = 2t - d_2/W_2$
굴절각 $\theta = 60°$, $W_1 = 40$, $W_2 = 90$

(a) F_1 결함의 위치탐상(직사법 ; 0.5 skip 이내 결함탐상)

① $y_1 = W_1 \cdot \sin\theta = 40 \times \sin 60 = 40 \times 0.866 = 34.64(mm)$

② $d_1 = W_1 \cdot \cos\theta = 40 \times \cos 60 = 40 \times 0.5 = 20(mm)$

(b) F_2 결함의 위치탐상(1회 반사법 ; 1.0 skip 이내 결함탐상)

① $y_2 = W_2 \cdot \sin\theta = 90 \times \sin 60 = 90 \times 0.866 = 77.94(mm)$

② $d_2 = 2t - W_2 \cdot \cos\theta = 2 \times 30 - 90 \times \cos 60 = 60 - 90 \times 0.5 = 15(mm)$

그림 21.35

(2) 평판재의 사각탐상에 관련된 산출식

① 0.5 skip beam 거리 : $W_{0.5} \, skip = t / \cos\theta$

② 1 skip beam 거리 : $W_{1.0} \, skip = 2W_{0.5} \, s = 2t / \cos\theta$

③ 0.5 skip 거리 : $y_{0.5} \, skip = t \times \tan\theta$

④ 1 skip 거리 : $y_{1.0} \, skip = 2y_{0.5} \, skip = 2t \times \tan\theta$

⑤ 결함의 깊이(직사법) : $d = W \cdot \cos\theta$

⑥ 결함의 깊이(1회 반사법) : $d = 2t - W \cdot \cos\theta$

⑦ 탐촉자(probe)와 결함간 거리 : $y = W \cdot \sin\theta$

(3) 사각탐촉자에 의한 주사법

① 1 탐촉자의 기본주사(basic scan)(그림 21.36 참조)

ⓐ 전후주사 : 탐촉자를 용접선과 수직으로 이동하며 결함, 형상 및 치수를 추정한다.

ⓑ 좌우주사 : 탐촉자를 용접선과 평행하게 이동하며 용접선 중심선과 일정거리로 주사하여 결함, 형상 및 치수를 추정한다.

ⓒ 목돌림주사 : 입사점을 중심으로 탐촉자를 회전하여 용접선에 대해 입사점을 변화시키는 주사로서 응용주사시 결함 검출 잘못의 방지와 결함형상의 추정에 적용한다.

ⓓ 진자주사 : 내부결함을 중심으로 하여 탐촉자를 진자와 같이 이동하며 내부결함에 대해 입사방향을 변화시키는 주사법으로 결함의 형상을 추정한다.

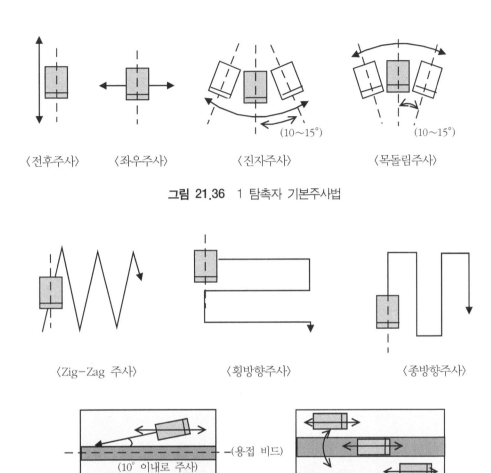

〈전후주사〉　　　〈좌우주사〉　　　　〈진자주사〉　　　　　〈목돌림주사〉

그림 21.36　1 탐촉자 기본주사법

〈Zig-Zag 주사〉　　　　　〈횡방향주사〉　　　　　　〈종방향주사〉

〈경사평행주사〉　　　　　　〈용접선주사〉

그림 21.37　1 탐촉자 응용주사법

② 1 탐촉자의 응용주사(그림 21.37 참조)

　ⓐ Zig-Zag 주사 : 전후, 좌우주사를 조합하고 목돌림주사를 병행하며 이때 목돌림 각도는 ±10~15°로 한다.

　ⓑ 종방향 주사 : 종방향 전후주사(연속거리) 및 횡방향 좌우주사(이동 거리)로서 주로 자동탐상법에 적용한다.

ⓒ 횡방향 주사 : 횡방향 전후주사(연속거리) 및 종방향 좌우주사(이동거리)로서 판두께 방향으로 결함의 발생위치가 한정된 범위에 있는 경우에 주로 적용한다.

ⓓ 경사 평행주사 : 용접선과 직각방향의 결함(횡방향 결함) 및 용접 비이드가 제거되지 않을 경우 적용하며, 용접선 방향에 대해 경사지게 하여 zig-zag 주사로 탐상한다.

ⓔ 용접선상 주사 : 용접선과 직각방향의 결함(횡방향 결함) 및 용접부의 덧붙임이 제거되어 있을 경우에 적용하며 용법부상에서 약간의 목돌림 주사와 전후주사를 병용하면서 용접선 방향으로 이동 주사한다.

③ 2 탐촉자의 주사(그림 21.38 참조)

ⓐ Tandem 주사 : 두꺼운 용접부의 탐상면에 수직으로 발생하는 내부용입 불량, 융합불량 등의 결함검출에 적용하며 송, 수신 2개의 탐촉자는 탐상단면에서 0.5 skip 거리에 있는 용접선에 평행한 탠덤 기준선에 대하여 항상 등거리 주사한다.

ⓑ Stradle(두갈래) 주사 : 횡방향 균열과 같이 용접선에 대해 직각 결함을 검출하며 경사 평행주사와 동일 용도로 사용된다.

ⓒ K 주사 : Tandem 주사의 변형으로서 탐상면에 수직한 평면상 내부결함을 검출하며 송, 수신탐촉자를 사용하고 내부결함에 대해 빔이 K형이 되도록 주사한다. 특히 가스 압접부의 불완전 융합부의 탐상에 유용하다.

ⓓ V 주사 : 송, 수신탐촉자로 1 skip 거리를 두고 떨어져 서로 마주보게 하고 빔의 경로가 V형이 되도록 주사하며 주로 탐상면의 거칠기 및 시험편의 감쇠에 의한 탐상감도의 저하를 보정하는 경우 수정 조작의 양을 결정하는 용도로 사용한다.

ⓔ 투과 주사 : V주사의 변형으로 송신 탐촉자로부터 투과된 빔을 반대편의 수신 탐촉자가 수신하는 주사법이다.

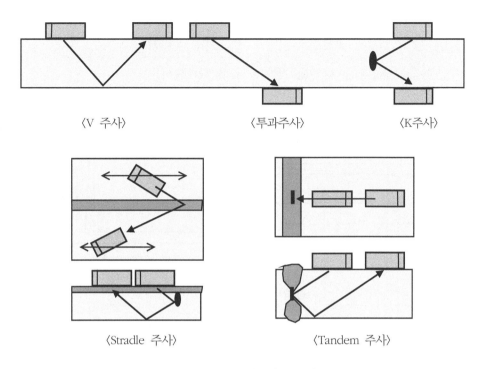

그림 21.38 2탐촉자 주사법

4) 초음파 탐상의 특성

① 반복 Echo : 초음파가 같은 거리를 왕복할 때마다 반복 echo가 나타나며 echo의 높이는 그림 21.39와 같이 음압의 감소에 따라서 일정하게 감소한다.

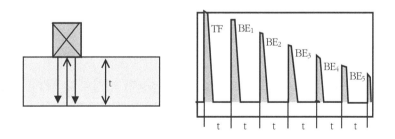

그림 21.39 반복 Echo 발생

② 지연 Echo : 그림 21.40과 같이 초음파가 소재의 후면에서 직진 반사하지 않고 측면으로 우회하여 반사되면 echo가 탐촉자에 도달하는 시간이 늦어지므로 CRT 에는 back echo(BE) 다음에 지연 echo로 나타난다.

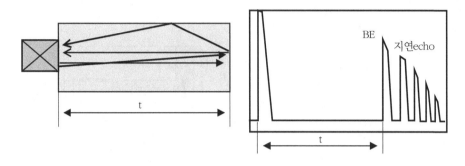

그림 21.40 지연 Echo 발생

(3) 결함 Echo의 평가

① AVG(거리-증폭-크기) diagram

G=d/D=결함의 직경/진동자의 직경

② Echo의 높이 표시법 : FE / BE$_G$, FE / BE$_F$ 및 BE$_F$ / BE$_G$

(FE ; 결함 Echo높이, BE$_F$; 결함이 있는 저면 Echo높이, BE$_G$; 결함이 없는 건전 부의 저면 Echo높이)

③ 결함의 크기(길이) 추정

ⓐ 6dB drop법 : 초음파 탐상시 CRT screen에 결함 Echo가 나타났을 때 탐촉자 를 좌우로 이동시켜 그림 21.41과 같이 높이가 가장 큰 Echo가 나타나면 CRT screen에 Echo 꼭지점을 marking한 후 초음파 반사파의 세기를 -6dB 감소 시키면 최대 Echo의 높이가 50%(1/2)로 낮아진다. 이때 탐촉자를 좌우로 이 동시켜 50% Echo가 나타나는 좌측과 우측간의 거리를 결함(불연속)의 길이 로 측정하는 방법이다.

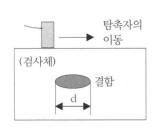 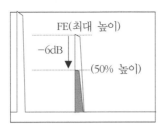 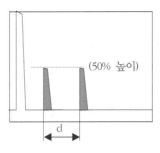

그림 21.41 6dB drop법

ⓑ 평가 Level법 : 결함 Echo 출현범위 또는 저면 Echo 소멸범위에 의한 방법으로서 그림 21.42와 같이 기준선을 약간 초과하는 Echo가 출현하는 처음과 끝 지점 간의 거리를 결함의 길이로 측정한다.

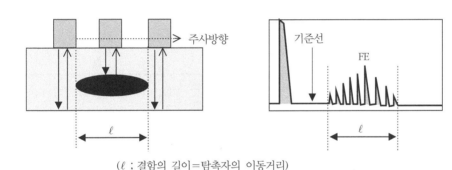

(ℓ ; 결함의 길이＝탐촉자의 이동거리)

그림 21.42 결함의 길이(크기) 측정

(4) 사각탐상에서의 DAC곡선 작성

그림 21.43과 같이 사각탐촉자를 사용하여 STB-A2의 앞면에서 0.5 skip 위치에 있는 φ4×4mm의 hole에 초음파를 입사하면서 CRT상에 최대 echo가 나오는 지점을 맞춘 다음 gain(dB) 조정기(knob)를 사용하여 echo 높이가 CRT의 full scale에서 80%가 되도록 조정한다. 80%선까지 맞추어진 echo의 peak에 점을 찍은 후 gain 조정기로 -6dB하여 높이가 감소된 echo의 peak에 2번째 점을 찍는다. 다시 -6dB한 후 echo의 peak에 3번째 점을 찍은 다음 12dB 올려 기준 감도로 돌아간다. 다음에 STB-A2 뒷면

의 1 skip위치에서 초음파를 투과하여 CRT상에 나타난 최대 echo의 peak에 점을 찍은 후 −6dB하여 높이가 감소한 echo의 peak에 점을 찍고 다시 −6dB하여 echo의 peak에 점을 찍는다.

이와 같이 STB−A2 앞면의 1.5 skip 위치와 뒷면의 2.0 skip 위치에서도 1.0 skip때와 같은 방법으로 CRT상에 3개씩의 점을 찍은 다음 감도 80%, 40% 및 20%를 기준하여 각 skip별로 찍은 점을 선으로 연결하여 H, M, L선을 작성하고 Ⅰ, Ⅱ, Ⅲ, Ⅳ 영역을 표시한다.

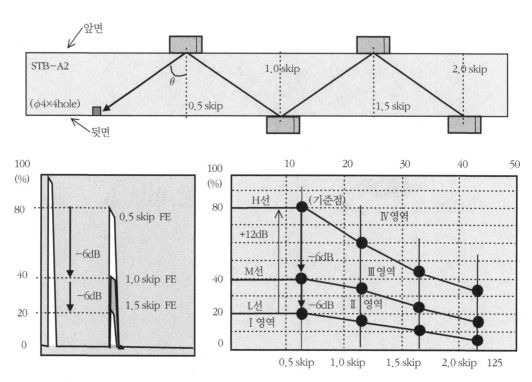

Ⅱ영역 ; 매우 작은 결함탐상시의 Echo 높이구역
Ⅲ영역 이상 ; 보통 크기 결함탐상시 Echo 높이구역

그림 21.43 시각탐상에서의 DAC곡선 작성

(5) 판재의 탐상

① 후판(6~250mm)의 탐상 : 탐상감도는 BG > 100%(ASTM은 BG＝75%)

② 박판의 탐상 : 냉연판(0.2~3.2mm), 열연판(1.0~6.4mm)

③ Clad강의 탐상 : Stainless Clad steel 의 경우 접합이 완전하면 경계면 echo는 거의 나타나지 않으므로 접합불량부의 검출이 용이하다. 그러나 Ti Clad강 등은 경계면 echo가 나타나므로 탐상이 어렵다.

(6) 주단강품의 탐상

초음파 탐상이 비교적 어려운 편이며 적용 주파수는 0.5~10MHz 범위이다.

① 주조품의 결함

    ⓐ 기포(blow hole > 2~3mm > pin hole)

    ⓑ 개재물(inclusion) : sand, slag 등

    ⓒ 수축공(shrinkage cavity) : 공동 및 중심부 수축공

    ⓓ Scabs : 모래가 주형면에서 완전히 떨어져 다른 곳으로 이동한 것.

    ⓔ Buckle : 모래가 주형면에서 일부는 떨어지고, 일부는 주형면과 붙어 있는 것.

    ⓕ Fusion of sand(모래 燒着) : 주물 표면에 모래가 융착된 것.

    ⓖ Penetration of sand(모래 浸着) : 주물이 주형표면의 모래 속으로 침투하여 금속과 모래가 치밀하게 혼합된 상태.

    ⓗ Cold shut : 주형 내를 용탕이 충분히 돌지 못하고 주물면에 용탕이 마주친 경계가 생기는 것.

    ⓘ Misrun : 주물의 일부가 부족하게 된 것.

    ⓙ 균열(crack) : Hot tear, Cold crack, Shrinkage crack 등.

② 단강품의 결함

    ⓐ 강괴(ingot)에 기인된 결함 : 비금속 및 모래 개재물, 2차 파이프.

    ⓑ 단련 및 열처리에 기인된 결함 : 단조공정과 비금속 개재물의 변형, 단조 터짐(forging brust), 미세기공(micro porosity), 백점(white pot), 편석(segregation), 조대 결정립, 침상조직, 열처리 균열 등.

(7) 사각(경사) 탐상법

① 사각탐촉자의 음장

    ⓐ 진동자의 겉보기 크기(높이)

    ⓑ 진동자의 겉보기 위치

    ⓒ 근거리 음장 한계거리

② 사각탐촉자의 필요 성능

    ⓐ 진동자의 형상과 치수

    ⓑ 접근한계 길이

    ⓒ 불감대 : 사각탐촉자의 빔노정상, 얼마만큼 짧은 거리에 있는 결함이 검출되는 지를 표시하는 것으로서 불감대가 길어지면 표면부근의 탐상이 곤란해진다.

    ⓓ 공칭 굴절각과 실제 굴절각의 허용차 : ±20

    ⓔ 원거리 분해능 : 15 dB

③ 사각탐촉자의 주사방법

    ⓐ 탐상 순서

      ㉮ 주파수 선정 : 2 MHz 및 5 MHz(용접부 탐상시)사용하나 75mm 이상의 판 재에서는 1 MHz 또는 2 MHz 사용한다.

        ※ 표면이 곡면일 경우는 소형 탐촉자가 유리하며, 감쇠가 클 때는 저주파 수가 좋다. 그러나 고주파수가 분해능이 우수하고 작은 결함의 검출에 적합하며, 결함의 크기를 정확히 결정할 수 있다.

      ㉯ 굴절각의 선정 : 짧은 빔노정이 될 수 있는 굴절각을 선정한다.

        45° 굴절각은 후판의 경우 보조수단으로 사용하며, 70° 굴절각은 보강 용 접부의 박판 탐상에 적용한다.

      ㉰ 측정범위의 선정

        Ex) 판두께 20mm인 용접부를 굴절각 70°로 탐상할 경우 측정범위는

          $W_1s = 2 \times 20mm / \cos 70° ≒ 117mm$이므로 125mm가 좋다.

      ㉱ 시험편의 준비 : STB-A1, A2 또는 RB-4는 필수이며, 높은 곳의 작업용으 로는 STB-A3가 필요하다.

 ㉮ 입사점 측정 : 사각탐촉자를 STB-A1의 100R면으로 향하게 하고 입사점의 위치를 100R의 중심에 맞춘다. 100R면의 echo를 목돌림 주사로 확인 후 A면의 echo가 바르게 나타나도록 하며 감도는 100R면의 echo높이가 50 ~80%정도 되도록 Gain을 조정한다. 그리고 탐촉자를 100R면 방향에 대해 수mm정도 전후시켜 100R면의 echo를 최대로 한다. 이때 100R의 중심위치에 대응하는 탐촉자 측면의 눈금을 읽는다.

 (STB-A3를 사용할 경우는 50R면을 상기 방법으로 적용한다.)

 ㉯ 측정범위 조정

 ㉰ 굴절각 측정

 ㉱ 탐상감도 조정

(8) 용접부의 탐상

① 용접부의 결함

 ⓐ 기공(Porosity) : 집단기공(Cluster porosity), 선형기공(Linear porosity), Piping porosity 등이 있다.

 ⓑ 불완전 용입(Incomplete penetration) : 불충분한 열, 부정확한 Arc위치, 용접속도 부적절, 용접arc가 침투해야 할 금속(루트면)이 너무 많은 이음설계가 원인이 된다.

 ⓒ 불완전 용융(Incomplete fusion) : 용접기술 부족, 개선처리 미비, 부적당한 이음설계, 용접절차서의 결함이 원인이 된다.

 ⓓ 균열(Cracks) : 용접 후 잔류응력에 의한 지연균열(Delayed crack), 종방향 균열(Longitudinal crack), 목 균열(Throat crack), 횡방향 균열(Transverse crack), Root crack, Crater crack(Crows-foot, Star crack), Toe crack(최대 구속응력을 받는 용접부 가장자리에서 발생하며 수소와 관련된 저온균열), Underbead 및 HAZ(열영향부) crack(수소, 취약한 미세조직, 높은 잔류응력이 존재할 때 발생) 등이 있다.

 ⓔ 개재물(Inclusions) : Slag, Tungsten 등이 있다.

ⓕ Lamination : Ingot 내의 Pipe, Seam, Inclusion, Segregation(편석) 등이 압연 시 얇게 퍼져나감으로써 형성되며 강도저하(강판의 두께 방향)의 원인이 된다.

ⓖ Delamination : 응력 집중에 의해서 lamination이 분리되는 것이다.

ⓗ Undercut : 용접금속과 모재사이에서 모재가 용해되어 없어진 것으로서 용접 전류가 너무 높을 때 발생하며 허용한계는 1/32″이다.

ⓘ Overlap : Cold lap이라고도 하며 불충분한 열, 용접재료 선택의 부적절, 저질 flux사용 등에 기인한다.

ⓙ Underfill : 용접부의 상부면 또는 하부면에서 모재의 표면보다 낮게 들어간 것으로서 용접금속 부족 시에 발생한다.

ⓚ Seams : 금속표면에서 용접되지 않은 상태로 접히거나 겹친 것이다.

ⓛ Laps : 고온의 금속이 접혀져서 표면으로 용접되지 않은 채 압연된 결함이다.

ⓜ Spatter : 모재 표면에 있는 용접bead 밖으로 튀긴 경하고 취약한 용접금속의 작은 방울로서 과전류 용접시 발생한다.

ⓝ Arc strikes : 용접 용융부위 밖에서 용융이나 가열이 일어나는 경우에 발생하 며 경하고 취약하여 균열의 원인이 된다.

② 용접부의 탐상

ⓐ 표준시험편 : STB-A1(입사점 및 굴절각 측정시 사용), STB-A3(5MHz, 현장 작업시 사용)

ⓑ 대비시험편 : 탐상감도 조정용이며 RB-A5(Tandem, Straddle 주사시 사용), RB-A6,7(pipe의 원주이음이나 긴 쪽 이음매에 대한 사각탐상 감도조정시 사 용), RB-A4(수직탐상 감도조정에 사용) 등을 사용한다.

③ 결함지시 길이의 측정

ⓐ 최대 echo 높이로부터 echo 높이가 낮아지는 탐촉자의 이동거리 또는 그 보 정치를 이용하는 방법(KS B 0896) : 수직 및 사각탐상

ⓑ 결함의 최대 echo 높이와는 무관하게 echo 높이가 어느 특정 level 이상이 되는 범위의 탐촉자 이동거리를 이용하는 방법(강구조 건축물의 용접부 탐상)

④ 결함 크기의 측정

 ⓐ AVG Diagram법

 ⓑ DAC(Distance Amplitude Correction) 곡선법 : 결함의 크기는 대비시험편내의 대비 결함과 비교한 크기로 나타낸다.

 ⓒ 20dB Drop법 : 작은 결함에 적용하며 결함의 끝점과 20dB 선과의 교점을 구하여 결함의 크기를 측정한다.

 ⓓ 6dB Drop(Half value)법 : 종방향 결함부위 결정에 적용한다.

⑤ 탐상 절차

예비조사→모재의 탐상→탐상면의 손질→용접부 표면의 손질→주사선의 금긋기→초음파 탐상기 Power ON(약 15분 후 사용)→주파수의 선정

⑥ 사각 탐상

 ⓐ DAC 곡선에 의한 echo 높이 구분선의 작성(KS B 0896)

 ⓑ H, M, L선의 결정 및 echo 높이의 영역구분

 ⓒ 탐상감도의 조정

 ⓓ 수정 조작

 ⓔ 검출 level의 지정

 ⓕ 탐상 위치, 범위 및 방향 결정

 ⓖ 거친 탐상

 ⓗ 정밀 탐상

⑦ 수직 탐상

 ⓐ 측정 범위 선정

 ⓑ 시간축의 조정 및 원점의 수정 : STB-A1, A3, RB-4로 ±1% 조정

 ⓒ 탐상감도 조정 : RB-4를 사용한다.

 ⓓ DAC 곡선에 의한 echo 높이 구분선을 작성한다.

⑧ 등급 분류 및 합, 불합격의 판정

ⓐ 등급 분류

㉮ 1급 : 반복하중에 의한 피로강도를 고려하며 보강 용접을 삭제하는 것과 파괴에 의해 중대한 재해가 발생하는 것.

㉯ 2급 : 보강 용접을 삭제하지 않는데 반복하중을 받거나 강도가 중요하다고 판단되는 것.

㉰ 3급 : 피로강도를 고려하지 않아도 되는 것.

(9) 관재(Pipe)의 탐상

① 굴절각과 내면 입사각을 확인한다.

② 탐촉자 거리 및 빔(beam) 거리를 측정한다.

③ 살두께 반값의 beam 거리 및 탐촉자 거리를 측정한다.

④ 직접 접촉법

ⓐ Seamless pipe의 탐상

ⓑ 용접관의 탐상

⑤ 수침법 : 물거리를 확인한다.

⑥ 직경이 작고 두꺼운 pipe의 사각탐상

방사선 탐상시험
(Radiographic Testing ; RT)

22.1 방사선의 종류와 특성

방사선에는 X-선, α선, β선, γ선 및 중성자선이 있으며 X-선은 진공관에서 전기적 에너지에 의해서 얻어지는 전자파이고 γ선은 동위원소로부터 방출하는 강한 에너지 파형이다. 한편 α선과 β선은 동위원소로부터 방출하는 입자에너지로서 α선은 양자와 중성자가 각각 2개로 구성된 무거운 입자이며 약 50cm 정도를 이동할 수 있으나 종이 한 장 정도를 투과하지 못한다.

β선은 매우 작고 가벼운 고속의 전자입자로서 공기중에서 수m 정도를 이동할 수 있으나 약 12.7mm의 Al판에 의해 차단된다.

중성자선은 무전하 소립자로서 물질원자의 궤도전자와는 충돌하지 않으나 원자핵과 충돌하여 흡수된 후 다른 입자를 방출하여 이온화한다.

이들 방사선은 공간이나 물질 내를 흐르고 있으나 인간의 五感으로는 감지할 수 없고 X-선과 γ선은 필름을 감광시킨다.

X-선은 1895년 독일의 물리학자 뢴트겐에 의해서 처음 발견된 전자파로서 파장(wave length ; λ)은 $10^{-13} \sim 10^{-18}$m이다. 한편 γ선은 Co-60, Ra−226 등의 동위원소의 핵이 붕괴되면서 발생하는 에너지파로서 직진 투과성이 있고 파장은 약 0.4nm 이하이며 방사선 투과검사에 사용된다. 방사선을 가장 널리 활용하는 분야는 의학이며 다음으로 비파괴 검사에서 사용되고 있다.

X-선은 연속 스펙트럼을 가지며 원자내의 전기장에 의해 발생하는 제동 X-선과 궤도 전자간의 에너지 차로 발생하는 특성 X-선이 있으며, γ선은 선 스펙트럼을 가진다. X-선과 γ선의 특성은 다음과 같다.

① 동일 종류의 방사선으로서 투과력을 가진 에너지의 파형이다.

② 전자기파로서 파장이 매우 짧은 고주파수를 갖는다.

③ 정상적인 감각으로는 측정할 수 없으며 에너지는 KeV나 MeV로 측정된다.

④ X-선의 에너지는 X-선 관에 적용되는 전압에 의해 좌우되며 강도는 전류의 量 또는 세기에 비례한다.

⑤ γ선의 에너지는 동위원소의 종류에 따라 다르며 동위원소별로 일정한 에너지를 가진다. 그러나 γ선의 강도는 선원의 크기에 따라서 즉 방출되는 방사능의 量 (Bq 또는 Ci)에 따라 다르다.

22.2 방사선의 발생

1) X−선 발생장치

X-선을 발생시키려면 진공관 내에서 고전압 전류에 의해 전자를 발생하고 그 전자를 고속으로 가속하여 표적(target)에 충돌시켜야 한다. 그림 22.1은 X-선 발생원리이며 그림 22.2는 X-선 발생장치를 나타낸 것이다.

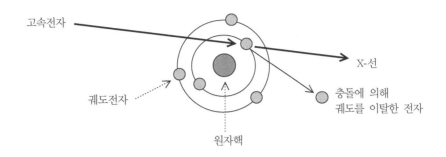

그림 22.1 X-선(ray) 발생원리

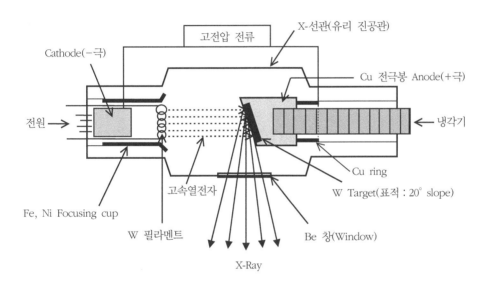

그림 22.2 X-선 발생장치

X-선 발생장치는 그림 22.2와 같이 X-선 관인 유리 진공관내에 전류와 전압에 의해 고속전자를 발생시키는 음극(cathode)과 고속전자의 표적인 양극(anode) 및 초점(focal spot)과 X-선관의 창(tube window)으로 구성되어 있으며 부속장치로는 변압기와 X-선 제어기 및 고에너지 X-선 발생장치 등이 있다. 유리관은 전력, 압력 및 온도에 유지될 수 있도록 외부에 기름과 가스 등의 절연체로 쌓여 있으며 내부는 산화방지를 위해 진공상태이다.

음극은 순철과 니켈로 제작된 포커싱 컵과 텅스텐 필라멘트로 되어 있다.

양극은 구리전극봉의 0~30°로 경사진 표면에 텅스텐 원형판을 표적(target)으로 부착하였으며 전자충돌에 의한 표적과 구리전극봉의 열을 식히기 위하여 냉각기가 설치되어 있다. 초점은 X-선 관내에서 필라멘트에서 오는 고속전자와 표적물의 원자에 있는 전자가 충돌하여 X-선이 발생되는 면적으로서 선원의 크기가 된다. 그림 22.3과 같이 표적물로 부터 0~20° 범위에서 발생되는 X-선의 강도가 가장 큰 것을 경사효과(Heel Effect)라 한다.

한편 변압기에는 자동변압기, 고전압변압기 및 필라멘트 변압기가 있으며, X-선 제어장치에는 관(tube)의 전류 및 전압 조절기와 노출시간 조절기가 있다. 또한 특수용도로 사용되는 고에너지(MeV급) X-선 장치에는 공진 변압형 X-선 장치, Vande Graff형 발생장치, Betatron 가속장치 및 선(線)형 가속기 등이 있다.

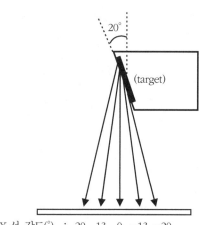

X-선 각도(°)   :   20   13   0   −13   −20
X-선 강도(%) :   95   105   100   70   31

그림 22.3 발생 X-선의 각도에 따른 X-선 강도

그림 22.4는 휴대용 및 검사실용 X-선 발생장치를 나타낸 것이다. X-선의 에너지는 고속전자의 에너지, 표적의 밀도 및 전자의 노정으로부터 제동핵까지의 거리에 의해서 결정된다.

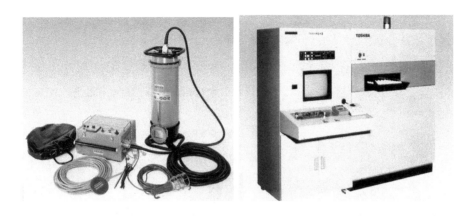

그림 22.4　X-선 발생장치

표 22.1　X-선 발생장치의 전류와 전압에 따른 X-선의 세기

전압(KV) ＼ 전류(mA)	낮은 전류	높은 전류
낮은 전압	낮은 강도, 약한 X-선	높은 강도, 약한 X-선
높은 전압	낮은 강도, 강한 X-선	높은 강도, 강한 X-선

2) 감마(γ)선 발생장치

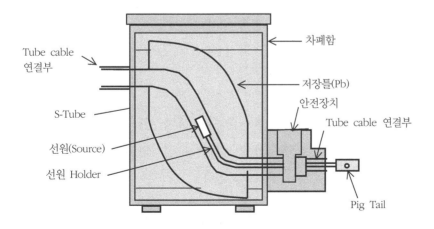

그림 22.5　γ선 발생장치(차폐함)

감마선(γ-ray)은 그림 22.5와 같이 Th-170, Ir-192, Cs-137, Co-60 및 Ra-226 등의 방사성 동위원소를 넣은 S-tube가 통과하는 납(Pb) 또는 우라늄(U-238)으로 제작한 저장틀(Storage-Pig)을 차폐함에 넣고 양쪽 끝부분에 선원을 연결하여 조절할 수 있는 Tube cable 및 연장 tube로 구성된 장치의 Pig-Tail로부터 나온다.

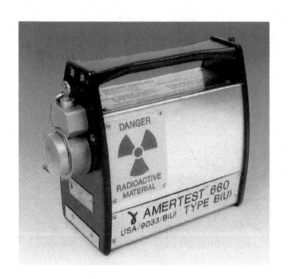

(Collimator)

그림 22.6 γ선 발생장치 및 Collimator

그림 22.6은 γ선 발생장치 및 방사선의 beam을 특정한 방향으로 조사시키는 Collimator를 나타낸 것이며 γ선의 장단점은 다음과 같다.

(1) 장점

① X-선 장비보다 저렴하고 이동성이 좋으며 전원이 필요없다.

② 순방향 또는 특정 방향으로 투사시킬 수 있으며 취급 및 보수가 간단하다.

③ 투과능력이 매우 크고 초점이 작아서 짧은 초점거리로 촬영할 수 있다.

④ 열려 있는 작은 직경에도 사용할 수 있다.

(2) 단점

① 동위원소의 철저한 안전관리가 필요하며 교체비용이 고가이다.

② 사용하는 동위원소에 따라 방사선의 투과능력과 반감기가 다르다.

③ X-선에 비해서 조도가 약하다.

표 22.2에는 동위원소(방사선원)의 종류에 따른 반감기, 에너지 및 투과능력을 나타낸 것이며 Co-60이 반감기도 길고 에너지도 커서 사용에 적절하다.

표 22.2 동위원소(방사선원)의 종류와 특성

동위원소	원소명	반감기	에너지(MeV)	투과능력(mm)
Co-60	Cobalt	5.3년	1.17 & 1.33	229 이하 철판
Ra-226	Radium	1620년	0.24~2.20	127 〃 〃
Cs-137	Cesium	33년	0.66	89 〃 〃
Ir-192	Iridium	74일	0.21~0.61	76 〃 〃
Th-170	Thulium	128일	0.054 & 0.084	12.7 〃 〃

3) 방사성 원소의 특성

(1) 원자의 구조

① 원자핵 : 원자핵은 +전하를 가지는 비교적 무거운 양자(Proton)입자와 전기적으로 중성이며 양자의 중량과 비슷한 중성자(Neutron)입자로 구성되어 있다

② 전자(Electron) : -전하를 가지며 양자의 1/1,840의 중량을 가지는 입자이다.

원자번호(원자수)=양자(P^+)수=전자(e^-)수,

질량수=원자량=양자수+중성자(n^0)수

(2) 물질과 상호작용한 방사선 에너지의 흡수 및 산란

γ선이나 X-선의 광자가 물질을 투과할 때 광전효과, Compton 산란 및 전자쌍 생성 현상에 의하여 그 에너지를 상실한다.

① 광전효과(Photoelectric effect) : 그림 22.7과 같이 0.1MeV 이하의 낮은 에너지를 가진 γ선 또는 X-선 광자가 물질에 입사할 때 물질원자의 최내각 궤도 전자와 충돌하면서 궤도전자를 방출시켜 ion화 하고 광자 에너지는 흡수되어 소멸하는 현상이다.

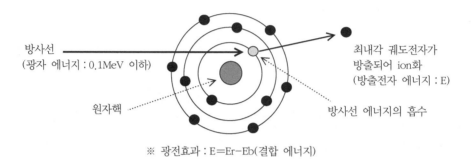

그림 22.7 광전효과(Photoelectric effect)

② 콤프턴 산란(Compton scattering) : 그림 22.8과 같이 50KeV~수MeV 에너지를 가진 방사선 광자가 물질 원자의 궤도전자와 충돌하여 진행방향과 에너지가 변하면서 산란되는 현상으로 충돌된 전자는 에너지가 증가하여 산란방사선과 반대 방향으로 방출되면서 ion화하여 자유전자로 된다. 콤프턴 산란은 광자의 에너지가 100~150KeV일 때 가장 많이 발생한다.

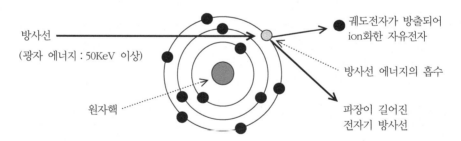

그림 22.8 콤프턴 산란(Compton scattering)

③ 전자쌍 생성(Pair production) : 그림 22.9와 같이 1.02MeV 이상의 높은 에너지를 가진 방사선(광자)이 물질원자의 핵에 접근하여 핵 주변에 2개의 전자(양전자와 음전자)를 생성시키고 광자는 소멸하는 현상으로서 전자쌍 1개의 질량은 0.51 MeV에 해당된다.

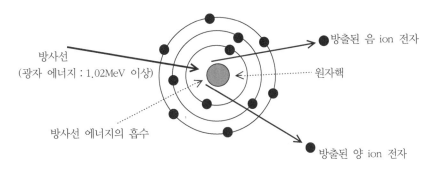

그림 22.9 전자쌍 생성(Pair production)

(3) 방사선의 감쇠

방사선은 어떤 물질을 통과할 때 광전효과, Compton 산란 및 전자쌍 생성중의 한가지 현상에 의해서 흡수되어 감쇠되는데 거리에 따른 감쇠와 물체에 의한 감쇠가 있다.

① 거리에 따른 감쇠 : 방사선 에너지(강도)는 방사선원으로 부터의 거리제곱에 반비례한다는 역자승의 법칙인 식 (22.1)로 산출할 수 있다.

$$\frac{I_1}{I_2} = \frac{D_2^2}{D_1^2} \quad \text{즉, } I_1 \times D_1^2 = I_2 \times D_2^2 \tag{22.1}$$

I_1 : 방사선원과의 거리 D_1에서의 방사선 강도
I_2 : 방사선원과의 거리 D_2에서의 방사선 강도

문제 1 방사선원으로부터 1m 떨어진 곳에서의 방사선 강도가 시간당 100R일 때 4m 떨어진 곳에서의 방사선 강도는 얼마인가?

풀 이 식 (22.1)에서 I_1=100R/hr, D_1=1m이고 D_2=4m이므로 4m 떨어진 곳에서의 방사선 강도 I_2는 $I_2=(I_1 \times D_1^2)/D_2^2=(100 \times 1^2)/4^2=100/16=6.25$R/hr이다.

문제 2 Co-60 방사선원으로부터 1m 떨어진 곳에서의 방사선 강도가 시간당 13.2R일 때 10m 떨어진 곳에서 8시간 작업한 사람의 피폭 방사선량은 얼마인가?

풀 이 식 (22.1)에서 $I_1 = 13.2R/hr$, $D_1 = 1m$이고 $D_2 = 10m$이므로 10m 떨어진 곳에서의 방사선 강도 I_2는 $I_2 = (I_1 \times D_1^2) / D_2^2 = (13.2 \times 1^2) / 10^2 = 13.2 / 100 = 0.132R/hr$이며 8시간 작업하였으므로 $0.132R/hr \times 8hr = 1.056R = 1,056mR$이다.

② 물질(물체)에 의한 감쇠 : 방사선은 어떤 물질을 통과할 때 흡수 및 산란에 의해서 그 에너지의 일부가 감쇠되는데 물질을 통과한 후의 방사선 강도(I)는 식 (22.2)로 산출할 수 있다.

$$I = I_0 \cdot e^{-\mu t} \tag{22.2}$$

I_0 : 방사선 초기강도(선원의 강도)
e : 자연대수
μ : 선형흡수계수
t : 방사선이 투과하는 물체의 두께

(4) 반감기(Half life)

① 동위원소의 반감기(Radioactive half-life) : 방사선 동위원소가 붕괴되어 그 量이 처음 量의 반으로 감소되는데 까지 소요된 시간(기간)을 방사선 원소의 반감기 ($T_{1/2}$)라고 한다.

반감기는 $T_{1/2} = 0.693 / \lambda$의 관계가 있으며 λ는 방사성 원소의 붕괴상수이다. 한편 동위원소의 시간에 따른 강도는 $I / I_0 = e^{-\lambda t} = (1/2)^n$와 같이 나타 낼 수 있다. 여기서 I_0는 동위원소의 최초 방사선 강도, I 는 현재의 방사선 강도, T는 반감기, t는 경과된 시간이고 n은 시간 경과에 따른 반감기의 횟수로서 n=t/T이다. 즉 최초 강도(I_0)가 100Ci인 방사선이 2회의 반감기를 거치면 현재의 방사선 강도(I)는 $100 \times (1/2)^2 = 25Ci$가 된다.

방사선 물질의 量은 큐리(Curie ; Ci)로 나타내는데 큐리는 1초에 3.7×10^{10}의 원자가 붕괴하는 것으로서 $1Ci = 3.7 \times 10^{10}dps$와 같다.

② 생물학적 반감기(Biological half-life) : 人體內에 흡수된 방사선 물질이 대소변, 땀, 침 등에 의해 배출되어 體內에서의 방사선 효과가 반으로 감소하는데 소요되는 시간을 생물학적 반감기라 한다.

③ 유효 반감기(Effective half-life) : 동위원소의 반감기와 생물학적 반감기가 복합된 것으로서 총체적인 방사선 위험이 반으로 감소하는데 소요되는 시간을 말한다.

(5) 반가층(Half value layer : HVL)

투과하는 방사선의 강도를 반으로 감소시킬 수 있는 물체(차폐막)의 두께를 반가층이라 한다. 또한 방사선의 강도를 1/5로 감소시키는 차폐막의 두께는 5가층(FVL), 1/10로 감소시키면 10가층(TVL)이라고 한다. In2=0.693, log10=2.303이므로 HVL= $0.693/\mu$, TVL=$2.303/\mu$이며 μ는 선형흡수계수이다.

문제 3 Co-60의 방사선원으로부터 일정거리 떨어진 곳에서 900mR/hr의 방사선 강도를 30mR/hr 이하로 감쇠시키려면 반가층(HVL)을 적용한 납(Pb)차폐막의 두께는 얼마가 필요한가?(단 Co-60 방사선의 강도를 반으로 감소시킬 수 있는 납(Pb)차폐막의 두께는 12.446mm이다.)

풀 이 900mR/2=450mR (1차 HVL), 450mR/2=225mR (2차 HVL), 225mR/2=112.5mR (3차 HVL), 112.5mR/2=56.25mR (4차 HVL), 56.25mR/2=28.125mR (5차 HVL), 즉 900mR/hr을 30mR/hr 이하로 감쇠시키려면 Co-60 방사선에 대한 반가층 Pb차폐막을 5개 사용해야 하므로 5×12.446mm=62.23mm와 같이 되어 필요한 Pb차폐막의 총 두께는 62.23mm이다.

문제 4 방사선원의 강도가 1MeV이고 납(Pb)의 선형흡수계수(μ)가 0.77이면 HVL은 얼마인가?

풀 이 HVL=$0.693/\mu$=0.693/0.77=0.9cm=9mm

22.3 방사선의 안전

1) 방사선의 量 및 단위

(1) 조사선량(Exposure)

조사선량이란 방사선이 공기중의 분자를 이온화시키는 정도를 量으로 나타내는 것으로서 공기의 단위 질량당 생성된 +, −ion의 전하량이며 C/kg 또는 R(Roentgen)의 단위를 사용한다.

1 C/kg=3,876R, 1 R=$2.58×10^{-4}$ C/kg의 관계를 가진다.

(2) 흡수선량(Absorbed Dose)

흡수선량이란 물질의 단위 질량당 흡수된 방사선의 에너지로서 Gy(Gray) 또는 rad 단위를 사용한다.

1 Gy=1 Joule/kg=100rad, 1 rad=0.01Gy=10mGy=100erg/g이다.

(3) 등가선량(Equivalent Dose ; H_T)

등가선량은 방사선이 人體에 생물학적 효과를 발생시키는 것으로서 흡수선량(Gy)× 해당 방사선의 방사선 가중치(W_R=RBE)의 값으로 나타내며 단위는 시버트(Sievert ; Sv) 또는 rem을 사용한다.

$$1 Sv=100rem, 1 rem=0.01Sv=100mSv$$

RBE는 상대적인 생물학적 효과(Relative Biological Effectiveness)로서 방사선 가중치 (W_R ; Radiation Weighting Factor))라고도 하며 종류가 다른 방사선의 생물학적 효과를 비교하기 위한 수치이다. X-선과 γ선, 및 β선의 RBE(W_R)는 1, α선은 20이며 중성 지선은 에너지에 따라 5~20이다. X-선의 RBE(W_R)가 1이므로 흡수선량 1 Gy에 대한 등가선량은 1 Sv가 된다.

(4) 베크렐(Becquerel ; Bq)

1896년 방사성 원소 우라늄(U)을 발견한 프랑스인 Becquerel의 이름을 적용한 단위로서 1초에 1개의 원자핵이 붕괴되어 방출하는 방사선의 강도(세기)를 나타내는 단위이다. 한편 방사성 원소 라듐(Ra)을 발견한 프랑스의 큐리(Curie)부부의 이름을 적용한 큐리(Ci) 단위와의 관계는 다음과 같다.

$$1\,Bq=2.7\times10^{11}Ci, \ 1\,Ci=3.7\times10^{10}Bq$$

(5) 시버트(Sievert ; Sv)

방사선이 人體에 생물학적 효과를 발생시키는 것을 나타내는 단위로서 흡수선량(Gy)×선질계수×수정계수로 산출한다.

$$1\,Sv=100rem, \ 1\,rem=0.01Sv=100mSv$$

(6) 유효선량(Effective Dose ; H_E)

유효선량은 표 22.3과 같이 人體內에 조사된 방사선량 분포에 따른 위험도를 나타낸 조직 가중치(Tissue Weighting Factor ; W_T)로서 Sv 단위를 사용하며 다음과 같은 관계가 있다.

$$H_E(유효선량)=\Sigma W_T (해당 조직의 조직 가중치 총량)\times H_T (해당 조직의 등가선량)$$

표 22.3 조직 가중치(W_T)

인체 조직 및 장기	조직 가중치
생식선	0.20
골수(적색), 대장, 폐	각 0.12
위, 방광, 장, 간, 식도, 갑상선, 기타조직	각 0.05
피부, 뼈조직	각 0.01

2) 방사선의 측정

(1) 방사선 측정기구

① 필름 뱃지(Film Badge) : 그림 22.10과 같이 clip으로 옷에 부착할 수 있는 Al 또는 플라스틱 case에 방사선 사진촬영용과 유사한 필름조각을 삽입하여 피폭된 방사선량을 필름의 감광정도에 따라 판별하는 것으로 방사선 작업중에 항상 착용해야 한다. 필름이 검은색을 나타내면 방사선의 피폭량이 많은 것이며 정확한 선량은 농도계(Densitometer)를 사용하여 측정한다.

② 포켓 선량계(Pocket Dosimeter) : 가스를 충전한 전리함으로서 미세한 수정사가 충전용 전극에 연결되어 있으며 방사선이 조사되면 수정사가 이동한 위치의 눈금을 읽어서 방사선량을 측정하는 기구로서 그림 22.11과 같다.

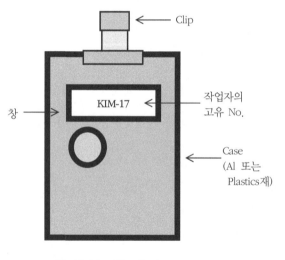

그림 22.10 Film Badge

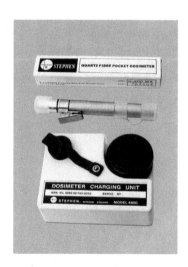

그림 22.11 Pocket Dosimeter

③ 열형광 선량계(TLD) : Film Badge보다 방사선량 검출성능이 우수하며 그림 22.12와 같다.

④ 방사선 자동경보기(Radiation Alarm Monitor) : 경보음에 의하여 순간적으로 방사선의 피폭여부를 확인할 수 있으며 그림 22.13과 같다.

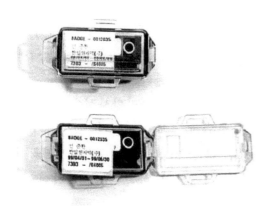

그림 22.12 열형광 선량계(TLD)

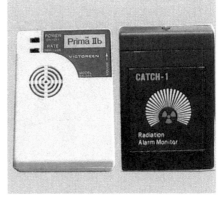

그림 22.13 Alarm Monitor

⑤ 서베이메터(Survey Meter) : 공간 방사선량률(단위 시간당 조사선량)을 측정하는 그림 22.14와 같은 기구로서 방사선 검출용 가스충전을 위한 원통형 튜브가 있으며 전리함(Ionization Chamber)식과 GM관(Geiger-Mueller Counter)식 및 Scintillation Counter식이 있다. 측정 단위는 mR/hr를 사용한다.

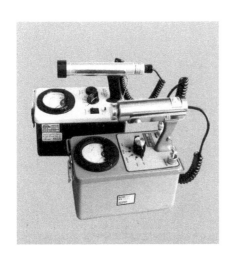

그림 22.14 각종 Survey Meter

3) 방사선 관련법규

(1) 개인 피폭선량 한계

표 22-4 방사선 피폭 허용한도 선량(2001. 7. 원자력법 시행령)

피폭기관 및 범주		방사선 작업 종사자	수시 출입자 및 운반종사자	일반인
유효 선량 한도		50mSv/년 이하로 100mSv/5년	12mSv/년	1mSv/년
등가선량 한도	수정체(눈)	150mSv/년	15mSv/년	15mSv/년
	손, 발, 피부	500mSv/년	50mSv/년	50mSv/년

※ 방사선 작업자가 방사선의 영향을 받는 주요 사항

① 인체에 조사된 방사선의 총량

② 방사선이 조사된 몸체의 부분

③ 방사선을 조사받는 기간

④ 방사선을 조사받는 개개인의 연령

⑤ 각개인에 따른 생물학적 인체 구조의 차이

표 22.5 방사선 조사량에 따른 신체적 영향

방사선조사량 (Sv / 24hrs)	신체적 영향
0~0.25	증세 없음
0.25~0.5	혈액증상
0.5~1.0	피로 권태, 구토, 부분탈모
1.0~2.5	사망, 구토, 식욕부진
2.5~5.0	사망 50%
5.0~10.0	사망 100%
10.0~30.0	1주일 내 사망
30.0 이상	수분~수시간 내 사망

※ 방사선 감도 차이에 의해 감도가 저하되는 체세포의 순서

① 백혈구 ② 미완성 적혈구 ③ 위장 ④ 재생기관 ⑤ 표피 ⑥ 혈관

⑦ 피부, 관절, 근육신경세포

(2) 방사선 관리구역

외부 방사선량률이 1주당 $400\mu Sv$ 이상인 장소로서 일반인의 출입을 통제하며 경계 지역에 그림 22.15 및 22.16과 같은 법정표지를 부착하고 경고등을 설치한다.

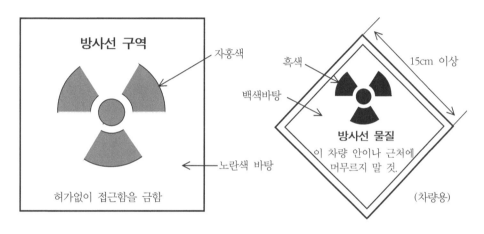

그림 22.15 방사선 구역 표지판

그림 22.16 각종 방사선 경고 표지판

4) 방사선의 차폐

(1) 시간 및 거리

방사선에 대한 총 피폭선량은 방사선량률×피폭시간으로 산출되므로 피폭시간을 단축시키는 것과, 방사선의 강도 또는 피폭선량은 선원으로 부터의 거리 자승에 반비례하므로 거리를 멀리하는 것이 방사선으로부터의 피해를 감소시키는 것이다. 공기중에서 1Ci 강도의 선원으로부터 1m 떨어진 지점의 조사선량률(R/h)을 조사선량률 상수라하며 RHM(Roentgen per Hour at 1 Meter)로 나타낸다.

(2) 차폐용 물질

방사선의 투과선량은 선형흡수계수(μ)가 크고(원자번호 및 밀도가 큰 물질) 두께가 큰 물질일수록 감소한다. 차폐용 물체는 선원에 가깝게 설치하는 것이 효과적이며 방사선 흡수계수가 크고 두꺼울수록 좋다.

표 22.6 방사선과 차폐물질

방사선	차폐용 물질
X-선 및 γ선	우라늄(U), 납(Pb), 텅스텐(W), 철(Fe) 및 콘크리트
β선	알루미늄(Al), Fe, 플라스틱(Plastics)
중성자선	물, 파라핀, 폴리에틸렌, 콘크리트

22.4 방사선 투과검사

1) 방사선 투과 검사에 필요한 기구

(1) 투과도계(Penetrameter)

투과도계는 방사선으로 촬영한 사진이 기준이상으로 되었는지를 판단하는 기구로서 ASTM, JIS, EN형 등이 주로 사용되며 검사체와 동일한 금속판에 직경이 다른 hole을 뚫은 투과도계와 검사체와 같은 재질로서 서로 직경이 다른 철사를 일정한 길이로 잘라서 플라스틱 판에 붙여 사용하는 투과도계가 있다.

ASTM 투과도계의 구비조건은 다음과 같다.

① 검사체와 동일한 재질로 제작해야 하며 검사체의 선원쪽 표면에 놓고 방사선 사진을 촬영한다.

② 두께는 검사체 두께의 2% 이하이어야 한다.

  (예) 시편의 두께가 0.6″일 경우에는 0.6″의 2%, 즉 0.6×2/100=0.012″의 두께를 갖는 투과도계를 사용해야 하므로 고유번호 12번의 투과도계를 사용한다.

③ 투과도계내의 hole들의 직경은 투과도계 두께의 4배, 2배, 1배이며 최소 직경이 1/16 inch(1.59mm) 이상이어야 한다.

  (예) ASTM투과도계의 2-2T 표시에서 2는 시험부 두께의 2%에 해당하는 두께의 투과도계를 사용하라는 의미이며 2T는 drill hole 중에서 2T hole까지 식별 가능한 사진을 요구하는 품질수준의 표시법이다.

④ 지시번호는 검사체의 최소두께를 나타내며 납(Pb) 글자로 표시한다.

$$투과도계\ 식별도(\%) = \frac{검사부에서\ 인식할\ 수\ 있는\ 투과도계의\ 최소\ 직경}{검사체의\ 두께} \times 100$$

그림 22.17은 유공(hole)형 및 선(wire rod)형 투과도계의 종류이며 그림 22.18은 ASTM형 및 JIS형 투과도계를 나타낸 것이다. 방사선 사진에서 투과도계의 외형 윤곽선은 사진의 명암도를 점검하고 유공의 윤곽선은 사진의 선명도를 점검하는데 사용된다.

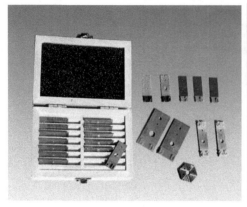 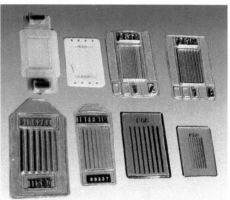

(a) 유공(hole)형 투과도계   (b) 선(wire rod)형 투과도계

그림 22.17 투과도계의 종류

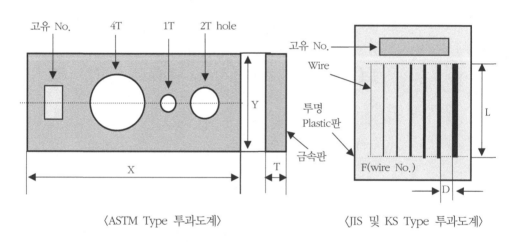

⟨ASTM Type 투과도계⟩   ⟨JIS 및 KS Type 투과도계⟩

그림 22.18 ASTM 및 JIS Type 투과도계

(2) 계조계(Shim)

방사선 투과사진의 상질(농도, 명암도)을 점검하기 위하여 투과도계와 함께 사용하는 정사각형 또는 계단(step)형의 강판으로서 일반구조용 압연강재나 냉간압연 스테인리스강재로 그림 22.19와 같이 제작한다. 계조계 값은 검사체의 두께가 4mm 이하일 경우 0.15(A급)~0.23(B급)이고 두께 20~25mm 검사체의 경우 0.049~0.11이며 40~50mm 검사체의 경우는 0.06~0.12이다.

$$계조계\ 값 = \frac{계조계에\ 근접한\ 검사체의\ 농도\ -\ 계조계의\ 중앙부\ 농도}{검사체의\ 농도}$$

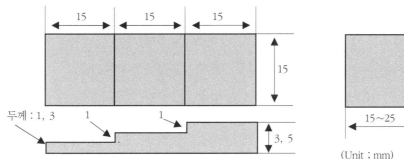
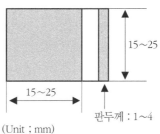

(Unit ; mm)

그림 22.19 계조계(Shim)

(3) 증감지

증감지는 방사선 사진 촬영시 1차 방사선의 감광속도를 증가시키고 산란방사선을 흡수, 감소시켜 선명한 사진을 얻도록 하며 다음과 같은 종류가 있다.

① 연박(Pb)증감지 : 마분지나 플라스틱에 납(Pb) 박판(sheet)을 부착한 것으로서 120~150kV 이상의 방사선 투과 사진촬영시 필름의 양면에 접촉시켜 사용하며 납의 2차 방사선에 의해 사진작용을 증가하고 산란방사선을 흡수한다.

② 산화납(PbO)증감지 : 산화납을 종이에 coating한 것으로서 필름을 포장한 상태로 100~300kV의 전압범위에서 사용되며 피막이 얇아서 산란방사선의 차단효과는 연박증감지에 못미치나 사진은 깨끗하다.

③ 형광증감지 : 형광물질은 칼슘텅스테이드와 베륨리드 설페이트의 분말을 사용하며 방사선을 흡수하는 동시에 빛을 발산한다. 형광증감지는 노출시간을 1/10~1/60까지 감소시킬 수 있으나 형광빛의 발산으로 인하여 연박증감지에 비해 사진의 선명도가 떨어진다.

표 22.7은 방사선의 강도에 따른 사용 증감지의 두께를 나타낸 것이며 그림 22.20은 증감지와 Film holder이다.

표 22.7 방사선의 강도와 증감지의 두께

방사선원	선원의 강도	증감지의 두께 (mm)	
		Film 전면용	Film 후면용
X-선	125kV 이하	0.03~0.13	0.13~0.3
	125~500kV	0.13~0.5	〃
	500kV~2MeV	0.13~1.0	0.3~1.0
	2MeV 이상	0.3~2.0	0.5~2.0
γ선	100Ci 이하	0.13~0.5	0.5~2.5
	100Ci 이상	0.3~2.2	1.0~3.2
	10Ci 이하	0.13~0.3	0.13~0.5
	10Ci 이상	0.13~0.5	1.0~1.5

그림 22.20 증감지와 Film holder 및 납활자

(4) 필름(Film)

필름은 그림 22.21과 같이 유연하고 흐린 푸른색의 투명한 acetate 또는 plastics 박판(sheet)의 양면에 감광유제(Image layer)를 바르고 전, 후면으로 보호막을 접착한 것으로서 필름의 입자크기에 따라서 Ⅰ, Ⅱ, Ⅲ 및 Ⅳ Type이 있다.

방사선 투과용 필름은 사용 방사선원의 종류와 강도 및 피검체의 조성, 형상과 크기, 검사의 목적, 사진의 질(선명도, 명암도, 농도), 노출시간 등의 조건에 따라서 선택된다. 필름은 카세트에 넣어서 사용하고 구기거나 오염 자국(mark)이 생기지 않도록 주의해야 한다.

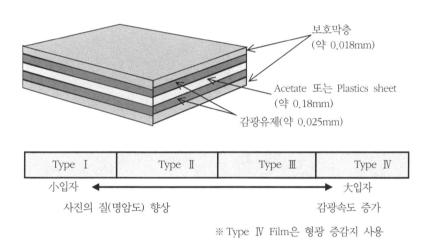

그림 22.21 Film의 구조 및 Type

그림 22.22에는 X-Ray 필름, Film Cassette 및 필름 점검에 사용되는 판독기, 방사선 투과 사진의 농도를 측정하는 흑화도계 등을 나타내었다. 방사선 사진의 농도는 A급 사진이 1.3~4.0이고 B급 사진은 1.8~4.0 범위이다.

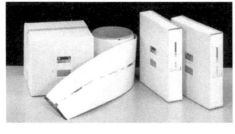

X-Ray Film

Film Cassette

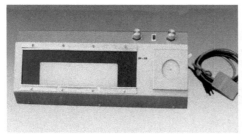

Film 판독기(Illuminator)

Film 흑화도계(농도계)

Film 흑화도계(Densitometer)

그림 22.22 X-Ray Film 및 각종 Film관련 장비

(5) 동위원소

방사선 동위원소는 표 22.2와 같이 Co-60, Ir-192, Ra-226, Cs-137 및 Th-170 등이 있고 α, β, γ선을 방출하며 이들 중 직진성의 에너지파형인 γ선이 비파괴 검사에 사용된다.

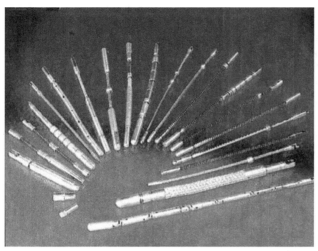 

(방사성 동위원소)   (방사성 물질 취급도구)

그림 22.23 동위원소 및 동위원소 집게, 경고등, 납안경

2) 방사선 투과검사의 기본배치 및 촬영기법

방사선 투과검사는 그림 22.24와 같이 선원에 대하여 검사체 및 필름카세트를 수직 관계로 배치한 후 선원과 검사체간의 거리(D), 검사체와 필름간의 거리(FOD)를 조정 하고 방사선을 투과하여 사진을 촬영한다.

검사체의 표면에는 검사체 식별 Marker(납활자), 투과도계(1개 또는 2개) 및 계조계 를 그림과 같이 배치하여 촬영한 사진의 구분, 선명도 및 명암도를 확인하고 조정한다. 투과도계를 검사체 밑면에 배치할 경우는 검사보고서 작성시 투과도계가 필름쪽 면에 위치하였다는 것을 반드시 기록해야 한다.

검사체 및 필름에 대한 방사선의 조사방향은 수직으로 하는 것이 투과거리가 단축됨 으로써 사진의 명암도와 선명도를 가장 우수하게 하고 상의 왜곡을 최소화할 수 있으 며 검사체의 내부 구조에 대한 감도와 분해능도 최대가 된다.

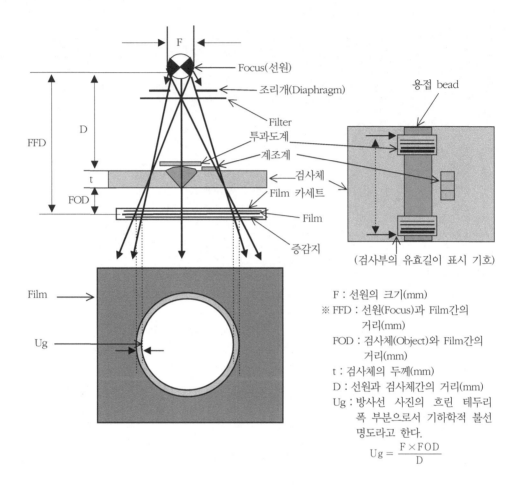

F : 선원의 크기(mm)
※ FFD : 선원(Focus)과 Film간의
　　　　거리(mm)
　FOD : 검사체(Object)와 Film간의
　　　　거리(mm)
　t : 검사체의 두께(mm)
　D : 선원과 검사체간의 거리(mm)
　Ug : 방사선 사진의 흐린 테두리
　　　폭 부분으로서 기하학적 불선
　　　명도라고 한다.

$$Ug = \frac{F \times FOD}{D}$$

그림 22.24 방사선 투과검사시의 배치도와 기하학적 불선명도

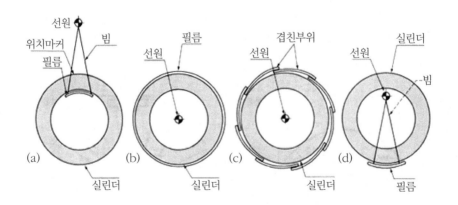

그림 22.25 원통형(Pipe) 제품의 방사선 사진 촬영기법

그림 22.25는 원통형(Pipe) 제품을 방사선 사진촬영하는 여러 가지 방법이며 방사선 특수촬영 기법으로는 그림 22.26, 그림 22.27과 같이 단층(CT)촬영과 파라렉스(Parallax) 촬영 및 입체(Stereo)촬영 기법 등이 있다. 그림 22.28은 송유관의 방사선 검사를 위한 필름부착 및 사진촬영현장을 나타낸 것이다.

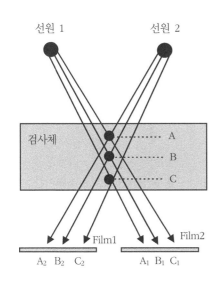

그림 22.26 단층촬영의 원리

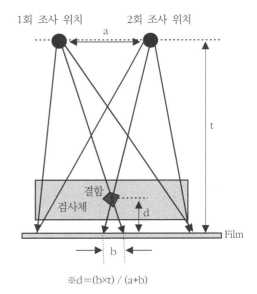

※d＝(b×t) / (a+b)

그림 22.27 Parallax 촬영기법

(a) 필름부착   (b) 방사선 사진촬영

그림 22.28 송유관의 방사선 검사를 위한 필름부착 및 사진촬영

3) 방사선 투과사진의 감도

방사선 투과사진의 감도는 사진의 선명도와 명암도가 조화된 상태를 나타내는 척도로서 선명도는 촬영된 물질의 경계면에 대한 명확도이며, 명암도는 사진의 농도로서 어둡고 밝은 정도를 말한다(그림 22.8 참조).

표 22.8 방사선 투과사진의 감도에 영향을 주는 인자

방사선 투과사진의 감도(Sensitivity)				
선명도(Sharpness)		명암도(Contrast)		산란방사선
기하학적 불선명	필름의 입도	검사체	필름	
- 선원(F)의 크기 - FFD - FOD - 검사체의 배치 - 검사체의 두께	- 필름의 종류 - 증감지의 종류 - 방사선 에너지 - 필름 현상조건	- 검사체의 두께 - 검사체의 밀도 - 방사선 에너지 - 산란방사선	- 필름의 종류 - 필름영상 농도 - 증감지의 종류 - 필름 현상조건	- 내부산란 - 측면산란 - 후방산란

(1) 방사선 사진의 선명도(Sharpness)에 영향을 미치는 인자

① 고유불선명도 : 방사선이 검사체나 필름을 투과할 때 광전효과, Compton 산란, 전자쌍 생성 등과 같은 상호작용에 의해 ion화 과정이 수반되면서 방사선의 흡수 및 자유전자 생성에 의해서 사진이 불선명하게 되는 것을 고유불선명도라고 한다.

② 산란방사선 : 방사선 에너지파가 물체를 투과할 때 일부는 흡수 및 산란된다. 산란방사선은 검사체의 내, 외부 및 필름 카세트로부터 발생되는 내면산란과, 검사체의 주변 물체에서 산란되는 측면산란 및 검사체와 필름이 놓인 바닥으로부터 반사되는 후방산란이 있으며 선원으로부터 나온 1차 방사선이 투과한 필름을 다시 산란 방사선이 통과하면 사진의 선명도가 감소하므로 후면 납판(Film뒤에 놓음), Mask, Filter, Collimator, Diaphragm(조리개), Cone, 납증감지 등을 사용하여 산란방사선을 차단하거나 흡수시켜야 한다.

Mask는 검사체 주변에 납판을 둘러싸서 불필요한 1차 방사선을 흡수하고 산란방

사선을 차단하며 Collimator는 γ선을 일정방향으로 유도하여 검사체에 투과시키는 장치이다. 또한 Filter는 X-선을 선별하여 산란방사선을 감소시키는 여과장치이고 Diaphragm은 방사선의 투과량을 조절함으로써 산란방사선의 영향을 감소시킨다. 한편 납증감지는 카세트 내의 필름 전, 후면에 부착시켜 산란방사선의 침투를 방지한다.

③ 기하학적 불선명도(Ug) : 그림 22.24와 같이 방사선 사진촬영시 선원, 검사체, 필름간의 배치관계에 따라 사진 영상물의 테두리 선명도가 감소하는 것으로서 기하학적 불선명도에 영향을 미치는 요소는 ㉠ 방사선원 또는 초점의 크기, ㉡ 선원과 필름간의 거리(FFD), ㉢ 검사체와 필름간의 거리(FOD), ㉣ 선원, 검사체, 필름의 배치 관계 등이다.

$$Ug(기하학적\ 불선명도의\ 크기) = \frac{F \times FOD}{D} \ (mm) \tag{22.3}$$

    F   : 선원(초점)의 크기(직경)
    FOD : 검사체와 필름간의 거리
    D   : 선원과 검사체 간의 거리

검사체의 두께에 따른 최대 기하학적 불선명도는 두께 51mm 이하인 경우 0.5mm, 51~76mm에서는 0.76mm, 76~102mm에서는 1mm이고 102mm를 초과하는 두께에서의 최대 Ug는 1.8mm이다.

④ 필름의 입도 : 그림 22.21과 같이 필름의 입도가 작을수록 감광속도가 느리고 선명한 사진을 얻을 수 있으나 입도가 커지면 감광속도는 빠르지만 사진의 질은 감소한다. 한편 방사선 투과량이 증가해도 입도가 커진다.

(2) 방사선 사진의 명암도(Contrast)에 영향을 미치는 인자

① 검사체의 명암도 : 방사선이 투과하는 검사체의 두께 또는 밀도가 서로 다르면 촬영한 사진의 명암(밝기)에 차이가 나타난다.
② 필름의 명암도 : 필름 자체의 방사선 에너지에 대한 농도차이에 의해서 사진의 명암도가 다르게 된다.

4) 방사선 투과사진의 노출

(1) 노출인자(Exposure Factor ; EF)

$$EF = \frac{mA \ 또는 \ Ci \times T}{D^2}$$

(22.4)

mA : X-선의 전류

Ci : γ선의 강도

T : 노출시간(min)

D : 선원과 필름간의 거리인 FFD

(2) 노출을 지배하는 요소

① X-선 전류(M) 또는 γ선 강도(C) : 노출시간(T)

$M_1 \times T_1 = M_2 \times T_2$ 또는 $C_1 \times T_1 = C_2 \times T_2$

문제 5 20mA인 X-선을 30초 노출시킨 사진과 같은 질의 사진을 얻으려면 5mA X-선의 경우 노출시간(T_2)은 얼마인가?

풀 이 $M_1 = 20mA$, $T_1 = 30sec$, $M_2 = 5mA$이므로

$T_2 = M_1 \times T_1 / M_2 = (20 \times 30) / 5 = 120sec = 2min$

② 노출시간(T) : 거리(D=FFD)

$T_1 / T_2 = D_1^2 / D_2^2$

문제 6 방사선 투과사진 촬영시 선원과 필름간의 거리 70cm에서 2분간 노출시킨 사진과 거리를 50cm로 변경하였을 때의 사진을 같은 수준으로 하려면 노출시간(T)은 얼마로 하는가?

풀 이 $D_1 = 70cm$, $D_2 = 50cm$, $T_1 = 2min$이므로

$T_2 = (D_2^2 \times T_1) / D_1^2 = (50^2 \times 2) / 70^2 = 1.02min$

③ X-선 전류(M) 또는 γ선 강도(C) : 거리(D=FFD)

$$M_1 / M_2 = D_1^2 / D_2^2 \;\; 또는 \;\; C_1 / C_2 = D_1^2 / D_2^2$$

④ X-선 전류(M) : 노출시간(T) : 거리(D=FFD)

$$(M_1 \times T_1) / D_1^2 = (M_2 \times T_2) / D_2^2$$

문제 7   5mA의 X-선을 2m거리에서 2분간 노출시켜 찍은 사진과 동일 수준의 사진을 얻으려면 10mA의 X-선을 3m거리에서 투과하여 촬영할 때 노출시간(T2)은 얼마로 하는가?

풀 이 M_1=5mA, T_1=2min, D_1=2m, M_2=10mA, D_2=m이므로

$T_2 = (M_1 \times T_1 \times D_2^2) / (M_2 \times D_1^2) = (5 \times 2 \times 3^2) / (10 \times 2^2)$

     $= 90 / 40 = 2.25min$

그림 22.29는 노출계수(인자)를 사용하지 않고 선원의 강도와 FFD 및 검사체의 두께에 의해서 노출시간을 간단히 산출할 수 있는 노출자이다.

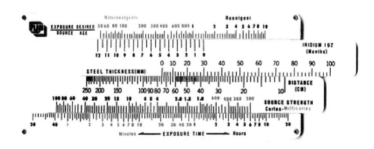

그림 22.29   노출시간 산출자

(3) 방사선 투과사진의 농도(Density)

$$방사선\ 사진의\ 농도(D) = \log \frac{Io}{It} \tag{22.5}$$

     Io : 필름에 입사된 방사선의 강도

     It   : 필름을 투과한 방사선의 강도

투과율(It/Io)=1=100%일 때 농도 D=log(Io/It)=0이며, 투과율이 0.5(50%)일 때 농도는 0.3이 된다. 방사선 투과사진의 농도범위는 A급이 1.3~4.0 이하이고 B급은 1.8~4.0 이하이다.

문제 8   120mA·sec의 노출조건에서 A type의 필름농도가 1.2라고 할 때 B type의 필름농도를 2.0으로 하려면 노출조건은 얼마인가? 그림에서와 같이 방사선량 (R)은 A type 필름의 경우 1.5R이고 B type 필름의 경우는 3.5R이다.

풀 이   B type 필름의 노출조건은 120mA·sec×(3.5R/1.5R) ≒ 280mA·sec이다.

문제 9   아래 그림에서 300mA·sec의 노출조건으로 A type 필름의 농도가 2.0일 때 B type 필름의 농도가 2.0이 되려면 노출조건은 얼마인가?

풀 이   B type 필름의 노출조건은 300mA·sec×(3.5R/2.3R)=456.5mA·sec이다.

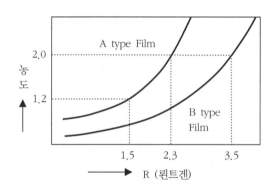

5) 방사선 투과검사의 규격

(1) 국제 표준화 규격 제정 단체

ISO(국제표준화기구), BS(영국규격), DIN(독일규격), JIS(일본규격), KS(한국산업규격), API(미국석유협회), ASTM(미국재료시험학회), ASME(미국기계학회), AWS(미국용접학회) 등

(2) 비파괴 검사자의 자격

ASNT(미국비파괴검사학회)의 SNT−TC−1A에서 권고한 사항에 부합되는 교육과 시험을 거쳐 Level Ⅰ 및 Ⅱ 등을 부여한다. 한국의 경우 비파괴 검사 종목별(RT, UT, MT, PT, ET, LT)로 이론 및 실기시험을 통과하면 기능사, 산업기사, 기사 등의 국가기술자격증을 부여한다. 비파괴 검사자는 높은 POD(Probability of Detection ; 결함검출확률)와 낮은 FAR(False Alarm Rate ; 오류보고율)를 동시에 만족시켜야 한다.

(3) 검사장비 조건 및 검사절차

검사장비는 규격 및 시방서에 따라 주기별로 검교정하여 유효기간 내에 사용해야하며, 검사자는 승인된 「비파괴 검사 절차서」에 따라 검사하고 결과를 판독하고 보고서를 제출해야 한다.

5) 방사선 투과필름의 현상

(1) 수동현상 절차

① 방사선 투과로 촬영한 필름holder를 암실에서 열어 준비된 현상액에 담근다.

② 현상처리(Development) : 촬영(Exposure)한 필름을 20℃의 알칼리성 현상액이 담긴 그림 22.30과 같은 현상조에 침적시키고 약 30초 동안 연속으로 상하운동한 후에 30초 간격으로 현상액을 상하, 좌우로 1~5분간 교반한다. 이때 필름의 은화합물이 금속은(Ag)으로 변한다. 온도에 따른 현상시간은 다음과 같다. 15.5℃ ; 8분 30초, 18℃ ; 6분, 20℃ ; 5분, 21℃ ; 4분 30초, 24℃ ; 3분 30초

③ 정지처리(Stop bath) : 18~22℃의 3% 빙초산(식초) 수용액(정지액)에 현상한 필름을 넣은 후 20~30초간 정지액을 교반하면서 1~2분간 필름에 묻은 현상액을 중화시켜 현상작용을 정지시킨다.

④ 정착처리(Fixing) : 18~24℃의 산성용액(정착액)에 정지처리한 필름을 넣은 후 5~15분간 잘 교반하여 필름의 감광유제막에 있는 할로겐화은입자를 용해제거하여 흑화은만 남게 한다. 즉 촬영된 상을 필름에 정착시키는 처리이다.

⑤ 수세처리(Washing) : 정착처리한 필름에 묻어있는 정착액과 잔류 할로겐화은을

완전제거하기 위해 흐르는 물에 필름을 세척한다. 여름에는 10분 정도, 겨울에는 1시간 정도 수세하며 2%의 아황산소다에 미리 2분 정도 담근 후 수세하면 1/3로 시간을 단축할 수 있다.

⑥ 수적방지처리(Wetting Agent) : 수세처리한 필름표면에 작은 물방울에 의한 얼룩이 나타나지 않도록 하기위해 수세 후 필름을 20℃의 계면활성제에 1~2분간 담근다.

그림 22.30 필름 현상조

그림 22.31 필름 건조기

그림 22.32 암실용 적색등 및 필름걸이

⑦ 건조처리(Drying) : 그림 22.31과 같은 건조기에서 수적처리한 필름을 순환하는 40℃정도의 열풍으로 30~45분간 건조시킨다.

(2) 자동현상

그림 22.33과 같은 자동현상기에 의해서 촬영한 필름의 현상과정을 기계적으로 처리한다. 자동현상기의 주요 장치는 현상절차에 따라 필름을 이동시키는 구동시스템, 현상액과 정착액의 농도, 온도를 유지하며 액을 교반시키는 순환시스템, 부족한 현상액, 정지액, 정착액 등을 정밀하게 보충해주는 보충시스템, 필름 수세용 물의 공급과 온도를 유지해 주는 급수시스템 및 필름을 최적으로 건조시키는 건조시스템으로 구성되어 있다. 자동현상시간은 15분정도 소요된다.

그림 22.33 자동현상처리기

6) 방사선 투과사진의 판독 및 결함의 종류

용접부를 촬영한 방사선 사진은 그림 22.34와 같이 모재는 흑회색, 용접부는 백회색이며 용접부내의 각종 결함은 흑회색으로 나타난다. 그림 22.35는 Original 방사선 사진과 image기법으로 처리한 사진을 나타낸 것이다.

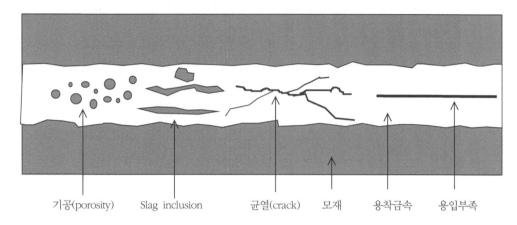

기공(porosity)　　Slag inclusion　　균열(crack)　　모재　　용착금속　　용입부족

그림 22.34 방사선 투과사진에 나타난 용접부의 각종 결함

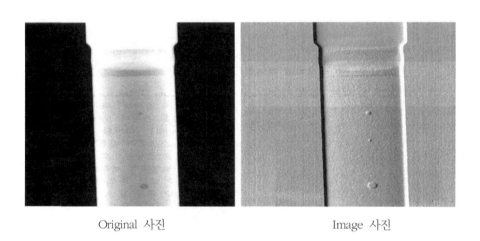

Original 사진　　　　　　　　　　Image 사진

그림 22.35 Original 방사선 사진과 image기법에 의한 사진

(1) 용접관련 결함

기공(Porosity), 슬래그 개재물(Slag Inclusion), 텅스텐(W) 개재물, 용입부족, 융합불량(Lack of Fusion), Undercut, 과잉침투, 균열(Crack), 덧붙임 부족(Underfill) 등

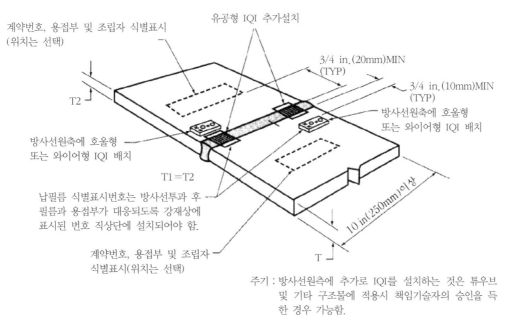

계약번호, 용접부 및 조립자 식별표시
(위치는 선택)

유공형 IQI 추가설치

3/4 in.(20mm)MIN
(TYP)

3/4 in.(10mm)MIN
(TYP)

방사선원축에 호울형
또는 와이어형 IQI 배치

T2

방사선원축에 호울형
또는 와이어형 IQI 배치

T1＝T2

납필름 식별표시번호는 방사선투과 후
필름과 용접부가 대응되도록 강재상에
표시된 번호 직상단에 설치되어야 함.

10 in.(250mm)이상

계약번호, 용접부 및 조립자
식별표시(위치는 선택)

T

주기 : 방사선원측에 추가로 IQI를 설치하는 것은 튜우브
및 기타 구조물에 적용시 책임기술자의 승인을 득
한 경우 가능함.

그림 22.36 용접부의 방사선 투과촬영 배치

(2) 주조관련 결함

미세기공(Microporosity), 기공(Porosity), Blow hole, 모래(Sand), Slag, 개재물(In-clusions), 수축공(Shrink cavities), Hot tears, Cold shut, 비용융(Unfused) Chaplet, 비용융 Chill, Misruns, Dross, 편석(Segregation) 등

(3) 단조관련 결함

터짐(Bursts), 겹침, Cavity, 균열 등

(4) 압연관련 결함

Stringer, Lamination, Seam, Edge crack, Bursts, Tears 등

23

자분 탐상시험
(Magnetic Particle Testing ; MT)

자분(磁紛) 탐상시험의 개요

1) 자분탐상의 원리와 검사대상

자분탐상은 전류를 통하여 자화(磁化)가 될 수 있는 금속재료 즉 철(Fe), 니켈(Ni) 및 코발트(Co)와 같이 자기변태를 나타내는 금속 또는 그 합금으로 제조된 구조물이나 기계부품의 표면부에 존재하는 불연속부(결함)를 검출하기 위한 비파괴 시험법이다. 검사체를 자화하여 자력선에 의한 자장(磁場)을 형성시킨 후 자분을 적용하면 결함부에서 발생된 누설자장에 의해서 자분이 흡착되는데 이것을 관찰하여 소재표면부의 균열이나 이물질 등과 같은 결함을 탐상할 수 있다.

327

2) 자분탐상의 주요 과정과 영향을 미치는 인자

자분 탐상의 주요 3과정은 ① 검사시편의 자화 ② 시편 표면에 자분적용 ③ 자분에 의한 결함지시 모양의 관찰 및 기록이며, 자분의 형성과 지시 모양에 영향을 주는 인자는 ① 자장의 방향과 각도 ② 자화방법 ③ 시편의 형태 ④ 불연속의 크기, 형상, 방향 ⑤ 시편 표면의 특성 ⑥ 시편의 자화 특성 ⑦ 자분의 특성 및 적용방법 등이다.

3) 磁性體의 종류

① 강자성체(Ferro-magnetic material) : 자장에 강하게 적용하는 물질로서 α-Fe, Ni, Co 및 그 합금 등이며 자분탐상에 적합한 소재이다.

② 상(약)자성체(Para-magnetic material) : 자장에 약간 영향을 받는 물질로서 Al, Mg, Ti 및 그 합금 등이며 자분탐상에는 부적합한 소재이다.

③ 비자성체(Dia-magnetic material) : 자장에 전혀 영향을 받지않는 물질로서 γ-Fe, Au, Cu, Bi, Zn, Sn 및 비금속재료 등이며 자분탐상이 불가능한 소재이다.

4) 자분탐상의 장·단점

(1) 장점

① 표면부 결함검사에 적합하며 신속하게 탐상할 수 있다.

② 결함지시의 육안 관찰이 쉽고 탐상방법이 단순하다.

③ 검사체의 크기 및 형상에 대한 제한이 적다.

④ 정밀한 전처리가 요구되지 않으며 자동탐상도 할 수 있다.

⑤ 얇은 Painting, 도금 및 비자성 물질의 도포 상태에서도 탐상이 가능하며, 작업비가 저렴하다.

(2) 단점

① 강자성체의 표면부에 존재하는 결함만 탐상이 가능하다.

② 불연속부(결함)의 위치가 자속방향에 수직 또는 45° 이상이어야 한다.

③ 탈자 및 후처리가 요구되며 특이한 형상체의 탐상은 곤란하다.

④ 대형제품이나 단조물의 탐상에는 고전류가 요구된다.

⑤ 시편 표면의 손상 우려와 결함지시의 판독에 숙련이 필요하다.

23.2 자기학(磁氣學)

1) 자기이력곡선(Hysteresis loop ; B-H 곡선)

강자성체 소재는 작은 자기량을 가지는 다수의 미소 자석의 집합체이나 그 방향이 각기 다르므로 평상시에는 자기적 성질을 나타내지 않지만 전류를 통하여 자장의 세기를 증가시키면 미소 자석의 방향이 자장의 방향과 일치하게 되어 자화된다. 자장의 방향으로 흐르는 자기량을 자속(磁束 ; Flux)이라 하며 단위 면적당 자속수를 자속밀도라고 한다.

그림 23.1은 자기이력곡선을 나타낸 것이며 여기서 자속밀도(B), 자장의 세기(H) 및 투자율(μ)과의 관계는 식 (23.1)과 같다.

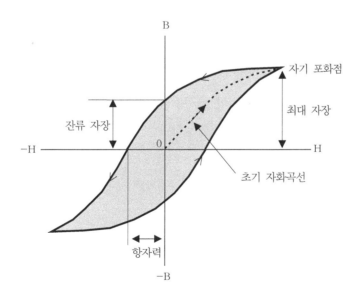

그림 23.1 자기이력곡선(Hysteresis loop)

$$B = \mu H \tag{23.1}$$

자기이력곡선의 폭이 좁을수록 투자율(Permeability)이 크고 영구자석성이 좋지만 보자성(Retentivity), 항자력(Coercive force), 자기저항 및 잔류자장 등은 감소한다.

2) 자력선과 자장

자력선은 강자성체에 자화전류를 통전하였을 때 전류의 흐름방향과 수직하여 그림 23.2와 같이 오른쪽 방향으로 동심원을 그리며 나타나는 자속(Magnetic flux ; 磁束)선을 말하며 이러한 자력선이 미치는 범위를 자장(Magnetic field ; 磁場)이라고 한다.

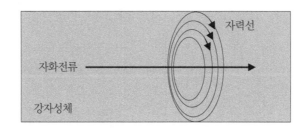

그림 23.2 자화전류와 자력선

3) 누설자장(Leakage magnetic field)

자성체(검사 시험편)의 표면을 벗어난 후 다시 들어오는 자장으로서 검사체의 표면층에 균열, 이물질 등의 결함이 있을 때 발생한다.

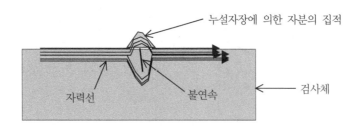

그림 23.3 검사체의 불연속(결함)에 형성된 누설자장과 자분의 집적

그림 23.3과 같이 누설자장에 의하여 검사체 표면에 살포된 자분이 불연속 쪽으로 끌려와 모이게 됨으로써 결함을 탐상할 수 있다.

4) 자화전류

(1) 교류(AC)

자분탐상용 교류는 50~60Hz의 주파수를 가지며 검사체의 표면층에서 자속밀도가 큰 표피효과(Skin effect)에 의해서 표층부의 결함(불연속)탐상에 적합하다. 탈자가 용이하고 자분의 이동성이 좋으나 자속의 침투 깊이가 낮으므로 표면층 아래의 결함탐상은 어려우며 연속법에 적용한다[그림 23.4 (a) 참조].

(2) 직류(DC)

침투력이 좋아 검사체의 내부에서 자속밀도가 크므로 표면하(下) 결함탐상에 적합하고 전압이 고정되었으며 탈자가 어렵다. 자분의 이동성이 부족하며 연속법 및 잔류법에 적용한다[그림 23.4 (b) 참조].

(3) 반파정류(Half wave AC)

정류기에서 교류를 정류하여 (-) 방향의 Cycle을 제거한 자화전류로서 자속밀도가 높고 자분의 이동성이 좋아서 강자성체의 표면 및 표면하의 결함탐상이 가능하며 3~6(mm) 깊이에 존재하는 결함탐상에 적합하다. 반파정류는 건식자분의 분산이 용이하며 누설자장에 대한 작용이 크므로 휴대용 건식 자분탐상기에서 사용하나 탈자가 어렵다[그림 23.4 (c) 참조].

(4) 전파정류(Full wave AC)

교류를 정류하여 (-) 방향의 Cycle을 (+) 방향으로 이동시킨 자화전류로서 자속의 침투력과 자분의 이동성이 비교적 좋으므로 습식자분탐상에 적용한다[그림 23.4 (d) 참조].

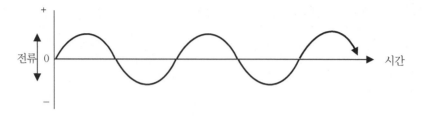

(a) 단상교류(AC)

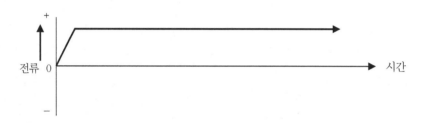

(b) 직류(DC)

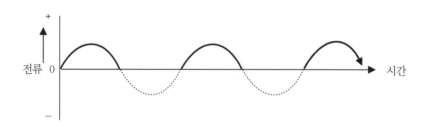

(c) 반파정류(HWAC)

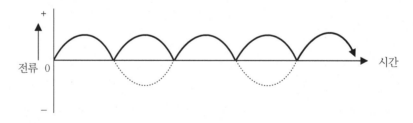

(d) 전파정류(FWAC)

그림 23.4 자화전류의 종류

(5) 맥류

직류에 교류가 포함된 전류로서 교류가 클수록 표피효과가 좋아서 표면부의 결함탐상 능력이 증가한다.

(6) 충격전류

통전시간이 짧아서 자분적용이 어려우므로 연속법에는 적용할 수 없다.

5) 원형 및 선형 자화(磁化)

(1) 원형(圓形)자화

그림 23.5와 같이 검사체 내를 흐르는 선형자화전류의 방향과 수직하여 오른쪽 방향으로 원형자력선이 진행하는 것을 원형자화라 하며 그 범위를 원형자장이라 한다. 원형자화에 의한 자분탐상의 장점은 자극이 필요없이 강한 자장의 발생이 가능하며 조작도 간단한 것이다. 자분탐상시 검사체 내에서 원형자력선의 진행방향과 수직인 결함(불연속)은 누설자장이 크게 나타나므로 용이하게 검출되며 45° 방향의 결함은 어느 정도 검출되나 자력선과 평행인 결함은 누설자장이 매우 약하게 나타나므로 검출이 어렵다.

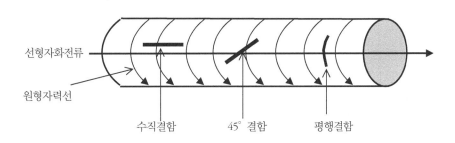

그림 23.5 원형자장과 결함(불연속)의 방향

(2) 선형(線形)자화

그림 23.6과 같이 검사체 내를 흐르는 원형자화전류의 방향과 수직하여 오른쪽 방향으로 선형자력선이 진행하는 것을 선형자화라 하며 그 범위를 선형자장이라 한다. 선형자장에 의한 자분탐상의 장점은 시편의 접촉이 필요없고 Coil의 권수로 강도를 증가

시킬 수 있으며 시편을 Coil속으로 통과시켜 이동할 수 있어 사용이 간단한 점이다. 자분탐상시 검사체 내에서 선형자력선의 진행방향과 수직인 결함(불연속)은 누설자장이 크게 나타나므로 용이하게 검출되며 45° 방향의 결함은 어느 정도 검출되나 자력선과 평행인 결함은 누설자장이 매우 약하게 나타나므로 검출이 어렵다.

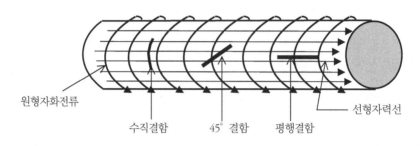

그림 23.6   선형자장과 결함(불연속)의 방향

6) 자속(磁束) 밀도

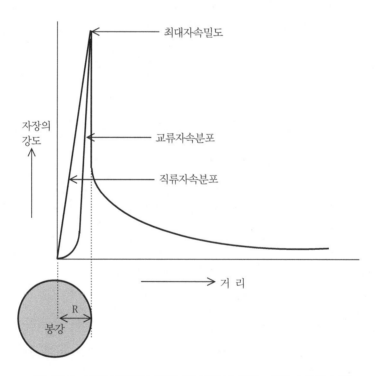

그림 23.7   강자성체에서 직류 및 교류에 의한 자장(자계)의 분포

검사체 내부의 자속밀도는 교류보다 직류가 크므로 표면의 결함탐상은 교류가 사용되나 표면하 결함탐상은 직류 또는 반파직류가 사용되며 반파직류의 최대전류에 의해 결정되고 필요한 전원 및 가열효과는 평균전류에 따른다.

그림 23.8과 같이 최대전류는 평균전류의 약 3배정도이며 자속밀도에 영향을 미친다. 그림 23.7은 강자성체에서 직류 및 교류에 의한 자장의 분포를 나타낸 것이다.

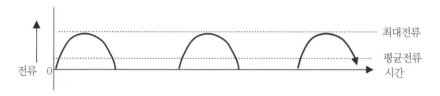

그림 23.8 반파직류의 최대전류와 평균전류

23.3 자분탐상 검사법

1) 자분탐상에 따른 결정사항

자분탐상 검사를 실시하기 위해 결정해야 할 사항들은 다음과 같다.

① 자화전류 : 교류, 직류, 반파정류, 전파정류 및 사용 전류의 세기 선정.

② 자분 및 분산매 : 형광, 비형광 및 건식, 습식 등의 선택.

③ 검사체 : 재질 및 형상의 파악.

④ 자화방법 : 검사체의 재질 및 형상에 따라서 7가지 자화방법 중 선정, 선형 및 원형자화 선택, 잔류법 및 연속법(습식법, 건식법)의 적용.

⑤ 자화의 방향 : 예상되는 결함의 위치 및 방향에 따라 설정.

2) 자분탐상 검사절차

자분탐상 검사의 절차는 자화방법 및 자분의 적용시기 등에 따라서 다를 수 있으나 기본적인 순서는 다음과 같다.

① 전처리(Pre-cleaning) : 검사체의 세척 및 건조

② 자화처리(Magnetization) : 검사체의 자화

③ 자분의 적용 : 자화된 검사체 표면에 자분적용(산포)

④ 자분의 관찰 및 결함의 기록(Recording) : 자분이동에 따른 결함탐상 및 결함의 위치와 크기 기록(스케치, 전사, 사진촬영 등)

⑤ 탈자(Demagnetization) : 검사체의 탈자

⑥ 후처리(Post-cleaning) : 검사체의 세척 및 건조

⑦ 보고서 작성(Reporting)

3) 전처리

자분탐상을 위한 전처리는 검사체의 표면에 부착되어 있는 먼지, 녹, 수분, 기름 및 각종 오염물을 제거하는 작업으로서 검사체의 손상을 방지하고 검사체에 자분의 적용이 용이하도록 하여 불연속(결함) 검출 능력을 향상시킨다.

전처리 작업시 조립제품은 단일부품으로 분해하고 검사 후 탈자가 곤란한 구멍 등은 Tape로 막는다. 녹이나 스케일은 철솔 또는 샌드페이퍼로 연삭하며 기름류는 증기, 용제, 세제 등으로 제거한다. 또한 전극 접촉부도 잘 세정하여 전기저항이 없도록 하고 표면이 거친 검사체는 그라인더로 연삭하여 매끄럽게 하는 것이 좋다.

4) 자화처리

자분탐상 검사에서 사용되는 검사체의 자화처리는 그림 23.9와 같은 방법들이 있다. 검사체에서 예상되는 불연속의 길이 방향과 자화처리에 의한 자력선(자장)의 진행 방향은 서로 수직이 되도록 하며 가능한 검사체의 표면과 평행하도록 하여 반자장을 감소시킨다. 한편 검사체의 전극접촉부에서 표면에 손상이 우려될 경우는 종이나 금속박판을 부착하고 전류를 통하는 간접통전을 실시한다.

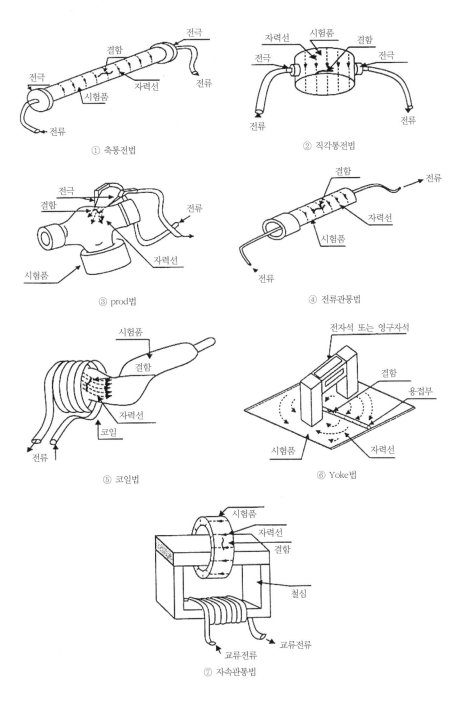

① 축통전법

② 직각통전법

③ prod법

④ 전류관통법

⑤ 코일법

⑥ Yoke법

⑦ 자속관통법

그림 23.9 자화(磁化)방법의 종류

(1) 통전시간

① 연속법 : 검사체에 자화전류를 통하여 자장을 형성시키고 자분을 살포한 후 과잉
자분은 바람을 불어 제거하며 자장에 따른 자분의 이동으로 결함을 탐상하는 방
법으로서 3초 이상 통전한다. Prod법, Yoke법 및 Coil법에 적용한다.

② 잔류법 : 자화전류를 검사체에 통하여 잔류자장을 형성시킨 후 자분을 적용하는
방법으로서 통전은 1회에 0.25~1초씩 3회 실시한다.

(2) 자화전류의 세기

① 원형자장 발생 : 검사체의 길이와 형상에 따라 적절한 전류를 사용해야 하며 검사
체의 크기에 따른 ASME 및 ASTM의 기준은 표 23.1과 같다.

표 23.1 직접 접촉법에 의한 자화전류의 세기(Ampere)

검사체의 직경	ASME 기준	ASTM 기준(단조품)
127mm (5″) 이하	700~900A/inch	600~900A/inch
127~254mm (5~10″)	500~700A/inch	400~600A/inch
254~380mm (10~15″)	300~500A/ inch	100~400A/inch
380mm (15″) 이상	100~300A/ inch	

② 선형자장 발생 : 유도 Coil에 의하여 전류를 통하며 검사체의 직경(D)과 길이(L ;
최대 457mm)에 따른 자화전류의 세기(A)는 다음 식으로 산출한다.

$$A = \frac{K}{(L/D)N} \text{ (Ampere)} \tag{23.1}$$

식 (23.1)에서 L/D ≥ 4일 때 상수 K=35,000이고 2 ≤ L/D < 4일 때 K=45,000
이며 N은 Coil의 권수이다.

(3) 자화방법의 종류

① 축통전법(EA) : 그림 23.9의 ①과 같이 검사체의 축방향으로 직접 통전하여 원형

의 자장을 형성시키고 자분을 산포하여 자력선의 방향과 수직으로 존재하는 결함을 탐상한다.

② 직각통전법(ER) : 그림 23.9의 ②와 같이 검사체의 측면방향으로 직접 통전하여 선형의 자장을 형성시키고 자분을 산포하여 자력선의 방향과 수직으로 존재하는 결함을 탐상한다.

③ Prod법(P) : 그림 23.9의 ③과 같이 검사체의 표면에 2개의 Prod 전극을 200mm (8″) 이내의 간격으로 접촉하고 직접 통전하여 원형의 자장을 형성시키고 자분을 산포한 후 자력선의 방향과 수직으로 존재하는 결함을 탐상한다.

대형의 주강품과 용접부 탐상에 적합하다(표 23.2 참조).

④ 전류관통법(B) : 그림 23.9의 ④와 같이 중앙전도체를 사용하여 Pipe형상의 검사체 내로 전류를 통과시켜 원형의 자장을 형성시키고 자분을 산포한 후 전류의 흐름방향으로 존재하는 결함을 탐상한다. 이때 사용되는 전류의 세기(A)는 일반적으로 도체(전선)가 위치한 검사체의 내경(mm)에 100을 곱한 값이 된다.

표 23.2 Prod 간격에 따른 자화전류의 세기(Ampere)

Prod 간격(D)	검사체의 두께	
	19mm 이하 (D×90~100A)	19mm 이상 (D×100~125A)
50~100mm (2~4″) 이하	200~300A	300~400A
100~150mm (4~6″)	300~400A	400~600A
150~200mm (6~8″)	400~600A	600~800A

⑤ Coil법(C) : 그림 23.9의 ⑤와 같이 검사체를 Coil형 전도체 안으로 넣어서 선형의 자장을 형성시키고 자분을 산포한 후 자력선의 방향과 수직으로 존재하는 결함을 탐상한다. 길이가 긴 대형제품의 결함을 탐상할 수 있다.

⑥ Yoke(극간)법(M) : 그림 23.9의 ⑥과 같이 검사체의 표면에 Yoke를 접촉 통전하여 양극사이에 선형의 자장을 형성시키고 자분을 산포한 후 자력선의 방향과 수

직으로 존재하는 결함을 탐상한다. 소형제품의 결함탐상에 적합하고 휴대가 용이하다.

⑦ 자속관통법(I) : 그림 23.9의 ⑦과 같이 Ring과 같은 속이 빈 검사체에 철심을 넣고 교류전류를 통전하여 선형의 자장을 형성시키고 자분을 산포한 후 자력선의 방향과 수직으로 존재하는 결함을 탐상한다.

표 23.3 자화방식에 따른 자화방법

자화 방식	자화 방법
선형 자화(자계)	ER, C, M, I
원형 자화(자계)	EA, P, B
직접 통전	EA, ER, P
외부도체 이용	B, C
전자유도 이용	I
자석의 철심사용	M

5) 자분(磁粉)의 적용

(1) 건식(Dry)법

건조상태의 미세분말자분을 수동 또는 자동산포기로 공기중에서 검사체의 표면에 균일하게 뿌린다. 건식법은 표면하 결함탐상, 청결성, 휴대성, 이동성이 좋으며 장비가 저렴하다. 그러나 미세결함에 대한 탐상감도, 복잡한 형상과 대형제품의 탐상, 다량의 소형제품 탐상은 습식법보다 못하다.

(2) 습식(Wet)법

미세분말자분을 석유(백등유)나 계면활성제와 방청제가 첨가된 물에 넣어 현탁시킨 검사액을 시험품의 표면에 도포 또는 살포하거나 시험품을 검사액에 침적시키는 방법이다. 습식법은 미세결함에 대한 탐상감도가 높고 불규칙한 형상의 제품과 다량의 소형제품 탐상에 적합하다. 또한 검사액에서 자분의 이동성과 농도관리가 좋으며 재사용이 가능하고 자동탐상에 적합하다. 그러나 표면하 결함탐상과 청결성이 건식법보다 못하고 화재발생의 우려가 있으며 후처리시 자분제거가 어렵다. 습식법에서 검사액의 조건은 무색 및 무형광성, 자분의 농도 및 분산도 균일, 현탁성 및 적심성 우수, 무부식성 및 무독성이어야 한다(표 23.4 참조).

표 23.4 습식자분의 분산 농도

자분의 종류	분산 농도
형광 자분	0.5~2 (gr/ℓ)
비형광 자분	7~10 (gr/ℓ)

(3) 자분의 적용시기

① 연속법 : 자화전류의 통전과 동시에 자분적용을 완료하는 방법이며 교류 및 직류 모두 사용할 수 있다. 습식자분을 사용할 때는 검사액의 흐름이 정지된 상태에서 통전을 중지해야 한다. 즉 결함부위로 자분이 이동하여 흡착될 때까지 통전한다. 연속법은 투자율과 잔류자장이 크므로 시험체의 표면 및 표면하 결함 탐상에 좋으나 전류사용이 크고 복잡한 형상물의 탐상시 의사지시가 나타나기 쉽다. 보자력이 작고 잔류자기가 약한 저탄소강재 등은 연속법을 적용해야 한다.

② 잔류법 : 시험체에 직류나 반파정류의 자화전류를 통전하여 자화시킨 후에 자분을 적용하는 방법이며 보자력과 잔류자장이 큰 고탄소강이나 스프링강 등의 탐상에 적용한다. 잔류법은 연속법에 비하여 결함탐상감도가 낮고 표면하의 결함은 검출하기 어려우나 의사지시의 발생이 적어 다량의 소형제품이나 복잡한 형상을 가진 제품의 결함탐상에 적합하다.

(4) 자분의 종류

① 비형광자분 : 가시광선 하에서 자분의 모양을 직접 관찰할 수 있는 흑색, 적색, 백색, 회색 등의 색을 가진 미세 철분말로서 습식 및 건식으로 사용된다.

비교적 큰 결함탐상에 적합하며 미세한 균열에 대해서는 형광자분보다 감도가 떨어진다. 습식검사용 비형광자분액의 자분농도(%)는 1.0~3.4%를 유지하며 8시간마다 농도를 측정한다.

② 형광자분 : 자외선(Black light)에 의해서 형광을 발생하는 자분으로서 황녹색 및
청녹색을 나타내며 미세균열의 탐상감도가 우수하다. 구멍의 내부, 나사의 모서
리 등에 존재하는 결함도 탐상할 수 있고 주로 습식으로 사용되며 가시광선(백색
광)과 암실도 필요하다. 습식검사용 형광자분액의 자분농도(%)는 0.1~0.5%를
유지하며 8시간마다 농도를 측정한다.

6) 자분모양(지시)의 관찰 및 기록

(1) 관찰시기

자분적용 후 결함부위에 형성되는 누설자장에 의해 자분의 이동이 이루어진 직후에
관찰한다.

(2) 비형광 자분의 관찰

1,100Lux(100ft Candle/cm^2) 이상의 백색광이나 가시광선을 사용하여 관찰한다.

(3) 형광 자분의 관찰

파장이 320~400(nm) 또는 3,650Å인 자외선(Black light) Lamp를 사용하며 Filter로
부터 38cm 떨어진 시험체 표면에서 빛의 세기가 800~1,000(μW/cm^2)이어야 한다.

(4) 의사(무관련) 지시

결함과 관련이 없는(결함이 아닌) 부위에 형성된 자분의 지시모양으로서 자기펜
(Magnetic pen)의 흔적, 강전류에 의해서 응집된 자분모양, 角部와 큰 단면의 급변부에
생기는 자분모양, 거친 시편면의 자분모양, 투자율이 다른 재질 또는 금속조직의 경계
에 생기는 자분모양(모재와 용착부의 경계선, 표면가공도가 서로 다른 냉간가공재, 단
조 및 압연제품의 단류선 등), 냉간가공에 의한 자분모양, 단조품의 단류선(Metal flow)
에 의한 자분모양, 납땜 연결부에 의한 자분모양 등이 있다.

(5) 자분지시의 기록

자분탐상에서 검사체에 형성된 자분의 지시모양을 다음과 같은 방법으로 기록한다.

① 사진촬영 : 자분탐상한 검사품을 사진촬영하는 것으로서 신뢰성이 높다.

② 스케치 : 검사품의 도면에 기준점 및 기준선을 표시하고 거리를 수치로 나타낸 후 결함지시를 스케치하는 것으로서 정확성이 결여된다.

③ 전사 : 자기 tape를 검사체의 자분지시(결함) 부위에 밀착시키고 자화하거나 점착성 tape로 자분지시 부위를 찍어내어 흰 종이에 부착하는 것으로서 보존성과 신뢰성이 부족하다.

7) 탈자(脫磁)

탈자는 자분탐상 후에 자화된 검사체에서 자성(잔류자장)을 완전히 제거하는 작업으로서 다음과 같은 경우에 실시한다.

① 잔류자장이 나침반이나 계측기에 영향을 미칠 때.

② 잔류자장에 의해 제품의 표면에 철분이나 Chip이 부착하여 손상을 주거나 표면처리(도금, 도색)시 방해가 될 때.

③ 잔류자장이 제품사용에 영향을 미치거나 Arc용접시 Arc를 이탈시킬 때.

(1) 탈자방법

① 교류에 의한 탈자 ; 50~60Hz의 주파수를 가진 교류가 통하는 Coil을 통해 소형제품을 이동시켜 탈자한다.

② 직류에 의한 탈자 ; 직류를 제품에 직접 통전시켜 원형자장의 탈자 및 대형제품의 탈자에 적용한다.

③ Yoke에 의한 탈자 ; 제품을 Yoke의 양극사이로 서서히 이동시켜 탈자한다(직류 및 교류사용).

(2) 탈자가 필요없는 경우

① 시험제품이 낮은 보자성을 가지거나 자기변태저점(Curie point) 이상으로 가열되어 자성을 상실할 때.

② 용접품, 대형의 주강품, 보일러 등의 대형 구조물의 부품

③ 재탐상하거나 더 강한 자력으로 탐상할 때.

④ 외부 누설자장이 없을 때.

(3) 잔류자장의 강도를 감소시키는 방법

① 자화전류를 감소시킨다.

② 제품(시편)을 Coil로 부터 또는 Coil을 제품으로부터 멀리한다.

(4) 누설자장의 강도 측정법

정량적 측정법 및 비교측정법으로 구분한다.

① 자장계(Leakage field indications) 사용법[그림 23.10(a)]

② 나침반 사용법

③ 철선 지시계(Steel wire indicator)사용법[그림 23.10(b)]

④ 원형자화된 부품 ; 특별히 고안된 장비 사용

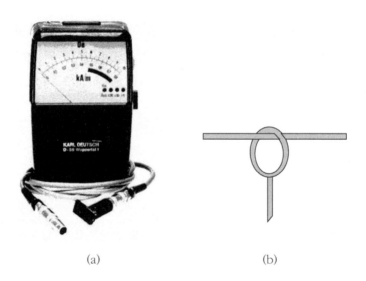

(a)   (b)

그림 23.10 자장측정계(a) 및 철선지시계(b)

8) 후처리

시편의 외관이나 기능조건을 시험전 상태로 유지시키기 위한 자분탐상 검사의 최종 작업으로서 검사체에 대한 탈자상태 확인, 자분의 완전 제거, 자화에 따른 표면손상의 점검과 보수, 방청 또는 도장처리, 시험 후 합격 및 불합격 표시물 부착 등을 실시한다.

9) 시험기록

① 시편 : 품명, 재질, 치수, 열처리 상태, 표면상태 등을 기록한다.
② 시험조건 : 시험기, 자분의 종류 및 분산매와 검사액 농도, 자분적용에 대한 자화의시기, 자화전류의 종류, 자화전류치 및 통전시간, 자화방법, 표준시험편, 시험결과 등을 기록한다.
③ 시험결과 : 검사체의 도면에 위치별로 결함지시 모양을 정확히 스케치한다.
④ 기타 : 시험자, 시험일자 및 장소 등을 기록한다.

10) 표준시험편(STB)

(1) A형 표준시험편

그림 23.11과 같으며 전자 연철판(KS C 2504 1종)으로 가공한 후 불활성 가스분위기에서 Annealing(600℃로 1시간 가열 후 노냉)하거나 냉간압연하여 사용한다. 이 시험편으로 자화 전류값 및 탐상유효 범위를 산출할 수 있으며 자분 및 검사액의 성능을 점검한다.

(2) B형 대비시험편

그림 23.12와 같고 전자 연철판(KS C 2504 1종) 또는 검사체와 같은 재질로 제작하며 자분 및 검사액의 성능을 조사하는데 사용한다.

(3) C형 표준시험편

그림 23.13과 같으며 A형 표준시험편과 동일한 재질로 제작하고 A형 표준시험편의 적용이 곤란할 때 대용한다.

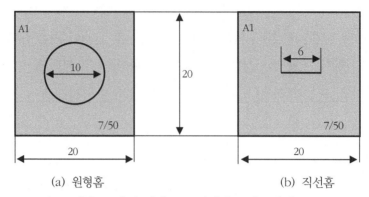

(a) 원형홈   (b) 직선홈

(7/50에서 7 : 홈의 깊이, 50 : 시편의 두께) (단위 : mm)

그림 23.11 A형 표준시험편

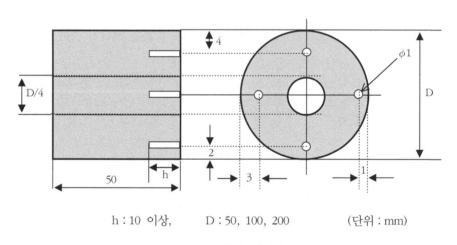

h : 10 이상,   D : 50, 100, 200   (단위 : mm)

그림 23.12 B형 대비시험편

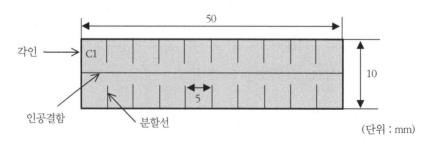

(단위 : mm)

그림 23.13 C형 표준시험편

(4) 기타 시험편

그림 23.14와 같이 ASTM E 709 규격의 표면하 불연속부에 대한 탐상감도를 평가하는 Ketos test ring(Betz ring)과 자화시 자장의 발생 및 자계의 방향을 확인할 수 있는 AEME 규격의 Field indicator 등이 있다.

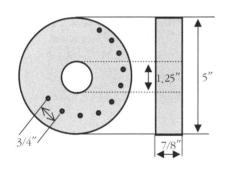

(깊이가 다른 12개의 ● 인공결함을 가진 Ring으로서 깊이의 탐상감도를 평가한다.)

(a) Ketos test ring

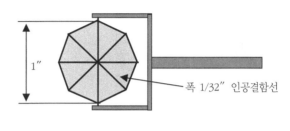

(4개의 인공결함 대각선을 가진 8각형의 양면에 Cu 도금한 강판으로서 폭 1″, 두께 1/8″이다.)

(b) Field indicator(자장지시계)

그림 23.14 기타 시험편

23.4 자분탐상용 장비 및 기구

1) 자분탐상용 장비

자분탐상용 장비에는 그림 23.15와 같이 정치식 탐상기와 그림 23.16과 같은 이동식 탐상기가 있다.

정치식은 소형제품의 다량 탐상에 적합하며 이동식(휴대용)은 구조물 등의 탐상에 적합하다. 이동식 탐상기는 Prod형과 Yoke형이 널리 사용되며 100/200 Volt 겸용의 교류(AC) 및 직류(DC) 전류를 적용한다. 교류형은 표면부 결함검출에, 직류형 및 반파 직류형은 표면하 결함검출에 좋다.

그림 23.15 정치식 자분탐상기

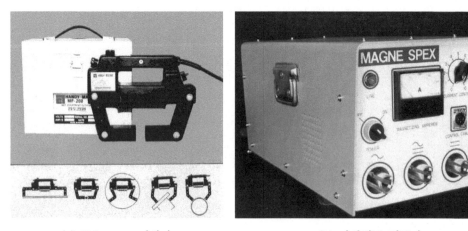

(a) Yoke type 자화기   (b) 자화전류 정류기

그림 23.16 휴대용(이동식) 자화기와 정류기

2) 자분탐상용 기구 및 재료

자분탐상용 부대품으로서는 그림 23.17~23.22에서 나타낸 자외선 발생기, 자외선강도 측정계, 자분 산포기, 자분 유동계, 자분 침전계, 잔류 자장계, 균열 심도계, 탈자기 및 각종 자분 등이 있다.

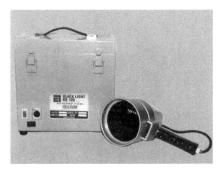

(a) Black light(자외선 발생기)

(b) 자외선 강도계

그림 23.17 자외선 발생기 및 측정기

(a) 각종 자분

(b) 자분 산포기

그림 23.18 각종 자분 및 자분 산포기

(a) 습식자분 침전계

(b) 자분 유동계

그림 23.19 습식자분 침전계 및 자분 유동계

(a) 잔류 자장계

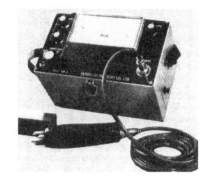
(b) 균열 심도계

그림 23.20 잔류 자장계 및 균열 심도계

(a) 자분탐상용 부품

(b) 결함(균열)의 자분지시

그림 23.21 자분탐상용 부품 및 자분탐상 결과

그림 23.22 탈자기

23.5 자분탐상법의 분류 및 불연속의 검출

1) 자분탐상법

(1) 습식연속법

자분을 물이나 기름에 혼합하여 사용하며 시편 표면의 이물질, 불순물 등을 제거한 후 탐상한다.

① 시편 全面에 분무기로 자분액을 살포한다.

② 분무를 중단하여 자분액의 흐름을 멈추게 한다.

③ 자분액의 흐름이 멈추는 동시에 전류를 통과시킨다.

(2) 건식연속법

Prod, Yoke, Coil 등을 사용하여 탐상한다.

① 자화전류를 적용시킨다.

② 자화된 부위에 자분을 살포한다.

③ 바람을 불어서 시편표면의 과다한 자분은 제거한다.

④ 자화전류를 차단한다.

(3) 잔류법

탄소강 등과 같이 강자성체를 자화시킨 후 전류를 차단할 때 잔류하는 자장을 이용하여 탐상한다.

※ 자분탐상에 따른 안전사항 : 전기Arc에 의한 화재발생 및 시력손상, 자분액 접촉에 의한 피부손상, Black light에 의한 시력손상에 주의를 요한다.

2) 자분탐상 장비선정

(1) 자화전류에 따른 장비선정

① 교류형 : 표면 결함검출에 효과적

② 직류형 : 표면하 결함검출에 효과적

③ 반파직류형 : 표면하 결함검출에 효과적

④ 영구자석형

(2) 검사위치 및 검사품의 종류에 따른 장비선정

① 휴대형 장비 : Prod, Yoke형 등으로 대형제품의 탐상

② 정치식 장비 : 소량의 소형제품 탐상

③ 공정 Line용 장비 : 생산 공정 Line에 장비를 설치하여 자동, 반자동식 및 수동으로 탐상

④ 기타 : 다량 다품종 부품이나 특수제품의 탐상에는 특별 제작 탐상기 사용

(3) 사용자분에 따른 장비선정

① 습식자분용 장비 : 습식에 의한 염색 및 형광자분사용 장비

② 건식자분용 장비 : 수동 및 자동으로 적용되는 건식자분사용 장비

(4) 검사목적에 의한 장비선정

① 요구감도에 의한 장비 : 최소, 중간, 최대감도 요구에 따른 장비

② 검사방법에 의한 장비 : 전 제품 탐상 또는 Sampling 탐상 장비

(5) 장비의 종류

① 정치식 장비(Stationary equipment) : 원형 및 선형자화 가능, 탈자포함

② 이동식 장비 : Prod type(AC 220~440V, 3,000A, 15~30feet cable), Yoke type (AC 100~220V 및 DC) 사용, 탈자 불가능

③ 기타 시험기기 : Black light(수은 arc lamp로서 3,650 Å의 파장과 800~1,000μ w/cm^{2}의 자외선 강도 요구), 자분 분무기(건식 및 습식용), 침전계(Centrifuge tube) 등

3) 불연속(결함)의 검출

(1) 표면 불연속

주강품, 압연품 및 용접부에서 나타나는 Seam, Overlap, Crack(담금질균열, 연마균열, 피로균열, 응력부식균열, creep 균열 등), White spot(백점), 표피터짐 등.

※ 최적의 결함검출 조건
① 결함의 방향과 자장의 방향이 수직
② 불연속의 깊이가 표면과 수직
③ 긴 표면 불연속
④ 표면개구의 폭보다 깊은 불연속

(2) 내부 불연속

① 표면직하 결함(Subsurface discontinuities) : Void, 비금속(모래 등) 개재물.
② 표면하 결함(Deep-lying discontinuities) : 용접부의 용입부족, 융합불량, 터짐, 주물의 Shrinkage(수축공) 등.

(3) 불연속의 종류

① 고유 불연속 : Pipe, Porosity(기공), Inclusion(개재물), Segregation(편석).
② 가공 불연속 : 주조, 단조, 압연, 용접등의 1차 가공에 의한 불연속, 연마, 열처리, 성형, 굽힘, 기계가공, 산세, 부식 등의 2차(최종) 가공에 의한 불연속 등.
③ 사용중 불연속 : 피로균열(응력집중), 충격, 하중부과 등에 의한 결함.

(4) 자분의 지시모양

① 비형광자분의 지시 : 가시광선에 의해서 제품 표면부의 불연속 표시(반점 또는 가는 줄무늬 등)가 자분의 색(흑색, 갈색 등)으로 나타난다.
② 형광자분의 지시 : 자외선에 의해서 불연속의 표시가 형광색(밝은 녹색 등)으로 나타난다.

(5) 결함 자분모양의 등급 분류

① 선상(line type) 및 원형상 불연속 자분지시의 등급 분류 : 표 23.5와 같이 분류한다.

② 분산 불연속 자분지시의 등급 분류 : 면적 2,500mm^{2}의 사각형(한 변의 최대 길이는 150mm)내에 존재하는 길이 1mm 이상의 불연속 자분지시의 총합계 길이로 분류한다(표 23.6).

표 23.5 선상(Line type) 및 원형상 불연속 자분지시의 등급 분류

등급 분류	불연속(결함) 자분지시의 길이
1 급	1mm 초과 2mm 이하
2 급	2mm 초과 4mm 이하
3 급	4mm 초과 8mm 이하
4 급	8mm 초과 16mm 이하
5 급	16mm 초과 32mm 이하
6 급	32mm 초과 64mm 이하
7 급	64mm 초과

표 23.6 분산 불연속 자분지시의 등급 분류

등급 분류	불연속(결함) 자분지시의 길이
1 군	2mm 초과 4mm 이하
2 군	4mm 초과 8mm 이하
3 군	8mm 초과 16mm 이하
4 군	16mm 초과 32mm 이하
5 군	32mm 초과 64mm 이하
6 군	64mm 초과 128mm 이하
7 군	128mm 초과

chapter 24
침투 탐상시험
(Penetrant Testing ; PT)

24.1 침투 탐상검사의 개요

　침투 탐상검사는 모세관(毛細管) 현상의 원리를 적용한 것으로서 비파괴 시험법 중에서 가장 오래 전부터 널리 활용되고 있는 방법이며 각종 금속제품 및 흡수성이 없는 비금속(플라스틱, 세라믹 등) 제품의 표면에 존재하는 미세한 개구균열을 간단하고 경제적으로 탐상할 수 있다. 특히 항공기 검사에 많이 적용되므로 NASA(미우주항공사)에서 시험에 대한 표준규격을 작성하였으며 시험결과는 이 규격에 부합되어야 한다.

　물 또는 기름통에 직경이 매우 작은 유리관의 한쪽 끝을 수직으로 담그면 그림 24.1과 같이 물이 수면보다 높게 유리관속으로 빨려 올라가는데 이러한 작용을 모세관 현상이라 하며 액체의 응집력, 점착력, 표면장력 및 점성(Viscosity) 등에 의해서 그 정도가 좌우된다. 그러므로 침투탐상에서는 침투제의 선정과 관리 및 침투액의 적용 조건이 중요하다.

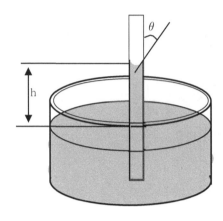

※ 액체의 표면장력(γ)$=\rho grh/2\cos\theta$
 (물과 알코올은 θ늑0이므로 $\cos 0 = 1$이
 되어 $\gamma = \rho grh/2$이다.)
※ 모세관속의 액체의 높이(h)$=2\gamma\cos\theta/\rho gr$
 ρ : 액체의 밀도,
 θ : 액면과 모세관의 접촉각
 g : 중력가속도
 r : 모세관의 반경

그림 24.1 모세관 현상

1) 침투 탐상시험의 특징

① 금속 및 비금속의 모든 재료에 적용 가능하며, 제품의 크기나 형상에는 문제가 없으나 결함은 표면 開口部만 검출할 수 있다.

② 침투제 적용시간은 10분 이상이며, 시험온도는 16~50℃가 적절하다.

③ 침투제는 오염 및 공해물질이므로 정화처리가 필요하며 염색침투제와 형광침투제가 섞이지 않도록 한다.

④ 침투탐상은 모세관 현상(Capillary action)의 원리를 적용한다.

2) 침투탐상 검사의 장단점

(1) 장점

① 시험방법이 간단하여 숙련된 기술이 요구되지 않는다.

② 검사체의 크기나 형상에 따른 탐상의 장해가 없으며 부분 시험이 가능하다.

③ 미세한 표면 개구부(Crack)의 탐상이 가능하며 결함 판독이 쉽다.

④ 금속 및 비금속(플라스틱, 세라믹 등)으로 된 모든 제품의 탐상에 적용할 수 있으며 비용이 저렴하다.

⑤ 표면 개구부(균열) 탐상은 방사선 탐상, 초음파 탐상이나 와전류 탐상보다 신속 정확하다.

(2) 단점

① 표면개구부가 아닌 내부결함은 탐상이 불가능하다(균열의 입구가 이물질로 막혀 있어도 탐상이 불가능하다).

② 검사체의 표면이 너무 거칠거나 기공이 많으면 허위(의사) 결함지시가 나타날 수 있다.

③ 검사체의 표면이 침투제와 반응하여 손상되는 제품은 탐상할 수 없다.

④ 주변환경(온도 등)에 민감하며 침투제의 오염이 쉽고 후처리가 요구된다.

24.2 침투 탐상검사 재료의 특성

1) 침투제의 특성

(1) 이상적인 침투제

① 미세 균열에 쉽게 침투할 수 있고 얕거나 거친 균열에도 침투제가 남아 있어야 한다.

② 증발, 건조가 너무 빠르지 않고 탐상시험 후 제거가 용이해야 한다.

③ 얇은 도포막을 형성하며 열이나 빛 또는 자외선 등을 비추어도 색채와 형광성을 나타내야 한다.

④ 검사체와 화학적 반응을 일으키지 않고 무취, 무독성 및 불연소성이며 가격이 저렴해야 한다.

(2) 물리적 성질

① 점성(Viscosity) : 침투제의 침투속도에 큰 변수가 되며 침투제의 흡수력에 대한 저항력이 크다. 유동성은 크지만 점성이 낮은 물보다는 비교적 점성이 크고 유동성이 낮은 석유정제 제품이 침투제로서는 더 좋다(표 24.1 참조).

② 표면장력(Surface tension) : 표면장력이 큰 물은 침투제로서는 좋지 않다.

③ 적심성(Wetting ability) : 시료의 검사면을 침투제가 적시는 능력이며 접촉각 (Contact angle)으로 측정한다. 그림 24.2에서와 같이 접촉각(θ)이 작은 액체가 좋은 침투제이며 물과 같이 표면장력이 큰 액체도 계면활성제에 의해서 접촉각 이 작아지면 좋은 침투제가 될 수 있다.

④ 밀도(Density) : 침투제의 대부분은 비중이 물보다 가벼운 1 이하이다.

⑤ 휘발성(Volatility) : 침투제는 비휘발성이라야 한다.

⑥ 인화점(Flash point) : 인화점이 높은 침투제가 좋다(수세성 침투제 ; 40.6~54.4 ℃, 유화성 침투제 ; 50~85℃, 염색침투제 ; 63.3~85℃). 또한 유화제와 세척제 의 인화점도 높은 것이 좋다.

⑦ 화학적 불활성(Chemical inertness) : 검사체와 화학반응이 없어야 한다.

⑧ 세척시의 용해성(Solubility) : 검사체 표면에 남아있는 과잉침투제의 제거를 위한 용제에 대한 용해성이 좋아야 한다.

⑨ 침투제 자체의 용해성(Solvent ability) : 침투제에 포함되는 염색제나 형광제에 대 한 자체적인 용해성이 좋아야 한다.

⑩ 유화성(Emulsifiability) : 침투제를 물세척할 수 있도록 첨가하는 유화제에 대한 침투제의 유화성이 좋아야 한다.

⑪ 독성(Toxicity), 냄새(Odor), 피부자극(Skin irritation) : 없을수록 좋다.

⑫ 가격(Cost) : 저렴해야 한다.

⑬ 침투력(Penetrability) : 미세균열에도 쉽게 침투할 수 있어야 한다.

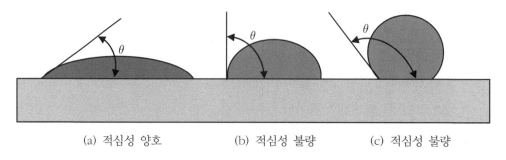

(a) 적심성 양호   (b) 적심성 불량   (c) 적심성 불량

그림 24.2 액체의 적심성(Wetting ability)

표 24.1 각종 물질의 점성과 표면장력(20℃에서)

물 질	비중	점성(Viscosity)	표면장력(dyne/cm)
물	1.0	1.004	72.8
에테르(Ether)	0.74	0.316	17.01
에틸 알코올(Ethyl alcohol)	0.79	1.52	23
나프타(Naphtha)	0.665	0.61	21.8
케로센(Kerosene)	0.79	1.65	23
에틸렌 글리콜(Ethylene glycol)	1.115	17.85	47.7
윤활유(SAE No.10)	0.89	112.3	31
Per-chlor 에틸렌	1.62	0.99	31.74

※ 정적침투인자(SPP)$=\gamma \times \cos\theta$, 동적침투인자(KPP)$=(\gamma \times \cos\theta)/\eta$
 (γ : 침투액의 표면장력, θ : 검사체 표면과 침투액의 접촉각, η : 침투액의 점성)

2) 유화제의 특성

유화제는 후유화성 침투제가 수세능을 갖도록 적용하는 것으로서 유성과 수성 유화제가 있으며 주성분은 계면활성제이다. 색은 연노랑 또는 분홍색으로 되어 있고 구비조건은 다음과 같다.

① 침투제와 잘 반응해야 하며 수분이나 침투제가 혼입되어도 성능의 저하가 없어야 한다.

② 유화성 및 수세능이 좋아야 하며 중성으로 부식성과 독성이 없어야 한다.

③ 인화점이 높고 온도변화에 안정해야 한다.

3) 세척제의 특성

세척제는 휘발성이 있는 유기용제로서 벤젠, 아세톤, 가솔린과 같은 가연성의 용제와 염소와 불소 등이 함유된 불연성의 용제가 주로 사용되며 구비조건은 다음과 같다.

① 인화점이 높고 적절한 휘발성이 있어야 하며 독성이 적어야 한다.

② 세척능이 좋고 중성으로서 검사체와 화학반응 및 부식성이 없어야 한다.

세척의 종류는 염산, 황산, 중크롬산 소다 등으로 스케일(Scale)을 제거하는 산세척과 가성소다로 녹이나 산화 스케일을 제거하는 알칼리 세척 및 트리클린을 사용하여 유기, 무기 오염물을 제거하는 증기세척 등이 있다.

4) 현상제의 특성

(1) 기능

결함부에 적용된 침투제와 작용하여 육안 관찰이 가능한 지시모양을 나타낸다.

(2) 작용

침투제에 도포된 현상제는 다음 작용을 한다.

① 표면개구부로부터 침투제를 흡출한다.

② 침투제의 분산을 조장하며 배경색과의 혼동을 방지한다.

③ 시험감도 증가와 신속한 탐상을 촉진한다.

(3) 구비조건

① 미세입자형으로서 흡수력 우수하고 균일적용이 가능해야 한다.

② 배경색과 구별되는 색을 가지며 균일하고 얇은 피막을 형성해야 한다.

③ 결함부의 침투제와 쉽게 젖어야 한다.

④ 시험 후 신속한 완전 세척이 가능하며, 검사체 및 작업자에 무해하여야 한다.

(4) 종류 및 성질

① 건식 현상제 : SiO_2의 초미립 분말로서 침투제 위에 분무(살포) 하거나 침적한다. 검사자는 고무장갑과 방독면 등을 착용하여 현상제의 호흡기 침투를 방지해야 한다. 분무기는 고무 Spray bulbs 또는 Air spray gun을 사용하면 효과적이다. 검사체의 표면은 매끄럽고 건조상태이어야 하며 과잉현상제는 흔들거나 털어서 제거한다.

② 속건식 현상제 : MgO, CaO(생석회), TiO_2 등의 백색 미세분말을 알콜류에 현탁하고 분산제 등을 첨가한 것으로서 에어졸(Airzol) 용기로 분사하면 휘발성 물질이므로 신속 건조하여 현상도막을 형성한다.

③ 수현탁성 습식 현상제 : Bentonite, 활성백토 등에 습윤제, 수용성 계면활성제 등을 혼합한 분말로서 물에 적정농도로 현탁시켜 사용한다. 습식 현상제의 적용은 침적법, 노즐분무법 등이 있으며 시험 후 제거는 물세척으로 한다. 현상제의 종류는 수현탁용, 수용성용 및 용제현탁용이 있으며 이들 중 수현탁용 현상제가 가장 널리 사용되고 다량의 소형 및 중형제품을 형광 현상제로 탐상하는데 적합하다. 한편 용제현탁용 현상제는 백색 분말을 알콜류에 현탁시켜 사용하며 압축분무용 캔으로 제조하여 판매한다. 검사 후 현상제의 제거는 물, 용제, 증기 등을 사용한다.

④ 수용성 습식 현상제 : 물에 완전히 용해시켜 사용하는 반투명한 현상제이며 적용 후 건조하면 백색분말이 되어 침투제를 흡수한다.

(5) 현상제의 선택

① 표면이 매끄러운 시료에는 습식 현상제를, 거친 표면에는 건식 현상제를 적용한다.

② 소형의 다량시료를 신속하게 검사하고자 할 때는 습식 현상제를 사용한다.

③ 균열탐상에는 용제 현상제가 적절하며, 습식이나 용제 현상제를 사용했던 거친 표면의 재검사는 어렵다.

④ 소량의 시료, 구조물의 부분검사와 압력용기 등의 용접부 및 미세균열의 탐상은 속건식 현상제가 효과적이다.

⑤ 결함의 실제 크기나 분해능을 요구할 때는 건식 현상제가 좋다.

24.3 침투 탐상검사제의 시험

1) 침투제의 시험

(1) 감도시험(Sensitivity test)

알루미늄 시편의 반쪽 표면에 사용중인 침투제를 적용하고 나머지 반쪽에는 새로운 침투제를 제조회사의 사용절차에 준하여 적용한다. 이때 사용하던 침투제가 육안관찰에서 새 침투제보다 감도가 떨어지면 그 침투제는 오염된 것으로 본다.

(2) 수분함량 시험(Water contact test)

ASTM-D95 방법에 따르며, 100ml의 침투제를 가열 플라스크에 비슷한 양의 수분이 없는 크실렌과 함께 넣는다. 플라스크는 응축기에 연결하여 응결된 수분이 25ml 계량 튜브에 모이도록 한다. 약 1시간 후 물이 더 이상 튜브에 고이지 않으면 가열을 멈춘 후 냉각시켜서 물의 부피를 튜브에서 ml 단위로 읽는 부피가 침투제에 함유된 물의 체적 %가 되며 그 %가 제조사의 권고치를 초과하면 침투제를 폐기한다.

(3) 점성시험(Viscosity test)

100℉의 온도에서 점도계로 측정하며 측정값이 제조사의 권고치를 넘으면 침투제를 폐기처분한다.

(4) 형광침투제의 퇴색정도 시험

형광침투제를 시료표면에 적용시켜 반쪽은 종이로 가리고 15″거리에서 100W의 Spot light식 자외선 등을 1시간 조사한 후 종이를 제거하고 양쪽의 형광성을 비교한다. 이때 자외선에 노출되었던 부분의 형광성이 크게 감소하면 그 침투제는 폐기한다.

2) 유화제의 시험

(1) 수세성 시험

새 유화제와 새 침투제를 1 : 1로 혼합한 것과 사용하던 유화제와 새 침투제를 4 : 1

로 혼합한 후 시료의 Sand blasting처리한 면을 위로하여 75°로 세우고 각각 10ml의 혼합물을 1.5″ 정도의 폭으로 두 줄기를 흘러내리도록 한다. 약 5분 후 제조사의 사양에 따라 유화된 침투제를 세척한다. 이때 두 줄기가 모두 잘 세척되면 사용 유화제가 양호한 것이고 느리게 세척되거나 침투제의 자국이 남으면 그 유화제는 폐기한다.

(2) 수분함량 시험

침투제의 경우와 동일

(3) 점성 시험

침투제의 경우와 동일

3) 현상제의 시험

① 건식 현상제 : 덩어리진 것이나 젖었던 것은 폐기한다.
② 습식 현상제 : 액체 비중계를 사용하여 밀도(비중)만 측정하며 측정치가 제조사의 권고치와 다르면 비중허용 범위 내에서 분말 또는 액체를 현상제에 혼합한다.

24.4 침투 탐상검사법의 종류와 특성

침투탐상법은 표 24.2와 같이 형광침투 탐상법과 염색침투 탐상법으로 분류되며 형광침투 탐상법은 330~390nm의 자외선을 조사하여 결함에 침투한 형광 침투제의 발광에 의한 결함지시를 관찰하는 방법으로서 전원, 암실 및 Black light(자외선 램프)를 필요로 한다. 염색침투 탐상법은 결함부에 침투한 적색 침투제가 백색의 현상제에 흡수되어 나타나는 결함지시를 자연광이나 백색광하에서 관찰하는 방법이다.

표 24.2 침투탐상법의 분류(A~D : 과잉 침투액 제거에 따른 분류)

탐상법의 종류	탐상 방법	기호
형광 (Fluorescent) 침투 탐상법	수세성 형광 침투액 사용법	FA
	Oil base 유화제에 의한 후 유화성 형광 침투액 사용법	FB
	용제 제거성 형광 침투액 사용법	FC
	Water base 유화제에 의한 후 유화성 형광 침투액 사용법	FD
염색 (Visible) 침투 탐상법	수세성 염색(Dyeing) 침투액 사용법	VA
	Oil base 유화제에 의한 후 유화성 염색 침투액 사용법	VB
	용제 제거성 염색 침투액 사용법	VC
	Water base 유화제에 의한 후 유화성 염색 침투액 사용법	VD

※ DV, DF : 이원성 염색 및 형광 침투액

1) 수세성 형광침투 탐상법

(1) 장점

① 표면조도가 비교적 거친(70S ; ▽) 검사체 및 형상이 복잡한(나사, 홈 등) 제품의 탐상이 가능하다.

② 미세한 결함의 탐상이 가능하고 다량의 제품 탐상에 적합하다.

(2) 단점

① 전원, 수돗물, 암실 및 Black light 등이 필요하다.

② 고감도 침투제를 사용하지 않으면 매우 미세한 결함탐상은 곤란하다.

③ 침투액에 수분이 혼입되면 성능이 저하된다.

2) 후유화성 형광침투 탐상법

(1) 장점

① 침투액의 침투시간이 비교적 짧으며 탐상감도가 가장 좋으므로 미세하고 폭이 좁은 결함의 탐상에 적합하다.

② 비교적 소형의 다량부품 검사에 적용되며 수분혼입 및 온도 변화에 따른 침투액
   의 성능 저하가 적다.

(2) 단점

① 검사체의 표면조도가 미세(6S 이상 ; ▽▽▽)해야 하며 대형 및 형상이 복잡한 제
   품의 탐상은 곤란하다.

② 유화제가 필요하고 유화제의 관리와 침투제에 적용시 시간조정이 어렵다.

③ 전원, 수돗물, 암실 및 Black light 등이 필요하다.

3) 용제제거성 형광침투 탐상법

(1) 장점

① 용제제거성 염색침투 탐상보다 감도가 좋으며 침투시간이 짧고 세척용 물이 필요
   없다.

② 대형제품 및 구조물의 탐상에 적합하고 휴대용으로 적합하다.

(2) 단점

① 검사체의 표면조도가 50S(▽▽) 이상되어야 하며 탐상에 숙련이 요구된다.

② 다량 제품의 탐상에는 부적합하며 침투제의 세척이 어렵다.

③ 전원, 암실 및 Black light 등이 필요하다.

4) 수세성 염색침투 탐상법

(1) 장점

① 검사체의 표면이 거친 것도 탐상할 수 있다.

② 세척이 비교적 용이하며 전원, 암실 및 Black light가 필요없다.

(2) 단점

① 비교적 결함검출감도가 낮고 미세한 결함검출이 어렵다.

5) 후유화성 염색침투 탐상법

(1) 장점

① 미세하고 폭이 좁은 결함검출에 적합하고 과세척의 우려가 적다.

② 침투액의 침투시간이 짧고 수분혼입 및 온도에 따른 성능저하가 적다.

③ 소형의 다량제품 및 정밀주조품의 탐상에 적합하며 전원, 암실, Black light가 필요없다.

(2) 단점

① 검사체의 표면조도가 6S 이상으로 미세해야 된다.

② 유화제의 관리와 유화처리시 시간조정이 어려우므로 숙련이 요구된다.

③ 대형제품 및 나사류와 같이 형상이 복잡한 제품의 탐상은 어렵다.

6) 용제제거성 염색침투 탐상법

(1) 장점

① 전원, 수돗물, 암실 및 Black light가 필요 없고 휴대성이 매우 좋다.

② 탐상절차가 간단하고 대형제품 및 구조물의 탐상에 적합하다.

(2) 단점

① 거친표면(50S 이하)을 가진 제품의 탐상은 곤란하다.

② 다량의 부품탐상에는 부적합하고 세척처리도 어렵다.

7) 현상 방법의 종류와 특징

현상처리는 검사체의 표면개구결함에 침투한 침투액을 흡수하여 결함지시를 형성시키는 작업이며 건식, 습식 및 속건식 현상법이 있고 현상제를 사용하지 않고 결함지시를 관찰할 수 있는 무현상법도 있다. 표 24.3은 현상 방법을 분류한 것이며 표 24.4는 침투탐상법에 따른 검사대상을 나타낸 것이다.

표 24.3 현상 방법의 분류

분류	현상 방법	기호
건식 현상법	건식 현상제 사용	D(dry)
습식 현상법	수(水)용성 현상제 사용	A(aqueous)
	수(水)현탁성 현상제 사용	W(wet)
속건식 현상법	속건식 현상제 사용	S(speed)
특수 현상법	특수 현상제 사용	E(extra)
무(無) 현상법	현상제를 사용하지 않음	N(non)

표 24.4 각종 침투탐상 검사법의 적용

검사 대상 \ 탐상법	형광침투			염색침투		
	FA	FB	FC	VA	VB	VC
미세균열, 폭이 넓은 균열		●			●	
피로균열, 연마균열, 폭이 매우 좁은 균열		●	●			
소형의 다량 부품, 나사류 등	●					
표면이 거친 제품	●			●		
대형제품, 구조물 등의 부분적 검사			●			●
암실이 없는 곳에서 탐상				●	●	●
수도 및 전원이 없을 때의 탐상						●

① 건식 현상법 : 검사체에 침투액을 침투시키고 과잉침투액을 제거한 후 백색의 미세분말로 된 현상제를 균일하게 산포하여 결함 속에 있는 침투액을 흡수케함으로써 결함지시를 만드는 방법이다.

② 습식 현상법 : 수세성 침투탐상시 현상제를 물에 분산시켜 사용하는 방법으로 다량의 소형제품 탐상에 적용하며 시간경과에 따른 결함지시 관찰에 주의가 필요하다.

③ 속건식 현상법 : 용제 침투탐상시 백색분말의 현상제를 휘발성 유기용제에 분산시켜 분무기로 산포하는 방법으로 분무 후 유기용제는 속성으로 휘발되고 현상제가 건조하여 침투액을 흡수하므로 결함지시를 만든다.

④ 무(無) 현상법 : 침투제를 세척한 후 현상처리 없이 결함지시를 관찰하는 방법으로 수세성 형광침투탐상에서 적용한다.

24.5 침투 탐상검사의 절차

침투탐상 검사의 기본적인 과정은 그림 24.3과 같이 수세법 및 용제제거법과 그림 24.4와 같이 후유화제법이 있으며 각각 염색 침투제와 형광 침투제를 사용하는 방법으로 분류된다.

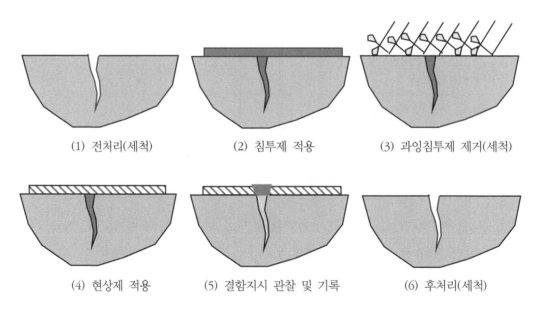

(1) 전처리(세척) (2) 침투제 적용 (3) 과잉침투제 제거(세척)

(4) 현상제 적용 (5) 결함지시 관찰 및 기록 (6) 후처리(세척)

그림 24.3 수세법 및 용제제거법 침투탐상 절차

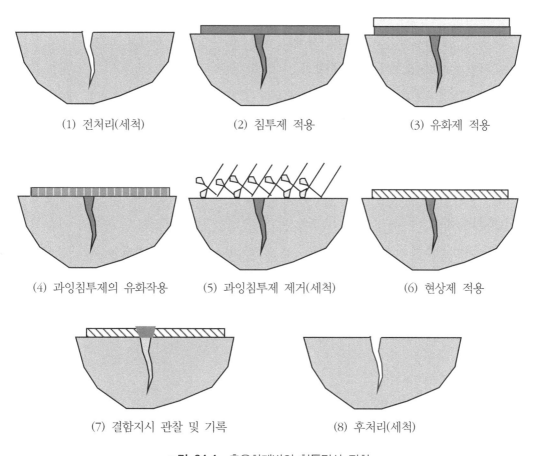

(1) 전처리(세척) (2) 침투제 적용 (3) 유화제 적용

(4) 과잉침투제의 유화작용 (5) 과잉침투제 제거(세척) (6) 현상제 적용

(7) 결함지시 관찰 및 기록 (8) 후처리(세척)

그림 24.4 후유화제법의 침투탐상 절차

1) 침투탐상 검사의 방법

(1) 前처리

시편 표면의 오물, 먼지, scale 등의 이물질을 제거하여 침투제가 결함속으로 잘 침투하도록 실시하며 세척시 시편의 표면온도는 16~52℃ 범위를 유지하고 52℃를 넘지 않도록 한다. 전처리 방법은 다음과 같다.

① 기계적 방법 : Tumbling, Grit blasting, Wire brushing, 고압의 용수 또는 수증기 세척, 초음파 세척 등

② 화학적 방법 : 알칼리, 산, 염기에 의한 세척, Pickling, 화학적 부식 등

③ 용제(Solvent)법 : 증기 탈지, 용제를 분무 또는 헝겊에 적셔서 세척

※ 시편 표면의 오염물질 제거 방법

    ① 기계유, 경유 : 아세톤, 트리클에칠렌, 트리클에탄 등의 유기용제로 세척

    ② 중유, 그리이스 : 에칠렌, 증기세척, 증기탈지로 제거

    ③ 유지류 이외의 오염 물질 : 수용성 세척제 사용

    ④ 녹, 도료, Scale, Carbon 등 : 기계적, 화학적 방법 겸용

(2) 침투처리

검사체에 침투제를 적용하는 방법에는 침적법(Dipping), 분무법(Spray) 및 붓칠법(Brushing)이 있으며 침투시간은 침투액의 온도가 15~50℃의 경우 5~10분이 적당하지만 피로 및 연마 균열은 기준 침투시간의 2배로 한다. 침투제는 유황, 염화물, 불화물의 함량이 각각 1%를 초과해서는 안된다.

(3) 배액(Draining)처리

침투처리를 실시할 때 다음의 과정인 유화처리나 세척처리가 용이하도록 검사체 표면의 과잉 침투액을 제거하는 처리로서 검사체를 약간 기울여서 자연적으로 흘러내리도록 한다.

(4) 유화(乳化)처리

물세척이 어려운 후유화성 침투제를 사용한 경우 침투제를 유화제와 반응시켜 물세척이 용이하도록 하는 처리로서 침투제 위에 유화제를 분사하거나 검사체를 유화제 속에 침적시키며, 유화제 적용 후 세척 시까지의 유화처리시간은 10초~3분이 적절하지만 제조사의 규정에 따른다. 유화제가 검사체 표면에 남아 있는 과잉침투제와 만 반응하고 결함부(균열 등)에 침투한 침투제와는 작용하지 않도록 유화처리 시간을 조절하는 것이 중요하다.

(5) 세척처리

① 물(水) 세척 : 수세성 및 후유화성 침투액에 적용하며 수압은 3.5kgf/cm² 이하(1.5
~3.0kgf/cm²)로 45° 경사지게 분사한다. 물의 온도는 32~45℃(ASEM E-165에
서는 16~43℃)를 유지하도록 한다.

② 용제(Solvent) 세척 : 용제제거성 침투액에 적용하며 헝겊이나 종이에 적셔 시편
표면의 침투액을 닦아 낸다.

(6) 현상(現像)처리

세척 후 백색의 미세분말을 시편표면에 도포하여 결함내부의 침투액을 흡출함으로써
확대된 결함지시를 나타내도록 하며 현상시간은 약 7분 정도로 한다. 현상처리에는 표
24.3과 같은 방법들이 있다.

(7) 건조처리

건식, 속건식 및 무현상법은 물세척의 경우 세척 후 건조하지만 용제세척의 경우는
건조처리하지 않는다. 그러나 습식현상법은 물세척이나 용제세척 후 모두 건조처리해
야 한다.

(8) 관찰

결함지시의 관찰은 형광침투 탐상검사의 경우 암실에서 자외선을 조사하여 야광빛을
관찰하며, 염색침투 탐상검사의 경우는 백색광 하에서 적색의 결함지시를 관찰한다. 이
때 실제 결함이 아닌 곳에서 결함지시가 나타나는 것을 의사지시라 하며 그 발생 원인
은 다음과 같다.

※ FA-D(수세성 형광-건식현상법), DVA-W(수세성 이원성염색-수현탁성 습식현
상법), VA-S(수세성염색-속건식현상법), DFC-N(용제제거성 이원성형광-무현
상법), FC-A(용제제거성 형광-수용성 습식현상법), VB-W(Oil base 후유화성 염
색-수현탁성 습식현상법), FD-D(Water base 후유화성 형광-건식현상법), DFB-
A(Oil base 후유화성 이원성형광-수용성 습식현상법), VC-S(용제제거성 염색-
속건식현상법), DVC-W(용제제거성 이원성염색-습식현상법)

표 24.5 각종 침투탐상 시험절차(KS B 0816)

탐상 절차 / 탐상 기호	전처리	침투처리	예비세척	유화처리	과잉침투액세척	과잉침투액제거	건조처리	현상처리	건조처리	관찰및기록	후처리
FA-D, DFA-D	●	●	-	-	●	-	●	●	-	●	●
FA-W, DFA-W VA-W, DFA-W	●	●	-	-	●	-	-	●	●	●	●
FA-S, DFA-S VA-S, DVA-S	●	●	-	-	●	-	●	●	-	●	●
FA-N, DFA-N	●	●	-	-	●	-	●	●	-	●	●
FB-D, DFB-D	●	●	-	●	●	-	●	●	-	●	●
FB-A, DFB-A FA-W	●	●	-	●	●	-	-	●	●	●	●
FB-W, VB-W	●	●	-	●	●	-	-	●	●	●	●
FB-S, DFB-S VB-S	●	●	-	●	●	-	●	●	-	●	●
FB-N, DFB-N	●	●	-	●	●	-	●	-	-	●	●
FC-D, DFC-D	●	●	-	-	-	●	-	●	-	●	●
FC-A, DFC-A FC-W, DFC-W VC-W, DVC-W	●	●	-	-	-	●	●	●	-	●	●
FC-S, DFC-S VC-S, DVC-S	●	●	-	-	-	●	-	●	-	●	●
FC-N, DFC-N	●	●	-	-	●	-	-	-	-	●	●
FD-D	●	●	●	●	●	-	●	●	-	●	●
FD-A, FD-W VD-W	●	●	●	●	●	-	-	●	●	●	●
FD-S, VD-S FD-N	●	●	●	●	●	-	●	●	-	●	●

① 전처리 부족으로 녹, 스케일이 잔류한 경우

② 부적절한 유화처리 및 세척으로 세척 후에도 침투액이 남아 있는 경우

③ 모서리, 접합부, 나사부, Key부, 용접비드 등의 세척이 곤란한 부위가 존재할 때 등

(9) 재시험

시험절차 및 처리 잘못으로 결함지시가 부정확할 때 실시한다.

(10) 시험결과 기록

① 시험일자 및 장소, ② 시험체(품명, 모양, 치수, 재질, 표면상태), ③ 시험방법, ④ 탐상제(침투액, 유화제, 세척액, 현상제의 명칭 및 점검법과 결과), ⑤ 조작법(전처리, 침투액 및 유화제의 적용, 세척(제거) 및 건조, 현상제 적용법), ⑥ 조작조건(시험온도, 침투 및 유화시간, 세척수의 수압 및 온도, 건조 온도 및 시간, 현상 및 관찰 시간), ⑦ 시험결과(균열유무, 결함지시 모양), ⑧ 시험자(성명 및 검사자격) 〈KS B 0816 규정〉

(11) 결함지시 모양의 기록방법

① 사진촬영에 의한 기록, ② 접착테이프에 의한 전사, ③ 스케치에 의한 기록

(12) 후처리

탐상 후 침투제, 현상제 등을 제거하고 적절한 표면처리를 한다.

24.6 침투탐상용 장비와 기구 및 비교 시험편

1) 장비 및 기구

침투탐상 검사용 장비에는 ① 전처리 장비, ② 침투처리 장비(배액처리장치 포함), ③ 유화처리 장비, ④ 용제제거용 장비, ⑤ 세척용 장비, ⑥ 건조처리 장비, ⑦ 현상처리 장비(습식 및 건식현장처리 장비), ⑧ 검사실 및 검사용 장비(자외선 조사장치 : 330

~390nm 파장의 Black light) 등이 있다(그림 24.5 및 24.6 참조).

※ 관찰용 Black light의 자외선 강도는 800~1000μW/cm^{2}로서 고압의 수은 등을 사용하며 1,000시간 사용할 때 光量은 약 10% 감소하고 20% 이상 감소하면 사용할 수 없다. 점등 소요 시간은 5~6분 정도이며 1회 점멸시 약 30분의 유효수명이 단축된다.

※ 침투탐상 장치의 구비조건
    ① 결함검출의 확실성 및 신속성
    ② 조작의 간편 및 안전성
    ③ 관리의 용이성

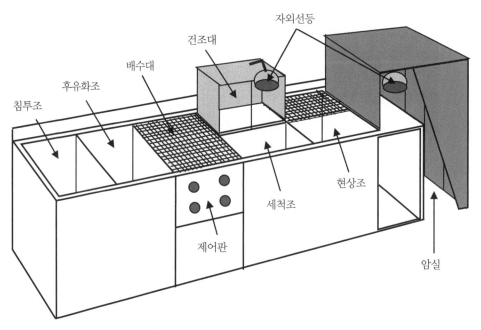

그림 24.5 표준 정치식 침투탐상 검사대

(a) 침투제 적용(Spray)

(b) 침투제 적용(Brushing)

(c) 현상제 적용(Spray)

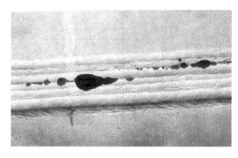

(d) 염색침투 탐상의 결함지시

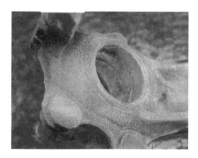
(e) 형광침투 탐상의 결함지시

그림 24.6 침투, 현상처리 및 결함지시

2) 비교(대비) 시험편 및 기타

침투탐상제의 성능비교 및 점검(① 탐상제의 선정, 구입시 성능의 비교 점검, ② 사용중인 탐상제의 성능 점검)을 위해서 사용한다.

(1) A형 비교(대비) 시험편

Al 및 Al합금판(KS D 6701)을 담금질하여 미세균열을 발생시킨 후 그 중앙부에 홈을 가공한 것으로서 제작이 간단하고 미세한 자연적인 균열을 얻을 수 있으며 균열의 깊이와 폭에 의해 성능의 차이를 알 수 있다. 그러나 균열의 치수를 조절할 수 없고 반복 사용할 때 표면부의 산화 등으로 재현성이 감소한다(그림 24.7, 24.9, 24.10 참조).

(2) B형 비교(대비) 시험편

동(Cu) 및 동합금판(KS D 5201)에 Ni 도금과 Cr 도금을 한 후 도금면을 바깥쪽으로 하여 굽힘으로서 도금층에 균열을 발생시키고 다시 평탄하게 펴서 제작한다. 균열의 깊이가 도금층의 두께와 같으므로 일정하여 재현성이 좋으며 A형 시편보다도 미세한 균열을 얻을 수 있고 장기간 사용이 가능하다. 그러나 표면이 매끄러워 검사체 표면과는 다르고 균열이 너무 많으며 시편 제작이 복잡하다(그림 24.8, 24.9 참조).

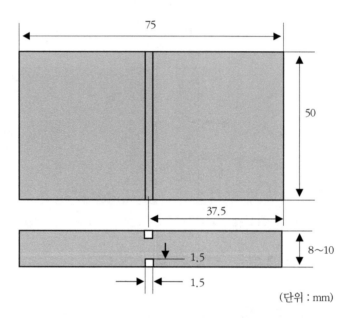

그림 24.7 A형 비교시험편(KS D 0816, PT-A)

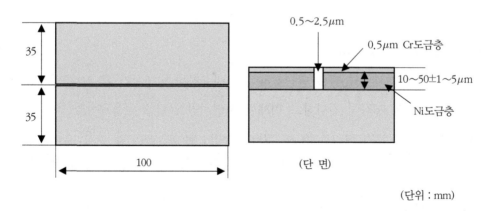

그림 24.8 B형 비교시험편(PT-B10, 20, 30 및 50)

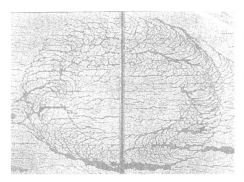 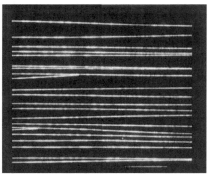

(a) A형 비교시험편의 결함지시   (b) B형 비교시험편의 결함지시

그림 24.9 비교시험편의 결함지시 모양

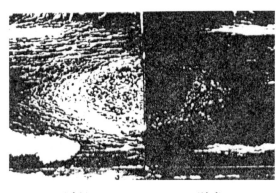 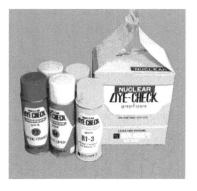

(양호)   (불량)

(a) A형 비교시험편에 의한 침투제 성능   (b) 침투탐상제(침투제, 현상제, 세척제)

그림 24.10 침투제의 성능 비교 및 침투탐상제

(3) 모니터 패널(PSM ; Penetrant system monitor)

모니터 패널은 염색 및 형광 침투탐상과 수세성 및 후유화성 침투탐상 검사에서 주요한 변화를 점검하기 위해서 탐상 개시 전에 사용하며 결함검출 효과를 향상시키고 검사와 비(非)관련된 특성들을 제거할 수 있다. 모니터 패널의 크기는 2.3(T)×100 (W)×150(L)(mm)이며 재질은 스테인리스 강으로서 그림 24.11과 같이 반쪽면을 크롬 (Cr)도금한 후 중앙부에 압입하중을 달리한 경도시험을 실시하여 5개의 별모양 인공결함(균열)을 크기순으로 발생시킨다. 인공결함이 있는 도금한 면은 탐상제의 결함검출

감도를 확인하며 다른 쪽 면은 Sand-Grit blasting 하여 거친 면을 만든 후 세척특성을 확인하는데 사용한다.

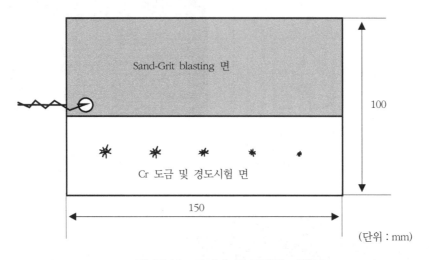

그림 24.11 모니터 패널(PSM) 시험편

(4) 탐상제 및 시험편(검사체)의 사용과 후처리

탐상제는 선정, 구입 및 사용 중 성능을 점검하며, 시험편은 사용 후 수증기, 유기용제, 초음파 등으로 완전 세척한다. 침투액, 유화제 및 현상제는 그 성능이 저하되면 폐기처분한다.

(5) 침투탐상 결과에 영향을 미치는 인자

① 침투제 및 유화제의 성분과 불순물 함유 정도

② 침투제 및 유화제의 적용시간과 처리방법

③ 현상제의 성능

④ 수온, 수압 및 세척시간

⑤ 건조시의 온도 및 시간

24.7 불연속부(결함)의 검출 및 판독

1) 결함의 분류

① 형태상 분류

폭이 좁은 미세균열, 폭이 넓은 균열, 표면부 기공, 무관련 지시 등

② 크기 및 형상에 따른 분류 : 균열의 길이와 깊이

③ 발생근원에 의한 분류

주조품에 존재하는 고유결함, 단조, 압연, 열처리, 절삭가공, 연마, 용접 등의 가공에 따른 결함, 부식, 피로균열 등의 사용에 따른 결함

④ 재질 및 재료의 형상에 의한 분류

재료의 종류별 특수결함 및 단조품의 결함(Lab, Burst 등), 주강품의 결함(열간균열, tear 등)

⑤ 재료의 제조공정에 의한 분류

주조, 압연, 단조, 압출, 인발, 용접, 열처리, 연마, 판금, 기계가공, Molding 등

2) 검사방법 선택을 위한 주요사항

탐상할 결함의 종류 및 크기, 검사체의 종류(재질, 크기, 모양, 표면상태), 검사체의 제조형태(단조, 주강, 기계가공표면 등), 예상되는 결함의 형태, 검사체의 용도, 검사체의 수량, 검사속도, 장비 및 시설의 활용, 검사비용 등.

3) 검출되는 결함

표면 균열, 노출된 기공, 표면하의 결함이 가공으로 노출된 것, 관통균열 또는 누설부 등.

① 미세균열 : 폭 0.0025mm 이하의 균열

② 보통균열 : 폭 0.025mm 이상의 균열

③ 벌어진 균열 : 폭 0.05mm 이상과 깊이 0.25mm 이하의 균열

4) 시험결과의 판독

① 의사지시(False indication) 발생 요인 : 부주의한 세척, 외부로 부터의 오염

② 무관련지시 : 설계상 존재하는 불연속에 의한 지시

③ 결함지시 : 균열(Crack) 및 유사균열에 의한 선형 지시와 기공에 반점 또는 불규칙 형태의 지시

5) 침투탐상제를 이용한 누설검사

일반용기나 밀폐용기의 관통 균열을 침투탐상법에 의해 검사할 수 있다. 즉 용기의 내부에서 침투제를 적용한 후 외부에서 속건식 현상제를 적용하여 결함지시를 관찰한다.

6) 불연속(결함) 지시모양의 등급 분류

자분탐상 검사법의 결함지시 분류와 같다.

① 선상(Line type) 및 원형상 불연속 지시의 등급 분류 : 표 24.6과 같이 분류한다.

표 24.6 선상(line type) 및 원형상 불연속지시의 등급 분류

등급 분류	불연속(결함) 지시의 길이
1 급	1mm 초과 2mm 이하
2 급	2mm 초과 4mm 이하
3 급	4mm 초과 8mm 이하
4 급	8mm 초과 16mm 이하
5 급	16mm 초과 32mm 이하
6 급	32mm 초과 64mm 이하
7 급	64mm 초과

표 24.7 분산 불연속지시의 등급 분류

등급 분류	불연속(결함) 지시길이의 합계
1 군	2mm 초과 4mm 이하
2 군	4mm 초과 8mm 이하
3 군	8mm 초과 16mm 이하
4 군	16mm 초과 32mm 이하
5 군	32mm 초과 64mm 이하
6 군	64mm 초과 128mm 이하
7 군	128mm 초과

② 분산 불연속 지시의 등급 분류 : 면적 2,500mm^{2}의 사각형(한 변의 최대 길이는 150mm)내에 존재하는 길이 1mm 이상의 불연속 지시의 총합계 길이로 분류한다 (표 24.7 참조).

③ 두 개의 결함지시가 거의 동일 선상에 연속해서 존재하고, 서로간의 거리가 2mm 이하인 경우는 하나의 결함지시로 간주한다. 그러나 두개의 결함지시 중 짧은 쪽 결함지시의 길이가 2mm 이하이고 그 길이만큼 서로 떨어져 있으면 2개의 결함 지시로 간주한다.

24.8 기타 침투 탐상검사법

1) 역형광법

사진음화법의 일종으로서 용제현탁성 형광 현상제를 사용하며 탐상절차는 일반 침투 탐상법과 동일하다. 시험결과의 관찰은 암실에서 하며 결함지시는 검은색으로 나타나 므로 감도가 우수하고 배경은 흐린 형광 빛으로 보인다.

2) 여과입자법

분말야금제품이나 세라믹 등의 다공질 재료에 대한 검사법으로서 초미립 형광분말의 현탁액을 적용하면 균열 개구부에 더 많은 미립자 분말이 잔류하여 축적됨으로써 결함지시를 관찰할 수 있으며 세척이나 현상제의 적용이 필요 없다.

3) 하전(荷電)입자법

하전입자의 흡착성을 이용한 방법으로서 유리, 플라스틱, 세라믹, 페인트 필름 등의 非전도체 제품을 탐상할 때 균열개구부에 전도성 액체를 침투키고 표면을 건조한 후 양전하를 띤 미립의 $CaCO_3$ 현상제를 분사하면 균열속의 음전하를 띤 침투액이 표면으로 나오면서 $CaCO_3$ 분말을 끌어당겨서 결함지시모양을 형성한다.

4) 휘발성 액체법

다공질 검사체의 표면에 알코올을 살포하면 건전부의 알코올은 휘발하여 자연건조되지만 결함(균열) 부위에는 내부로 침투한 알코올이 표면에 젖은 얼룩을 보임으로써 결함을 탐상할 수 있다. 그러나 결함의 형태나 크기를 정확히 판별하기는 곤란하다.

5) 기체방사성 동위원소법

진공상태에서 검사체에 기체 방사성 동위원소인 Kr-85를 침투시키고 공기로 세척한 후 X-Ray 필름을 검사체 표면에 부착하여 β선에 의해 감광된 필름을 보고 결함을 찾는 방법으로서 안전에 유의해야 한다.

와전류 탐상시험
(Eddy Current Testing ; ET)

25.1 서 론

1) 와전류 탐상 검사의 개요

전류가 통하는 금속 등의 도체에 시간적으로 변화하는 자속(磁束)을 적용시키면 도체내부에 유도전류인 와전류(瓦電流)가 발생하며 불연속이 존재하는 경우 와전류의 크기와 분포가 변함으로서 결함을 탐상할 수 있다.

와전류 탐상은 전자유도 시험으로서 ① 소재의 표면부 결함(불연속) 탐상, ② 재질시험(화학성분, 열처리 상태, 조직검사 등), ③ 치수 및 두께(도막 및 판) 측정, ④ 형상의 변화 검사에 사용되며 모든 도체를 검사할 수 있으나 유리, 플라스틱 등의 비(非)전도체에는 적용할 수 없다. 와전류 탐상은 주파수가 MHz 이하인 교류전류를 코일(Coil)에 흐르게 하여 자속을 발생시키고 코일을 검사체의 표면에 접근시키면서 Coil impedance의 변화 또는 전압의 변화를 검출하여 표면부의 불연속을 검사한다.

와전류는 표피효과(Skin effect)에 의해서 주로 시험체의 표면부에 집중되므로 표면부 결함탐상에 적용되며 주파수, 전도율, 투자율이 낮을수록 침투깊이가 증가한다.

2) 와전류 탐상 검사의 장단점

(1) 장점

① 결함의 크기, 두께 및 재질의 변화 등을 동시에 검사할 수 있으며 응용분야가 넓다.

② 봉, 파이프 및 선재 등을 생산라인에서 모두 고속으로 자동검사할 수 있다.

③ 표면부 결함의 탐상감도가 우수하며 고온에서의 검사 및 얇고 가는 소재와 구멍의 내부 등을 검사할 수 있다.

④ 코일이 내재된 탐촉자(Probe)를 검사체와 비접촉 방법으로 접근시켜 검사하며 원격조정으로 좁고 깊은 곳의 탐상이 가능하다.

⑤ 결함 지시가 모니터(CRT)에 전기적 신호로 나타나므로 기록보존과 재생이 용이하다.

(2) 단점

① 검사체의 표면으로부터 깊은 내부결함과 강자성 금속은 탐상이 곤란하다.

② 결함의 지시에 의해서 결함의 종류와 형상을 직접 판별하기 어렵다.

③ 검사대상 외의 재료적 인자 또는 주변환경(진동, 충격, 전류 등)에 의한 잡음 발생이 와전류 신호를 방해하여 탐상에 지장을 초래할 수 있다.

④ 관통형 코일의 경우 결함지시가 코일이 적용되는 전영역의 적분값으로 얻어지므로 관(Pipe)재의 어느 위치에 결함이 있는지 알 수 없다.

⑤ 프로브 코일은 적용 영역이 좁아서 판상의 검사체 전면을 주사해야 한다.

⑥ 탐상에 숙련이 요구되며 결함지시 판독에 전문지식과 경험이 필요하다.

3) 와전류 탐상 검사의 체계

와전류 탐상의 검사체계는 그림 25.1과 같이 와류 발생기(Eddy current generator), 시험 코일 및 지시계(Indicator)로 구성되어 있다.

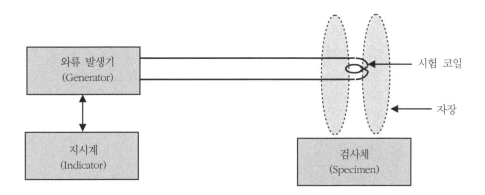

그림 25.1 와류 탐상 검사 체계

4) 와전류 탐상 검사의 적용분야

(1) 생산공정 과정의 검사

자동검사식 와전류 탐상기를 생산라인에 설치하여 제조 중에 있는 봉재, 관재, 선재 등의 전량을 고속으로 검사한다.

(2) 완제품 검사

표면부 결함, 두께변화 측정, 재질의 특성을 검사한다.

(3) 보수 검사

원자력과 화력 발전소 및 석유화학 플랜트의 열교환기 튜브, 항공기 엔진의 터빈 블레이드, 선박의 엔진 등의 기계부품에 대한 보수검사를 한다. 표 25.1은 와전류 탐상 검사를 분류한 것이다.

표 25.1 와전류 탐상 검사의 분류

시험 종류	와전류 영향 인자	시험코일	적용 대상	
결함 탐상	표면부 불연속	관통형 내삽형	흑연, 철강, 비철금속	Bar, Pipe, Wire, Plate 등의 표면하 결함
재질 검사	전도율 변화	표면형 관통형	흑연(Graphite)	화학성분, 열처리 조직
	투자율 변화	관통형	철강	화학성분, 열처리 조직
도막두께 측정	도체-코일간 거리 변화 (Lift-off)	표면형	금속표면의 비전도성 도막	페인트, Alumite 코팅
	금속판의 두께	표면형	철강, 비철금속	판, 막의 두께 측정
치수 측정	금속재료의 치수, 형상	표면형	철강, 비철금속	형상, 치수
기타 응용	전도율, 투자율, Lift-off	표면형	금속탐지, 액면검출, 용접온도측정, 근접스위치, 액체금속부 검출 등	

5) 와전류와 자장, 전도도 및 비저항

(1) 자장

와전류란 교류자장에 의해서 전도체 내에 유도된 원형의 전류흐름으로 정의할 수 있으며 전도체 내의 와전류는 코일의 자장과는 서로 반대방향으로 매우 약한 자장을 형성하며 이들 두 자장은 코일의 임피던스에 변화를 일으키는 상호작용을 하며 지시계에 나타난다. 와전류는 코일내에 전도체를 넣거나 전도체 내에 코일을 넣어도 얻어지며 이때 전도체는 외부 회로와 단절되어 있어야 한다. 그림 25.2는 Coil의 자기장과 검사체의 와전류를 나타낸 것이다.

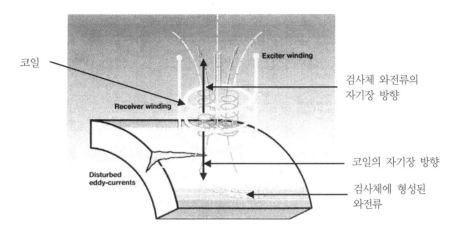

그림 25.2 Coil의 자기장과 검사체의 와전류

(2) 전도도(Conductivity)

물질은 금속과 같이 전류가 잘 통하는 전도체(Conductor)와 비금속과 같이 전류가 통하지 않는 부도체(절연체 ; Insulator) 및 전도체와 부도체의 양면성을 가진 반도체 (Semi-conductor)가 존재한다.

전도체는 전도도와 저항으로서 전류의 흐름을 평가하며 전도도에 영향을 미치는 인자(Factor)는 ① 화학성분 ② 합금원소 및 불순물의 함량 ③ 냉간가공 ④ 온도(고온일수록 전도도는 감소) ⑤ 결정격자의 구조(BCC, FCC 등) ⑥ 열처리(Quenching) ⑦ 강도 및 경도 ⑧ 조직 및 결정입도 ⑨ 잔류응력 등이 있다. 한편 초전도도(Super conductivity)는 어떤 재료가 극저온으로 냉각되어 임계온도(Tc)에 이르면 전기저항이 0이 되는 현상을 말한다.

표 25.2는 주요 재료의 전기 전도도 및 비저항을 나타낸 것이다.

표 25.2 주요 금속의 전기 전도도 및 비저항

재료	전기 전도도 (% IACS)	비저항 (Ω-cm$\times 10^{-6}$)	재료	전기 전도도 (% IACS)	비저항 (Ω-cm$\times 10^{-6}$)
Ag	105~117	1.59	Al 청동	13	
Cu	100	1.67	Cupro 10Ni	11.9	
Au	73.4	2.35	Pb	8	21
Al	61	2.65	Cupro 30Ni	5	
Al 합금	57~62		Zr	4.2	40
Bronze	44		Ti	1~4.1	42
Be	34~43		STS 304	2.3~2.5	
2014 Al합금	32~40		Inconel 600	1.7	
2024 Al합금	28~37		Hastelloy	1.3~1.5	
Mg	37	4.45	W		5.65
Mo	33		Fe	-	9.71
Zn	26.5~32	5.92	Pt	-	10.6
Brass	25		Hg	-	98
Cd	25		Ni-Cr	-	100
Ni	25	6.84	Bi	-	107
Cu-Be	17~21		Graphite(C)	0.43	1375
Li	18.5~20.3		Si	-	10
Sn	15	11	유리	-	109~12
Cr	13.5		고무	-	1013~15

※ % IACS : 순동(Pure Copper)의 전기 전도도를 100%하여 타 재료를 비교한 값.

(3) 비저항(Resistivity)

식 (25.1)과 같이 금속선의 전기저항(R)은 선길이(L)에 비례하고 선의 단면적(A)에 반비례하는데 이때의 비례상수(ρ)를 비저항(比抵抗)이라 한다.

$$R = \rho \cdot \frac{L}{A} = \frac{L}{\sigma \cdot A} \tag{25.1}$$

(σ : 전도율, $\rho \times \sigma = 1$)

(4) 와전류에 영향을 미치는 인자

다음의 인자들은 와전류의 흐름이나 강도 및 분포에 영향을 미친다.

① 불연속(결함) : 균열, 침식 등

② 투자율 : 강자성체 재료에 적용되며 자력값에 따라 변한다.

③ 전도율 : 화학성분, 온도, 응력, 열처리 등에 따라 변한다.

④ 검사체의 치수변화 : 크기, 형상, 두께, 충진율 등

⑤ 검사체와 코일간의 거리 : Lift-off 효과, 피막두께, 검사체와 코일간의 거리는 항상 일정해야 한다.

(5) 와전류의 특성

① 전도체 내에서만 존재하며 교번 전자기장에 의해서 발생한다.

② 연속적으로 흐르며 교차하지 않는다.

③ 자기장이 발생하는 동일 주파수에서 진동한다.

④ 코일에 가장 근접한 검사체의 표면에서 최대 와전류가 발생한다.

⑤ 와전류가 물체에 침투되는 깊이는 시험 주파수, 재료의 전도성 및 투자율과 반비 례한다.

25.2 와전류 탐상검사의 기초

1) 전자기의 기초

(1) 전계(電界)

2개의 전하(電荷)가 존재하면 하나의 전하는 다른 전하에 힘의 영향을 미치게 된다. 프랑스의 물리학자인 쿨롱(Coulomb)은 두 점전하 사이에 작용하는 전기력은 두 전기 량의 곱에 반비례한다는 식 (25.2)와 같은 쿨롱의 법칙을 만들었다.

$$F = k \frac{Q_1 \cdot Q_2}{r^2} \tag{25.2}$$

식 (25.2)에서 k는 비례상수로서 $k \fallingdotseq 9 \times 10^9 (N \cdot m^2/C^2)$이며, 1C는 두 점전하가 1m의 거리에서 $9 \times 10^9 (N)$의 힘으로 서로 작용하는 전기량이다. 또한 Q_1과 Q_2는 2개의 전하이며 r는 두 전하간의 거리이다. 자연계에 존재하는 가장 작은 전기량인 기본전하 e는 약 $-1.602 \times 10^{-19}(C)$이다

한편 전기장 내에서 +전하가 받는 힘의 방향으로 +전하를 이동시키면서 그린 선을 전기력선(Electric field lines) 또는 역선이라 하며 그림 25.3과 같다.

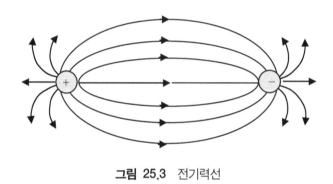

그림 25.3 전기력선

전기력선은 +전하에서 −전하로 흐르고 그 수는 전하의 크기에 비례하며 선간의 거리가 근접할수록 전기장은 강해진다. 전기장은 항상 도체 표면에 수직이며 도체 내의 전하가 움직이지 않으면 전기장은 0이 된다.

(2) 자계(磁界) 및 자속밀도

전하의 주위에 전기장(전계)이 형성되듯이 자석의 자극 주위에도 자기장(자계)이 형성되며 같은 극간에는 반발력이, 다른 극간에는 인력이 작용한다.

식 (25.3)은 자기(磁氣)에 관한 쿨롱의 법칙이며 2개의 점자극에 작용하는 힘 F는 두 자극의 강도인 $M_1 \times M_2$에 비례하고 자극간의 거리 r^2에 반비례 한다.

$$F = \frac{1}{4\pi \cdot \mu} \times \frac{M_1 \cdot M_2}{r^2} \tag{25.3}$$

μ : 투자율(H/m)

자석근처에 있는 철강이 일시적으로 자화(磁化)되어 인력이 작용하는 현상을 자기유도라 한다. 자속(ϕ)은 투자율(μ)과 자력선의 수(N)를 곱한 값이며 단위는 웨버(Wb)이다. 또한 자속에 수직인 단면적(A)을 통과하는 자속을 자속밀도(B)라하며 단위는 tesla(T) 또는 Wb/m^{2}이다. 즉 $\phi = \mu N$, $B = \phi/A = \mu H$의 식이 성립하며 H는 자계의 강도이다($\phi = BA\cos\theta$에서 $\theta = 90°$이면 $\phi = BA$).

전류와 자기의 진행 방향은 플래밍의 오른속 법칙과 같이 전류가 앞으로 진행할 때 자기는 전류방향과 수직하여 오른쪽으로 진행한다.

(3) 전자유도

자속이 변할 때 코일에 기전력이 발생하는 것을 전자유도라 하며 그림 25.4와 같이 상호유도와 자기유도가 있다.

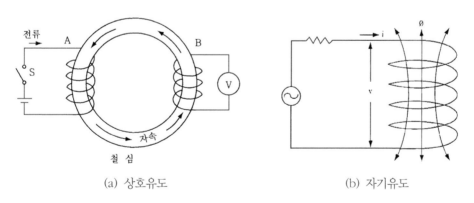

(a) 상호유도　　　　　　(b) 자기유도

그림 25.4 상호유도와 자기유도

상호유도는 2개의 코일이 있을 때 하나의 코일에 흐르는 전류가 시간에 따라 변하면 다른 코일에 기전력이 발생하는 현상이며, 자기유도는 코일에 흐르는 전류가 시간에 따라 변할 때 코일 내에 기전력이 발생하는 현상이다.

(4) 와전류의 발생

검사체의 표면에 코일을 접근시켜 와전류(Eddy current)를 발생시키는 절차는 다음과 같다.

① 시험기를 작동시켜 코일(Coil)에 교류전류를 통전하고 1차 전자기장을 발생시킨다.

② 1차 전자기장이 검사체의 표면에 와전류를 유도하며 시험코일의 자기장과 반대 방향으로 2차 전자기장을 발생시킨다.

③ 와전류의 흐름에 이상이 있으면 2차 전자기장에 변화가 나타나서 1차 전자기장에도 변화를 일으키며 그 변화는 시험코일의 임피던스를 변화시키게 된다.

④ 시험코일의 임피던스 변화는 시험기 회로에서 전류와 전압 위상의 관계를 변화시킨다.

⑤ 회로값의 변화는 증폭되어 scope, meter 또는 strip chart 등의 지시모양 판독 기기에 나타난다.

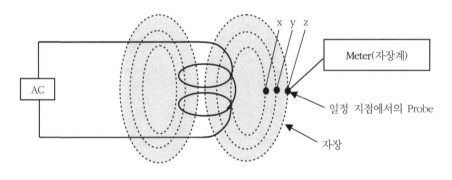

그림 25.5 자장의 강도

그림 25.5와 같이 자장의 강도는 교류의 변화 및 코일로 부터의 거리에 따라서 변한다. 즉 자장계로 측정하면 x지점에서 z지점으로 갈수록 자장의 강도가 감소하는 것을 알 수 있다. 그러므로 검사체에 와전류의 양을 증가시키려면 가능한 검사체의 표면에 코일을 근접시키되 항상 일정한 거리를 유지하면서 검사해야 한다.

(5) 표피효과(Skin effect)와 침투깊이

그림 25.6과 같이 와전류의 분포가 검사체의 표면부에 집중되는 현상을 표피효과라 한다. 표피효과로 인하여 와전류의 강도는 검사체의 표면에서 가장 강하게 나타난다. 와전류의 밀도가 37%인 깊이를 표준침투깊이라고 한다.

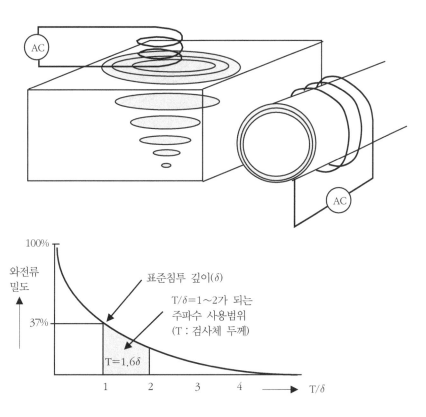

그림 25.6 와전류와 침투깊이

$$\delta = \frac{1}{\sqrt{\pi f \mu \sigma}} \tag{25.4}$$

δ : 표준침투깊이(m) $\qquad \pi$: 3.14

f : 교류의 주파수(Hz)

μ : 검사체의 투자율(H/m)

σ : 검사체의 전도율(μ/m)

f, μ 및 σ가 클수록 δ는 감소한다.

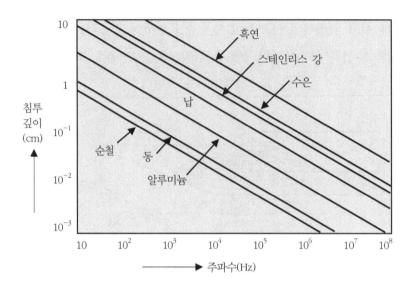

그림 25.7 주요 금속재료에 대한 전류의 주파수와 침투깊이

검사체 표면에 형성된 와전류의 밀도가 37%로 감소하는 깊이를 표준침투깊이라고 하며 37%는 $1/e = 1/2.718 = 0.37$으로 산출된다.

$T/\delta \leq 1$이면 탐상감도는 양호하나 분해능은 좋지 않다. 전류의 전도성이 좋은 금속일수록 와전류의 침투 깊이는 감소하며 그림 25.7과 같이 교류전류의 주파수(f)와 침투깊이는 반비례 한다.

2) 코일과 검사체의 관계

(1) Lift off 효과

그림 25.8과 같이 표면형 코일과 검사체 표면간의 거리에 따른 출역지시의 변화가 나타나는 현상을 Lift off 효과라 한다.

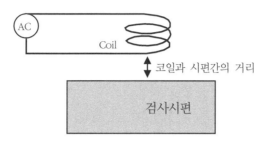

그림 25.8 표면형 코일과 Lift off 효과

(2) 충진율(Fill factor)

그림 25.9와 같이 관통형 코일을 사용하여 봉(Bar)재를 탐상하거나 내삽형 코일을 사용하여 관(Pipe)재를 탐상할 때 원주와 코일간의 거리에 따라 출력지시가 변하는데 사용되는 값을 충진율(η)이라 하며 식 (25.5)로 산출한다.

$$\eta = \frac{(D_1)^2}{(D_2)^2} = \frac{(\text{내삽형 코일 또는 봉재의 외경})^2}{(\text{관통형 코일 또는 관재의 내경})^2} \tag{25.5}$$

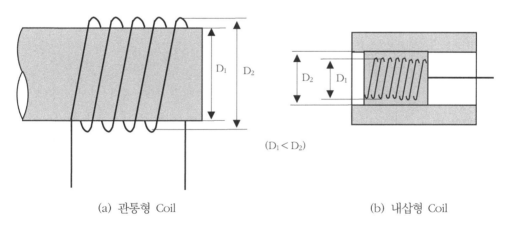

(a) 관통형 Coil   (b) 내삽형 Coil

그림 25.9 관통형 및 내삽형 코일

(3) 모서리 효과(Edge effect)

그림 25.10과 같이 시험용 코일(Probe)을 검사체의 끝이나 모서리 부분에 접근시키면 와전류가 더 이상 흐르지 못하고 뒤틀리게 되는 현상을 모서리 효과라고 한다. 그러므로 검사체의 끝이나 모서리 부분의 탐상은 제한(모서리로 부터 3.2mm 이내는 검사곤란)을 받게 되며 판상의 검사체를 표면형 코일로 검사할 때는 모서리 효과가, 봉재나 관재를 관통형 또는 내삽형 코일로 검사할 경우는 끝부분 효과(End effect)가 나타나며 결함탐상이 어려워진다.

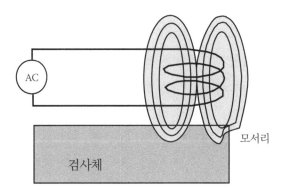

그림 25.10 모서리 효과(Edge effect)

(4) 신호(Signal)대 잡음(Noise)의 比(S/N Ratio)

S/N 比란 신호지시를 방해하는 허위(잡음)지시에 대한 실제(유효)지시의 비율을 말하며 S/N 비를 증가시키려면 ① 주파수의 변화, ② 필터회로 부착, ③ 위상식별, ④ 충진율과 Lift off의 개선, ⑤ 기계적 진동 및 전기적 잡음발생 요인의 제거 등이 필요하다. 검사체의 표면을 매끄럽게 하고 오염물은 세척하여 잡음을 제거하며 전기적인 잡음은 차폐 또는 분리함으로써 제거할 수 있다. 와전류 탐상의 감도를 증가시키려면 정상 신호지시가 잡음지시의 3배 이상(신호 : 잡음=3 : 1)되어야 한다.

3) 검사체의 전기적, 자기(磁氣)적 변수 및 와전류의 신호

(1) 전도성(Conductivity) 및 투자성(Permeability)

와전류 탐상에서 출력지시에 영향을 주는 요소는 검사체가 비자성체인 경우 전기적 변수인 전도성과 자기적 변수인 치수변화가 있으며, 자성체의 경우는 전도성과 자기적 변수로서 치수변화와 투자성이 있다.

$$\text{전도율} \;;\; \sigma = \frac{1}{R \cdot A}, \quad \text{투자율} = \mu = \frac{B}{H} \tag{25.6}$$

식 (25.6)은 전도율(σ)과 투자율(μ)을 산출하는 식으로서 L은 검사체(저항체)의 길이(m), A는 검사체의 단면적(m^2), R은 저항(Ω), B는 자속밀도(Wb/m^2), H는 자력(A/m)이다. 투자율은 와전류의 침투깊이를 결정하는 요소이다.

그림 25.11은 자기이력곡선을 나타낸 것이다.

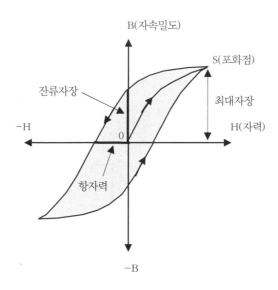

그림 25.11 자기이력곡선(Hysteresis loop)

(2) 와전류 신호 분석

① 임피던스(Impedance) : 전류의 흐름에 대한 코일의 총 저항을 임피던스(Z)라 하고 전기용량과 주파수에 따라서 다르며 전기용량에 반비례한다.

② 인덕턴스(Inductance) : 같은 전선을 코일의 형태로 감아서 연결시키면 다른 전류가 코일을 통하여 흐르게 되는데 이때 코일의 값을 인덕턴스(L)라 하고 단위는 Henry(H)이다.

③ 리액턴스(Reactance) : 와전류 탐상에서는 코일의 인덕턴스와 코일에 적용하는 교류의 주파수로서 정의되는 리액턴스(ωL)가 사용되며 리액턴스는 코일의 저항 값으로서 코일 또는 콘덴서에서 발생하며 인덕턴스와의 관계는 식 (25.7)과 같다.

$$\text{Impedance}(Z) = \frac{V}{I} \, (\Omega), \quad \text{Inductance}(L) = \frac{N \cdot \phi}{I} \, (H)$$

$$\text{Reactance}(\omega L) = 2\pi \cdot f \cdot L \, (\Omega) \tag{25.7}$$

$$\text{용량 Reactance}(Xc) = \frac{1}{2\pi \cdot f \cdot C} = \frac{V}{I}$$

V : 기전력   I : 교류전류

N : 코일의 권수 ϕ : 자속

f : 교류의 주파수   C : 전기용량

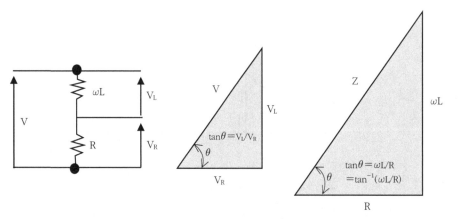

(R : 저항, ωL : 리액턴스, V_L : 인덕턴스 기전력, V_R : 저항 기전력,

임피던스 : $Z = \sqrt{R^2 + \omega L^2}$, 전압 : $V = \sqrt{V_R^2 + V_L^2}$, θ : 위상각(phase angle)

그림 25.12 코일의 임피던스와 Vector도

저항(R)에 교류전압을 걸면 전류(I)는 전압과 위상이 동일하나 리액턴스에 교류전압을 걸면 전류는 전압과 90° 만큼 위상차이가 나타난다.

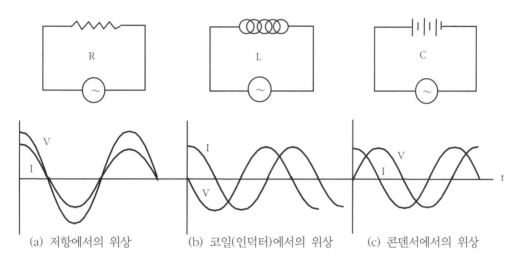

(a) 저항에서의 위상   (b) 코일(인덕터)에서의 위상   (c) 콘덴서에서의 위상

그림 25.13 저항, 코일 및 콘덴서에서의 위상

(3) 코일의 임피던스

① 상호유도 코일의 임피던스 : 상호유도로 결합된 2개의 코일에서 두 코일의 결합강도가 같으면 임피던스의 궤적은 동일한 반원이 되며, 1차 코일에 교류를, 2차 코일에는 저항을 연결하면 코일의 전류는 저항과 함께 증가하는데 이것은 두 코일이 상호유도 작용을 하기 때문이다. 두 코일의 결합강도(K^2)와 정규화 주파수(F)는 식 (25.8)과 같다.

$$K^2 = \frac{M^2}{L_1 \cdot L_2}, \; F = \frac{\omega L_2}{R_2} = \pi \cdot f \cdot \mu_0 \cdot \sigma \cdot D_2^2 \tag{25.8}$$

K : 결합계수(1보다 작은 무차원 정수)   M : 상호 인덕턴스

L_1과 L_2 : 1차 및 2차 코일의 자기 인덕턴스

ωL : 리액턴스   R : 저항

f   : 주파수 μ_0 : 투자율

σ : 전도율 D_2 : 코일의 직경

π : 3.14

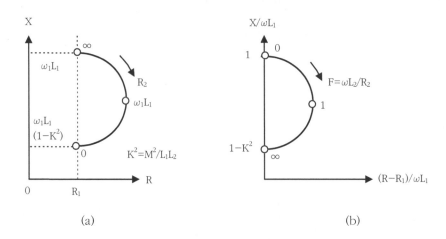

그림 25.14 코일의 임피던스 평면도(a) 및 정규화 임피던스 궤적(b)

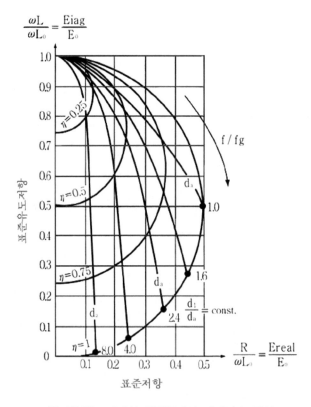

그림 25.15 비자성 원주도체의 인피던스 곡선

$$f_g = \frac{1}{\pi \cdot \mu_0 \cdot \sigma \cdot D_1^2}, \quad \frac{f}{f_g} = (D_1/D_2)^2 \cdot F \qquad (25.9)$$

f_g : 한계 주파수 　　　　　D_1 : 환봉의 직경

D_1/D_2 : 충진율(η)

그림 25.15는 비자성 원주도체의 인피던스 곡선을 나타낸 것으로서 F 및 f/f_g는 원주도체와 같다.

(4) 코일의 임피던스에 영향을 주는 인자

① 시험 주파수 : 교류전류의 주파수가 커지면 검사체 표면에 와전류 발생이 증가하며 코일의 리액턴스는 감소하고 임피던스는 시계방향으로 변한다.

② 검사체의 전도율 : 전도율은 와전류의 침투깊이에 영향을 준다. 즉 전도율이 높아지면 검사체 표면의 와전류 발생은 증가하나 내부의 와전류 밀도는 감소하고 임피던스는 시계방향으로 변하며 리액턴스는 0이 된다.

③ 검사체의 투자율 : 비자성체에는 큰 영향이 없으나 강자성체는 투자율이 크면 와전류의 침투가 방해되어 균일한 신호를 얻을 수 없으므로 자기포화 시킨 후 검사한다.

④ 검사체의 형상과 치수변화 : 형상이 변하면 코일의 임피던스가 변하며 충진율도 달라진다.

⑤ 코일과 검사체의 위치 : 검사체가 편심이 되어 코일과의 거리가 불균일하게 되면 임피던스의 변화가 나타나서 잡음신호가 발생한다.

⑥ Lift-off 효과 : 프로브형 코일을 사용할 경우 코일과 검사체간의 거리를 코일의 반지름으로 나눈 정규화 거리로 양자의 위치 관계를 나타낸다.

⑦ 탐상속도 : ASME의 권고속도는 355mm/sec 정도이다.

⑧ 임피던스법의 특성 : 임피던스법으로 검사할 경우는 와전류의 전도성, 투자율 및 치수의 변수가 동시에 나타나므로 어느 변수가 지시에 변화를 주는지 알 수 없으므로 1~2개의 변수를 상수로 하고 나머지 변수가 임피던스에 영향을 미치는 것으로 간주한다.

⑨ 결함 : 결함에 의한 임피던스의 변화는 시험 주파수에 의해서 그 크기와 방향의 차이를 알 수 있다.

(5) 위상분석(Phase analysis)

그림 25.16은 코일 및 저항과 전압의 위상관계를 나타낸 것이다.

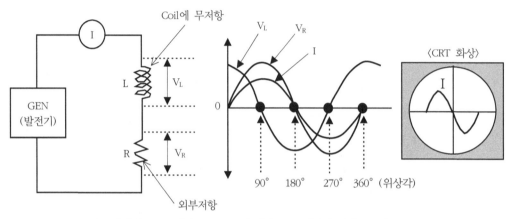

(L : 인덕턴스, R : 저항, V_L : Coil의 전압, V_R : 저항의 전압, I : 전류)

그림 25.16 코일 및 저항과 전압의 위상관계

위상분석법의 특성은 임피던스 시험법으로 분리할 수 없는 전도성, 투자율 및 기하학적 구조를 위상분석하고 투자성과 치수의 변화가 코일의 리액턴스에 평행일 때 코일의 저항은 전도성과 평행하다는 것에 근거하여 수직판의 교류전압과 수평판의 시간축 전압과의 관계를 파형의 변화로 CRT에 나타내는 것이다.

그림 25.17에서 리액턴스가 증가하면 위상각도 증가하며 위상각은 임피던스의 변화에 따라 변화하게 된다. 저항이 없으면 위상각은 90°가 되나 실제로는 저항이 존재하므로 위상각은 90° 이하가 된다.

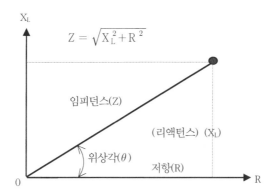

그림 25.17 임피던스 Vector도

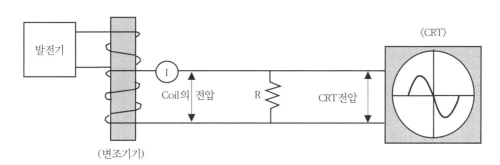

그림 25.18 위상분석법의 연결방법

(6) 변조분석(Modulation analysis)

변조분석법은 임피던스 시험법 및 위상분석법과 함께 와전류 탐상의 기본방법 중의 하나이다. 발전기는 고정 주파수의 교류전압을 변조기기에 공급하며 출력지시는 일정한 속도로 이동하는 기록지에 그림 25.19와 같이 펜으로 주파수의 변화를 수직선으로 그려서 나타낸다. 1초에 4개의 출력지시가 나타나면 변조주파수는 4 cycles/sec가 된다. 시험 코일에 적용되는 주파수를 조정할 수 있는 코일 및 시험편에 관련된 요인들은 다음과 같다.

① 화학성분 ② 충진율(시험편과 코일의 간격) ③ 치수변화 ④ 불연속부(결함) ⑤ 내부응력 또는 적용응력 ⑥ 열처리 조건 ⑦ 결정격자 ⑧ 전위 ⑨ 시험온도 ⑩ 진동, 소음 등.

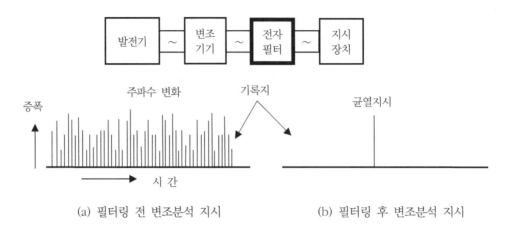

(a) 필터링 전 변조분석 지시   (b) 필터링 후 변조분석 지시

그림 25.19 변조분석장치의 기록지에 표시된 주파수 변화와 필터후 지시

4) 시험 코일(Coil)

와전류 탐상에서 사용되는 시험용 코일은 ① 검사체의 크기, 형태 및 재질 ② 사용 주파수 ③ 결함의 크기, 위치, 방향 및 형상 ④ 검사 속도 ⑤ 검사체에 접근하는 방법 등을 고려하여 선택하며 코일의 종류는 그림 25.21과 같이 ① 관통형 코일 ② 내삽형 코일 ③ 표면형 코일이 있다. 또한 코일의 배열은 검출방법에 따라 절대(絕對)법과 차동(差動)법으로 분류되며 차동법에는 자기 비교(유도)형과 상호 비교(유도)형이 있다.

(1) 관통형 코일(Encircling coil)

그림 25.20의 (a)와 같이 봉재, 선재 및 관재 등의 검사체를 코일 안으로 통과시키면서 결함을 탐상하는 코일로서 한 번에 검사체 전체를 고속으로 검사할 수 있고 프로브의 마모가 발생하지 않으나 원주방향과 평행인 불연속(결함)에 대한 검출이 어렵고 검사체의 치수 변화에 민감하다.

(2) 내삽형 코일(Inside or Bobbin coil)

그림 25.20의 (b)와 같이 시험코일을 관재(pipe) 또는 볼트 구멍(hole) 등의 검사체 내부로 삽입시켜 결함을 탐상하는 코일로서 내부검사가 용이하고 작업속도가 양호하나 코일홀더(프로브)의 마모가 발생하며 충진율의 영향이 크다.

(3) 표면형 코일(Probe coil)

그림 25.20의 (c)와 같이 검사체의 표면부에 접촉시켜 결함을 탐상하는 코일로서 일정 범위 내에 존재하는 균열을 측정하고 분류하는 검사에 적합하나 탐상속도가 비교적 느리고 프로브의 마모 및 Lift-off에 문제가 있다.

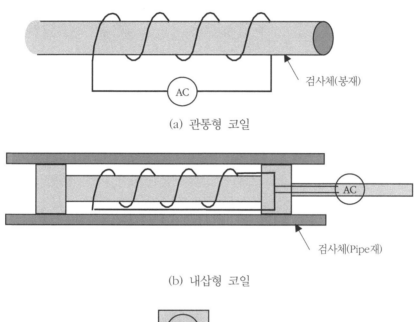

(a) 관통형 코일

(b) 내삽형 코일

(c) 표면형 코일

그림 25.20 와전류 탐상용 각종 코일

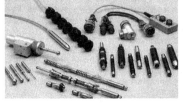

(a) 관통형 코일   (b) 내삽형 코일   (c) 표면형 코일

그림 25.21 와전류 탐상용 각종 코일의 실물

(4) 사용에 따른 시험 코일의 분류

① 절대(絕對)법 : 그림 25.22의 절대형 코일을 사용하며 비교시험편 또는 표준시험 편과 비교할 수 없다. 검사체의 재질, 형상, 치수변화, 온도변화 등의 영향을 받으므로 안정성이 부족하다.

② 차동(差動)법 : 그림 25.23의 차동형 코일을 사용하며 비교시험편과 서로 비교하면서 탐상한다. 또한 그림 25.23과 같이 ⓐ 동일시편의 두 부분을 서로 비교할 수 있는 자기비교형 코일과 ⓑ 알고 있는 비교시험편과 시험할 시험편 부위를 서로 비교할 수 있는 표준(상호)비교형 코일이 있다.

표 25.3 시험코일의 표시방법(KS D 0232)

표시순서	항 목	표시방법
1	시험코일의 형식	자기유도형 : S, 상호유도형 : M
2	시험코일의 방식	자기비교방식 : B, 표준비교방식 : A
3	관통구멍의 지름(a)	단위 : mm
4	시험코일 권선의 평균지름(D)	단위 : mm

(5) 특수 용도용 코일의 종류

특수 용도로 사용할 수 있는 코일에는 ① 회전형(spinning) 코일, ② Gap probe 코일, ③ 8×1 코일, ④ MRP(motorized rotating pancake) 코일 등이 있다.

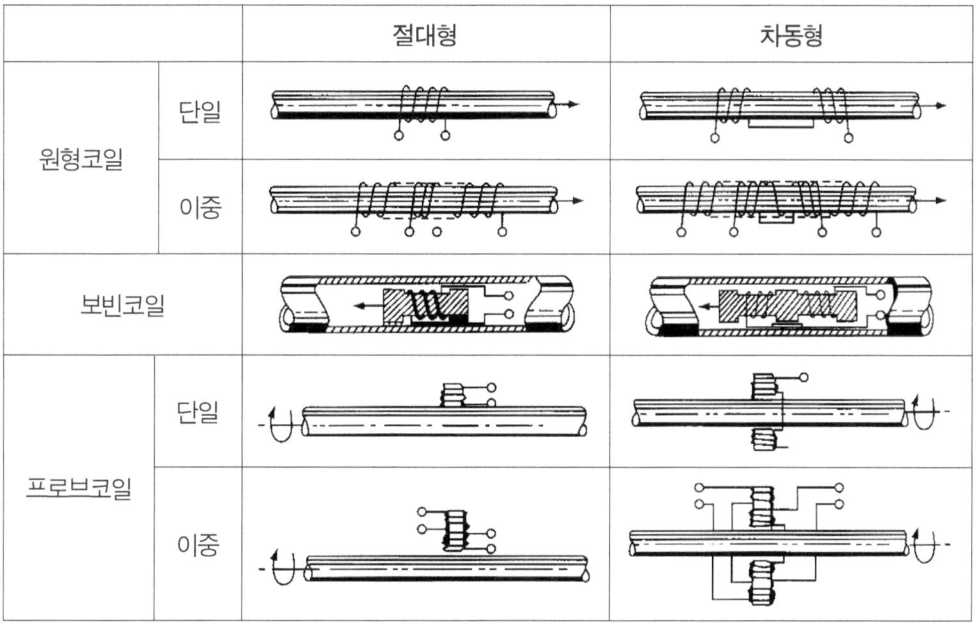

		절대형	차동형
원형코일	단일		
	이중		
보빈코일			
프로브코일	단일		
	이중		

그림 25.22 코일의 type과 분류

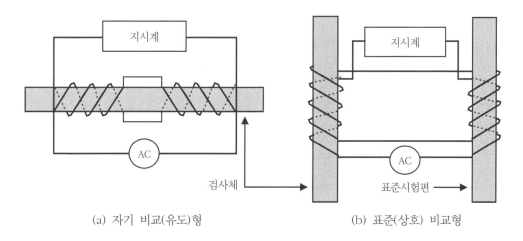

(a) 자기 비교(유도)형   (b) 표준(상호) 비교형

그림 25.23 차동법 코일의 배열

5) 와전류 탐상장치

(1) 기본구성

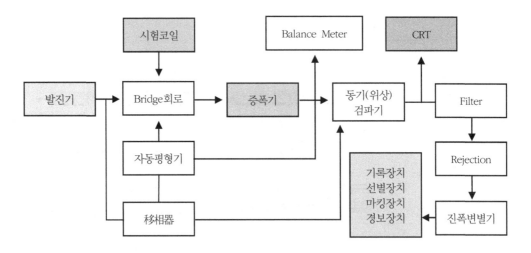

그림 25.24 와전류 탐상기의 기본구성

① 발진기(Generator) : 검사체의 크기, 형상, 전기 전도도, 재질에 따라 최적의 주파수를 발생한다.

② Bridge 회로 : 검사체의 결함에 따른 코일의 임피던스 변화를 전기적 신호로 나타낸다.

③ 증폭기 : Bridge에서 나오는 신호를 증폭시킨다.

④ 동기 검파기 : 위상 판별기이며 특정 위상을 가지는 결함신호를 검출한다.

⑤ 이상기 : 발진기의 전압위상을 180° 변화시킨다.

⑥ 선별기(Filter) : 잡음신호를 제거한다.

⑦ Rejection : Filter를 통과한 미세 잡음신호를 제거한다.

⑧ CRT(브라운관) : 결함신호의 전압을 Vector로 표시함으로써 결함 신호, 잡음의 진폭, 위상 등을 관찰할 수 있다.

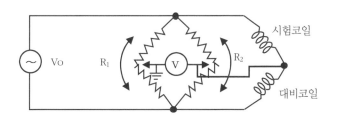

그림 25.25 와전류 탐상기의 Bridge 회로

(2) 부속장치

① 기록장치 : X-Y 기록계에 의한 Strip chart, CRT(그림 25.26)

② 이송장치 : 자동탐상시 검사체를 진동없이 일정한 속도로 이동시킨다.

③ Marking 장치 : 검출된 결함의 위치 표시 및 합격품과 불합격품의 구분 표시를 하는 장치이다.

④ 자기포화장치 : 검사체의 자성을 균일하게 하여 미세잡음을 감소시킨다.

⑤ 탈자장치 : 자성을 가진 검사체의 와전류 탐상에서 잔류자장을 제거한다.

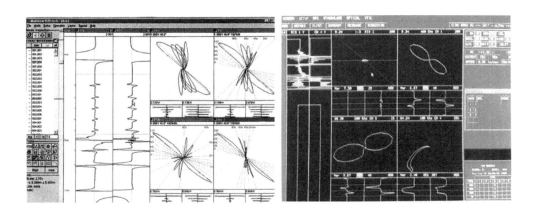

그림 25.26 기록장치(CRT)에 의한 와전류 탐상 결과 기록

(3) 시험코일에 따른 와전류 탐상장치

일반적인 와전류 탐상기는 그림 25.27과 같으며 탐상 주파수는 0.5, 1, 2, 4, 8, 16, 32, 64, 128, 250, 500, 1000(KHz) 중에서 검사체의 재질, 크기 등에 따라서 선택 사용하는 것이 좋다.

① 관통 코일을 이용한 탐상기 : 비자성 검사체와 자성 검사체에 대한 탐상기가 있다.

② 표면 코일을 이용한 탐상기 : 코일 회전형, 복수코일(multi-coil)형, 검사체 회전형, 열간 탐상형, 수동 탐상형[그림 25.27 (a)] 등의 탐상기가 있다.

③ 내삽 코일을 이용한 탐상기 : 열교환기 튜브, 복수기, 전열관 등의 보수검사에 사용한다.

④ 다중 주파수를 이용한 탐상기 : 시험코일에 2개 이상의 주파수를 동시에 적용하여 검사할 수 있는 탐상기[그림 25.27 (b)]로서 S/N 比(검출신호/잡음의 比)가 향상되므로 탐상결과의 신뢰성이 높으며 결함탐상, 재질시험, 박막두께 측정 등 다목적용으로 사용할 수 있다. 잡음의 원인이 없는 상태에서 가장 접합한 시험 주파수를 f_1이라 하고 잡음의 원인에 따라 선정할 수 있는 주파수를 f_2라고 하면, 잡음의 발생이 검사체 외부(외면)에서 기인할 때는 f_2를 f_1의 2~4배 정도 높게하고, 잡음의 발생이 검사체 내부(내면)에서 기인할 때는 f_2를 f_1의 1/2~1/8로 낮춘다.

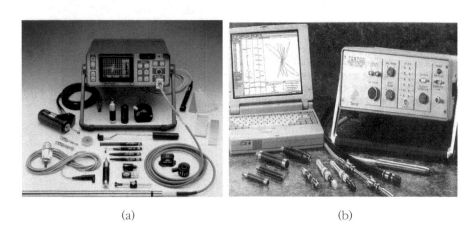

(a)   (b)

그림 25.27 수동형(a) 및 내삽형 다중 주파수(b) 와전류 탐상기

(4) 표준(대비)시험편

표준시험편은 검사체와 치수 및 표면상태가 같고 결함이 없는 동일한 재질에 drill hole, slit, notch 등의 인공결함을 가공한 것으로서 탐상감도 조정, 탐상기의 조정과 성능점검 및 탐상결과에 대한 합격, 불합격 기준설정 등 검교정(calibration)을 위해서 사용한다. 탐상기의 검교정은 ① 검사자의 교대시, ② 기록 tape나 chart roll의 교체시, ③ 4시간 정도 사용시, ④ data에 이상이 있다고 판단될 때, ⑤ 계기 조정시, ⑥ 고장 수리 후, ⑦ 부속장치 교체시, ⑧ 기타 필요시 실시한다. 각종 표준시험편의 와전류 탐상 결과를 그림 25.29~32에 나타내었다.

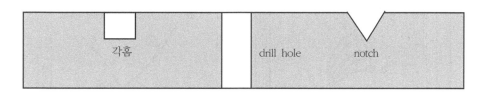

그림 25.28 인공결함의 종류

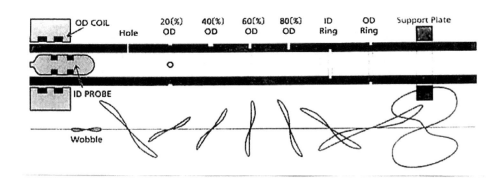

그림 25.29 ASME tube 시험편 탐상의 결함지시 모양

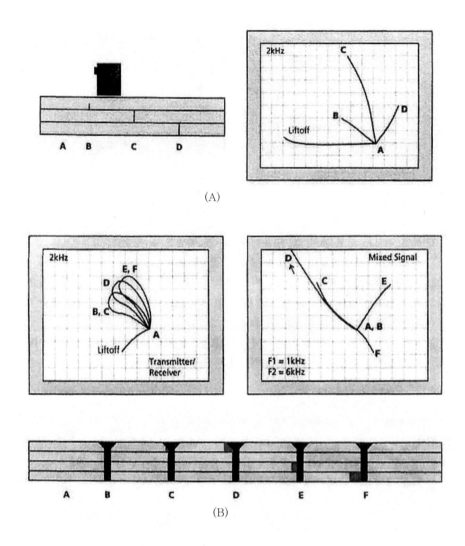

(A)

(B)

그림 25.30 표면하 균열(A) 및 다층구조물의 위치별 와전류 탐상에 따른 지시모양(B)

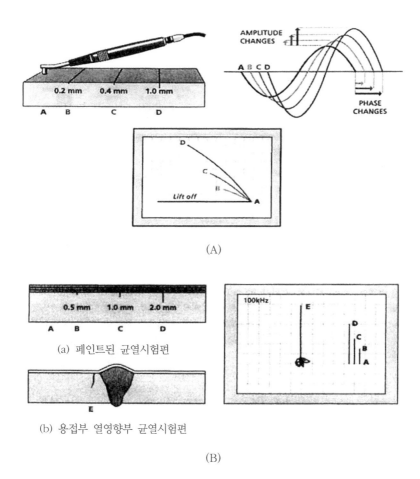

(A)

(a) 페인트된 균열시험편

(b) 용접부 열영향부 균열시험편

(B)

그림 25.31　표면균열 시험편(A)과 페인트균열 및 용접균열 시험편(B)의 와전
류 탐상결과에 따른 결함지시 모양

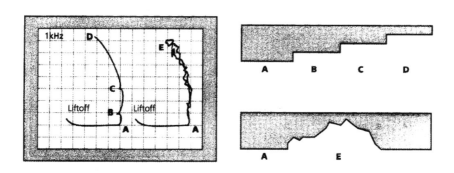

그림 25.32　부식된 시험편의 와전류 탐상에 따른 지시모양

6) 와전류 탐상검사 방법

(1) 시험코일에 따른 탐상검사

① 관통형 코일을 사용한 탐상 : 원통형 코일 속으로 검사체를 이송시키며 탐상하는 방법으로서 관재(pipe), 봉재(bar), 선재(wire) 등의 외면부 불연속 검출에 적합하며 주로 제품 및 제조공정에 따른 검사에 적용한다. 관재의 내면을 검사할 경우는 저주파수를 사용하여 전류의 침투를 깊게 한다.

② 내삽형 코일을 사용한 탐상 : 관재나 구멍(hole)의 중심에 원통형 코일의 probe를 삽입하여 내부 표면의 결함을 탐상하는 방법으로 열교환기 배관검사에 적합하며 주로 제품의 보수검사에 적용한다. 충진율과 탐상속도가 검사결과에 영향을 미치며 관재의 외면부를 검사할 때는 저주파수를 사용한다.

③ 표면형 코일을 사용한 탐상 : 판재, 기계부품, 강괴, 주조품, 단조품, 봉재, 관재 등의 표면부에 평면형 코일의 probe를 접근시켜 불연속을 검출하는 방법으로서 제품, 제조공정에 따른 검사 및 보수검사에 적용한다. 탐상속도가 비교적 느리고 lift-off 효과의 발생이 우려된다.

(2) 시험코일의 임피던스 변화에 대한 검출방법

① 임피던스(Impedance) 시험 : 검사체의 전도성, 투자율, 치수변화 등에 따른 임피던스의 변화를 측정하는 방법으로서 기본 출력표시는 meter기의 바늘이 움직이는 것으로 나타낸다.

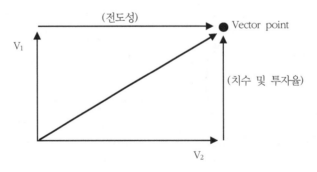

그림 25.33 Vector point

② 위상분석(Phase analysis) 시험 : 와전류 탐상에서 가장 많이 사용하는 방법으로서 벡터점(Vector point)법, 타원(Ellipse)법 및 시간축 선형(Linear time base)법 등 이 있다(그림 25.33～34 참조).

③ 변조분석(Modulation analysis) 시험 : 기록계를 이용하는 방법으로 불연속부가 나 타날 때 종이나 Roll chart에 Pen으로 기록하며 전자회로내의 Filter에 의해서 잡 음을 분리제거하고 불연속 지시신호만 나타낸다.

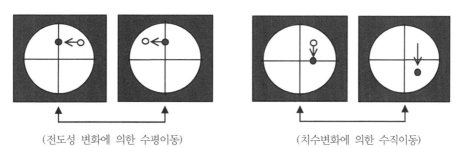

(전도성 변화에 의한 수평이동)　　　　(치수변화에 의한 수직이동)

(a) Vector point 법의 지시모양

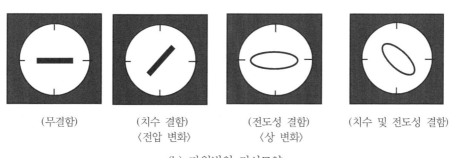

(무결함)　　　　(치수 결함)　　　　(전도성 결함)　　　　(치수 및 전도성 결함)
　　　　　　　　〈전압 변화〉　　　　〈상 변화〉

(b) 타원법의 지시모양

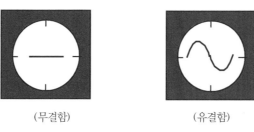

(무결함)　　　　　　　　(유결함)

(c) Linear time base 법의 지시모양

그림 25.34 위상분석 시험에 의한 지시모양

(3) 와전류 탐상검사(시험)의 적용

① 제조공정에서의 검사 : 압연제품, Pipe 제품 및 기계부품 등은 제조 공정중에 검사하여 불량품을 제거하거나 발생하지 않도록 한다.

② 제품검사 : 제조 완료된 제품을 검사하여 품질의 합격, 불합격을 판정한다. 제품검사시는 ⓐ 검사체의 종류 및 수량, ⓑ 기준 규격, ⓒ 시험시기, ⓓ 시험장치, ⓔ 시험조건(시험 주파수, 시험속도, 제품의 표면상태, 자기포화유무 등), ⓕ 대비시험편 준비, ⓖ 불합격 판정기준, ⓗ 시험 보고서 기록사항, ⓘ 시험자 자격 등에 대해서 확인하고 준비해야 한다.

③ 보수검사 : 설치된 장비(구조물, 배관 등)를 사용중에 정기적으로 또는 필요시 검사하여 발생된 결함을 보수한다.

④ 연구개발에 적용 : 시험장치나 신재료 개발에 따른 연구를 위해 시험한다.

(4) 와전류 탐상검사(시험)의 준비

① 시험방법 및 탐상장치의 선정 : 검사체의 재질, 형상. 치수, 결함의 종류 등에 대해서 고려하고 예비시험을 거쳐 최종 선정한다.

② 시험코일의 선정 : 봉재, 관재, 선재 등을 검사할 때는 충진율이 60%(0.6) 이상되는 관통코일을 사용하는 것이 좋다.

③ 전처리 : 검사체에 부착된 금속분말, 이물질, 녹, 스케일, 유지(油脂)분 등은 의사지시의 원인이 되므로 제거해야 한다.

④ 대비시험편 준비 : 대비시험편은 탐상기의 조정(감도, 위상경보 장치의 작동 level 등) 및 점검을 위해서 필요시마다 사용한다.

⑤ 대비시험편에 의한 시험조건 설정 : 시험 주파수, 평형회로, 감도, 위상, Filter 및 Rejection level, Recorder, Marker level, 자기포화 전류 등을 설정한다.

주파수(f)는 한계 주파수를 fg라고 할 때 검사체의 직경에 30% 정도되는 깊이를 가진 균열의 탐상에는 $f/f_g=15$로 하며 10% 정도의 경우는 $f/f_g=50$으로 한다.

감도설정은 대비시편의 인공결함에 의한 지시가 기준 수준(기록계 full scale의 40~70%)이 되도록 탐상기의 증폭장치를 조정한다.

위상의 설정은 S/N비를 최대로 하며 결함의 종류와 위치 등을 구별해서 검출한다. 그림 25.35는 지시 신호를 CRT상에 Vector로 표시한 것으로서 기록계 지시로 얻어지는 X성분에서 잡음이 최소가 되도록 위상각을 설정하였다.

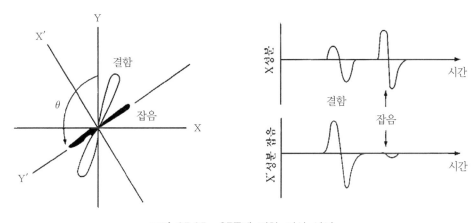

그림 25.35 CRT에 의한 위상 설정

(5) 와전류 탐상시험 결과 및 재시험

① 지시의 확인 : 시험결과는 기록계, 경보기, Marker 등에 의해 지시되며 재시험, 육안검사[내시경(Bore scope) 또는 확대경 사용], 자분탐상 및 침투탐상 등으로 확인할 수 있다.

② 의사지시 : 결함이 아닌 것으로 부터 나타나는 지시로서 표 25.4와 같다.

표 25.4 의사지시의 원인 및 특징

발생 원인	지시의 특징	확인 방법
이송장치의 중심 불량, 진동	검사체의 같은 위치에서 발생	이송장치의 수정후 재시험
외부 전기 Noise	재현성 없음	재시험
검사체의 불균일(꺽임, 타흔, Roll mark, 잔류응력, 표면)	국부적으로 나타나기 쉬움 미세한 치수변화에 의한 큰 지시	재시험 및 육안검사
자기포화 부족	전면적인 잡음발생	자화전류 증가후 재시험

③ 재시험 : 의사지시가 나타날 때와 정기적인 시험조건 확인시 이상이 발견되었을 때 실시한다.

④ 검사(시험)결과 기록사항 : 검사일자, 검사자명, 검사체명, 검사체의 치수, 검사장 치명, 대비시험편의 종류와 치수, 검사코일의 표시, 검사조건(주파수, 위상각, 시 험감도, 필터, 시험속도 등) 및 검사결과

7) 와전류 탐상검사의 실제

(1) 강관의 와전류 탐상검사

① 강관에 존재하는 결함의 종류 : 내외면의 손상(Seam), 내면의 줄기, 내외면의 Pit, Roll mark, 표면 요철부, Roll 손상, Lap 등

② 강관의 탐상검사 : 관통형 코일을 사용한 검사와 표면형(Probe) 코일을 사용한 탐 상이 있다. 관통형 코일을 사용한 검사에서 의사지시는 검사체의 치수변화, 투자 율의 국부적인 변동에 의한 잡음, 검사체가 코일 내를 통과할 때 발생하는 진동 등에 의해서 나타난다. 한편 표면형(Probe) 코일을 사용한 탐상은 축방향으로 길 게 늘어난 형상의 결함 탐상이 가능하며 검출감도는 Lift-off를 개선하여 향상시킬 수 있다.

(2) 환봉강 및 Billet의 와전류 탐상검사

① 환봉강에 존재하는 결함 : Billet에서는 균열, 선형결함, 미세결함 등이 나타나며 가공시에는 압연덧살, 겹침, 부식, Roll mark 등이 발생한다.

② 환봉강의 탐상검사 : 자기 비교방식의 관통코일을 사용하여 미세균열, 부식 등의 독립결함을 탐상하며 단접관이나 Seamless 관의 열간탐상도 가능하다.

또한 Probe형 코일을 사용하여 50~100㎛의 결함 및 Billet재도 탐상한다.

(3) 배관 등의 보수검사

발전소와 화학 공장의 열교환기, 복수기, 반응탑 등에 있는 각종 배관의 내부검사를 내삽형 코일을 사용하여 신속하게 정기적으로 검사한다. 그림 25.36은 Vector 표시와 시간축 표시의 관계를 나타낸 것이고 그림 25.37은 배관의 와전류 탐상과정과 그에 따른 지시의 변화를 나타낸 것이다. 배관에 발생하는 주요결함은 균열과 부식(Pitting) 등이며 이들은 누설의 원인이 된다.

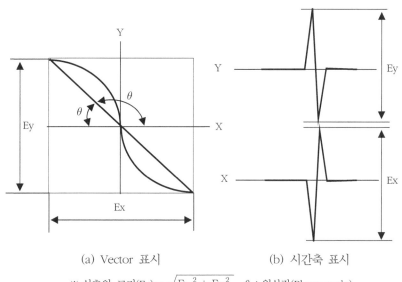

(a) Vector 표시   (b) 시간축 표시

※ 신호의 크기(Ez)= $\sqrt{Ex^2 + Ey^2}$, θ ; 위상각(Phase angle)

그림 25.36 Vector표시와 시간축 표시의 관계

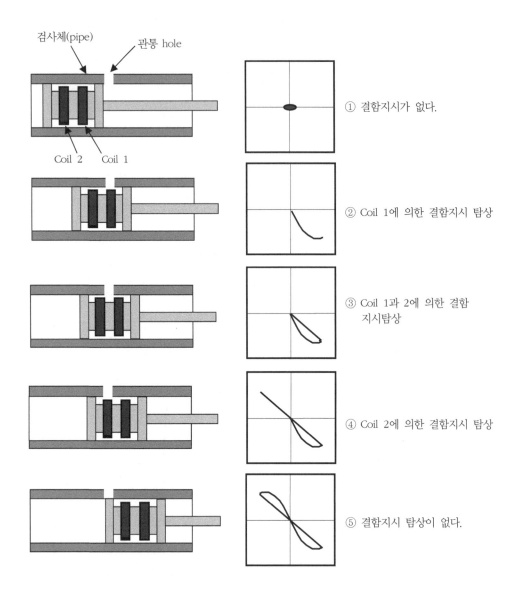

그림 25.37 관통구멍이 있는 관재 내의 시험코일 이동에 따른 결함지시

그림 25.38은 ASME Calibration에 의한 표준신호를 나타낸 것이며, 그림 25.39는 대표적인 결함지시의 Vector 표시와 시간축 표시를 나타낸 것이다.

420

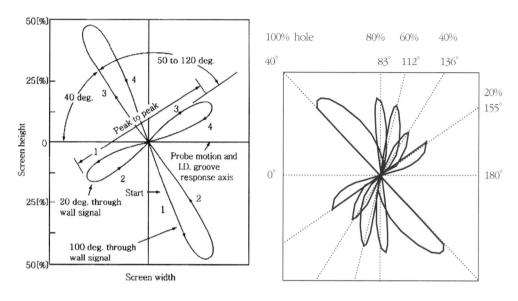

그림 25.38 ASME Calibration에 의한 표준신호

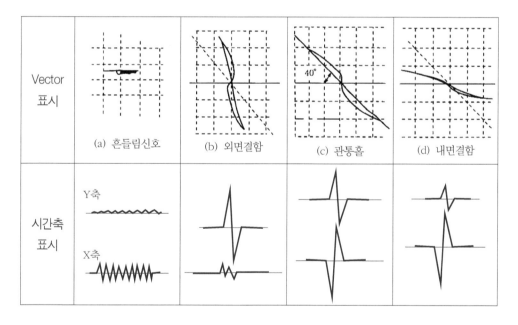

그림 25.39 와전류 탐상에 의한 결함지시의 Vector 표시와 시간축 표시

그림 25.38에서 관통홀에 의한 신호를 40°의 위상각으로 하면 관의 외면 결함에 의해서 생기는 신호의 위상은 50°~120° 범위에 있고, 관의 내면 결함에 의해서 생기는 신호의 위상은 0°~40°의 범위가 된다. 잡음이 발생할 경우는 적절한 시험 주파수를 설정한 후 시험 주파수의 1/2 또는 1/4 정도의 낮은 주파수를 보상 주파수로 선정한다. 그림 25.40은 기계부품 및 구조물에 대한 와전류 탐상의 현장검사 장면이다.

그림 25.40 기계부품 및 구조물에 대한 와전류 탐상검사

(4) 재질 시험

와전류 탐상검사에 의한 재질시험은 금속재료의 종류와 합금성분의 판별 및 열처리 상태와 경도 등의 판별이다.

① 비자성 재료의 시험

ⓐ 평면코일은 시편의 평면부와 수직 상태에 있어야 한다.

ⓑ 시편의 면적이 적거나 곡면시험에는 치구를 사용한다.

ⓒ 시편의 두께는 와전류의 침투깊이보다 충분히 두꺼워야 한다.

ⓓ 탐상기는 warming up하여 사용한다.

ⓔ 시편과 표면코일의 온도변화에 주의해야 한다.

ⓕ 시편표면의 거칠기에 주의해야 한다.

② 자성(철강)재료의 시험

ⓐ 투자율 변화를 이용한 강자계를 이용한다.

ⓑ 자기 특성의 변화를 이용한 강자계를 이용한다.

(5) 도막두께 측정

① 비자성 금속상의 비전도성 피막 : 플라스틱, 유리코팅, 도장피막, 테프론 피막, 알마이트 피막 등

② 비자성 금속상의 비자성 금속막 : 동, 크롬, 아연도금 등의 두께 측정

③ 자성 금속상의 비전도성 피막 및 비자성 금속막 : 철판상의 도장피막 및 동 도금 등

④ 측정 순서

   ⓐ 측정 대상, 범위에 따라 표면코일 주파수를 선정한다.

   ⓑ 전원 스위치를 넣도록 충분히 warming up하여 사용한다.

   ⓒ 소지 금속의 표준판 상에 코일을 수직으로 놓고 교정표에 따라 탐상기의 감도를 조정한다(탐상기의 Calibration은 2~3회 반복 실시한다).

chapter 26

누설 탐상시험
(Leak Testing ; LT)

26.1 누설(漏泄) 탐상시험의 개요

1) 누설 탐상 검사의 적용

누설 탐상은 저장용기, 압력용기, 진공챔버, 배관 등의 밀폐된 장치에 발생한 미세한 구멍이나 균열로부터 기체, 액체 및 분말과 같은 유체가 누출되거나 유입되는 것을 찾아내는 검사이며 탐상을 실시하는 이유는 다음과 같다.

① 가압 또는 진공상태에서 유체(재료)의 누설손실과 시스템의 조기파손을 방지하기 위하여

② 갑작스런 누설에 따른 유해환경요소를 방지하기 위하여

③ 기준을 초과한 누설률과 부적절한 제품을 검출하기 위하여

④ 제품 및 시스템 사용의 실용성과 안전에 대한 신뢰성을 주기 위하여

누설탐상의 기본적인 방법은 고압가스용기와 보일러 등의 사용중 압력을 검사하는

내압시험과 접합부에 대한 밀폐구조의 이상유무를 검사하는 기밀시험이 있다. 내압시험에서 수압시험은 설계압력(최고 사용압력)의 1.5배까지, 기압시험은 1.25배까지 가압한 후 일정시간 압력을 유지하면서 검사하며 시험법으로는 기포누설시험-가압법, 할로겐다이오드 스니퍼시법, 헬륨(He) 질량분석법, PCMT법, 암모니아(NH₄) 누설법, CO₂법, SO₂법 등이 있고 시험에 사용되는 가스는 N_2, He, NH_4 및 냉매가스가 있다. 한편 기밀시험은 내압시험보다 낮은 압력으로 공기나 질소 등의 불연성 가스로 검사한다. 누설시험 결과는 압력경계부위에서의 총 누설률 측정에 따른 압력의 차이로 결정한다.

2) 누설률의 측정 및 적용단위

누설률 측정은 누설부위를 통과한 유체의 질량유동률을 산출하는 것이며 std, cm^3/s, $atm \cdot cm^3/s$, $Pa \cdot m^3/s$ 등의 단위를 사용한다. 다음은 누설탐상에서 적용되는 압력 및 온도에 대한 환산단위이다.

$$1atm=760mHg=760torr \quad 147psi(lb/in^2)=1,03kgf/cm^2=101.3KPa$$

$$1\mu Hg=10^{-3}mmHg, \quad 1psi=50mmHg, \quad 1Pa=1N/m^2=1.03\times10^{-5}kgf/cm^2$$

$$1kgf=14.22psi, \quad 0℃=273.15K, \quad ℃=5/9\times(℉-32), \quad °R=459.6+9/5℉$$

누설탐상 검사에서 적용하는 표준대기압은 101.3 KPa이고 표준온도는 25℃이며 진공상태는 대기압의 1/100이나 1 KPa 이하로 한다.

3) 누설탐상 검사의 적용법칙

(1) 압력(Pressure)

① 표준대기압 : 대기권과 지표면에서의 공기압력이며 1atm=760mmHg=1.033(kgf/ cm^2)이다.

② 절대압력 : 표준대기압을 1.033으로 한 상태에서 Gas의 실제압력이며 완전진공을 0으로 한다. 단위는 kgf/cm^2 또는 lb/in^2이다.

③ 진공압력 : 대기압보다 낮은 압력으로서 진공도를 나타내며 단위는 mmHg이다.

④ 게이지(Gauge) 압력 : 표준대기압을 0으로 한 상태에서 압력계기에 표시되는 압력으로 단위는 kgf/cm^2 또는 lb/in^{2}이다.

※ 절대압력＝게이지압력＋대기압력＝대기압력－진공압력

(2) 기체의 법칙과 누설 및 유동

① 이상기체(Ideal gas) : 기체의 분자간 인력과 부피가 무시되며 분자간의 충돌은 완전 탄성체로 이루어지는 기체로서 아보가드로의 법칙(표준상태에서 모든 기체는 1mol당 22.4ℓ의 부피를 가지며 이때의 원자 또는 분자수는 6.023×10^{23}개이다.)을 따르며 샬의 법칙을 충족시킨다.

$$기체상수\ R = P \cdot V/T = (1atm \times 22.4\ell/mol)/273K$$
$$= 0.082(\ell \cdot atm/mol \cdot K)$$

② 보일(Boil)의 법칙 : 일정 온도에서 일정한 기체의 부피(V)는 압력(P)에 반비례한다.

$$P_1 \cdot V_1 = P_2 \cdot V_2 = 일정$$

③ 샬(Charle)의 법칙 : 기체의 부피는 절대온도(T)에 비례한다. 즉 일정 압력에서 일정량의 기체부피는 1℃ 변할 때 마다 0℃때 부피의 1/273씩 변한다.

$$V_1/T_1 = V_2/T_2 = 일정, \ T = (℃ + 273)K$$

④ 보일－샬의 법칙

$$P_1 \cdot V_1/T_1 = P_2 \cdot V_2/T_2 = 일정$$

⑤ Dolton의 분압법칙 : 혼합가스의 전체압력(P)은 각 성분가스 압력(분압)의 합과 같다.

$$P = P_1 + P_2 + P_3 + \cdots + P_n(분압의 합)$$

⑥ 그레엄의 확산속도 : 기체의 확산속도는 분자량의 제곱근에 반비례한다.

⑦ 누설량＝$\Delta P \times V/\Delta T(atm \cdot cm^3/s)$

  $\Delta P =$측정 종료시점의 게이지 압력－측정 개시시점의 게이지 압력(atm)

V = 검사체의 내용적(cm^3), ΔT = 측정 종료시각 − 측정 개시시각(sec)

⑧ 기체분자의 평균자유도(λa) = 116.4(n/p)×(T/M)$^{1/2}$

　　n : 기체의 점도, p : 절대압력, T : 절대온도(K), M : 분자량(gr/mol)

⑨ 기체의 유동 : 기체유동에 영향을 미치는 인자는 ⓐ 기체의 분자량과 점도, ⓑ 압력차, ⓒ 시스템의 절대압력 및 ⓓ 누설의 경로 등이다. 기체유동의 형태에는 ⓐ 점성유동(N$_K$<0.01), ⓑ 천이유동(0.01≤N$_K$≤1.0), ⓒ 분자유동(1.0≤N$_K$), ⓓ 층상유동, ⓔ 음향유동이 있다.

　　N$_K$=Knudsen 상수=λa / d, Reynold 상수(N$_{Re}$)=$\nu \cdot$ d / η

　　λa ; 평균자유도, d ; 누설직경(m), ν ; 유체의 속도(m/s), η ; 동적 점성(m^2/s)

⑩ 기체유동에 따른 누설 : ⓐ 와전류 유동[10^{-3}(Pa · m^3/s) 이상에서 발생], ⓑ 층상유동[10^{-2}~10^{-7}(Pa · m^3/s)에서 발생하며 주로 누설시험에서 나타난다.], ⓒ 분자유동[10^{-6}(Pa · m^3/s) 이하에서 발생], ⓓ 천이유동(층상유동에서 분자유동으로 이동할 때 발생), ⓔ 음향유동(공기중 음속과 유속이 같아질 때 발생)

(3) 누설검사 관련 용어

① 유사누설 : 흡입가스의 느린 배출로 인한 진공시스템에서의 허위 누설지시

② 누설률(Leak rate) : 규정된 압력과 온도에서 단위 시간당 누설부위를 통과한 기체나 액체의 양(Pa · m^3/sec)

③ 누설감도 : 규정된 조건 하에서 검출할 수 있는 기기, 방법, 시스템 등의 최소 누설률

④ 배기시간 : 진공을 유지하는 시간

⑤ 흡착 : 고상 또는 액상의 내부에 가스가 유입되는 현상

⑥ 표준누설 : 누설검출기를 교정 및 조정한 후 어떤 누설검출기나 누설시스템에서 허용된 추적가스의 양

⑦ 추적가스 : 누설검출기로 감지할 수 있는 누설부위를 통과하는 가스

⑧ Hang up : 진공누설검출기에서 추적가스의 흡입, 배기시 나타나는 허위지시

26.2 누설 탐상시험법

1) 기포누설 시험

(1) 원리와 특성

초기 설정된 가스(기체) 압력과의 차이에 의해서 시험하며 비교적 큰 누설의 감도는 $10^{-3} \sim 10^{-5}(\text{Pa} \cdot \text{m}^3/\text{s})$이고 미세한 누설의 감도는 $10^{-5} \sim 10^{-6}(\text{Pa} \cdot \text{m}^3/\text{s})$ 범위이다. 기포누설시험의 장, 단점은 다음과 같다.

〈장점〉

① 누설지시의 관찰과 판별이 용이하며 한번에 전면을 검사할 수 있다.

② 특별한 지식과 숙련이 필요하지 않으며 검사비용이 저렴하고 안전하다.

③ 탐침(probe)이나 탐지기(sniffer)가 필요 없으며 크고 작은 누설부위를 쉽게 검출할 수 있다.

〈단점〉

① 결함검출 감도가 비교적 낮으며 정확한 교정법이 없다.

② 탐상은 발포액의 특성에 좌우되며 온도, 습도, 풍속 등에 민감하다.

③ 매우 크거나 작은 누설부위는 검출하기 곤란하다.

(2) 기포누설 검사의 저해요인(허위 누설지시의 원인요소)

① 검사체의 표면오염물(구리스, 녹, slag, 부식, 산화피막, 도금, 도장 등) 및 불균일 온도(과도한 고온 및 저온)

② 시험용액의 오염 및 점도(고점도는 발포성 저하, 저점도는 기포소멸성 증가)

③ 과도한 진공상태(시험용액의 비등유발)

④ 발포액의 저표면장력 및 자체기포

⑤ 단속누설, 저속누설 및 누설기공

(3) 기포누설 검사의 감도

〈감도에 영향을 미치는 인자〉

① 누설경계에서의 압력차이

② 누설부위를 통과하는 추적가스의 종류

③ 기포를 형성하는 시험용액의 특성

④ 검사체의 표면상태(불순물의 존재) 및 주변환경(대기조건)

〈감도증가 방법〉

① 기포형성 시간과 관찰시간의 증가 및 관찰조건의 개선

② 누설부위를 통과하는 추적기체의 용량 증가

〈기포누설 검사법의 적정 감도 범위〉

① 발포액법 : $10^{-3} \sim 10^{-5}(\text{Pa} \cdot \text{m}^3/\text{s})$

② 진공상자법 : $10^{-2} \sim 10^{-3}(\text{Pa} \cdot \text{m}^3/\text{s})$

③ 침지법 : $10^{-6}(\text{Pa} \cdot \text{m}^3/\text{s})$

(4) 검사체의 가압과 관찰

검사체 내부에서 가압용으로 사용하는 기체는 공기, 질소(N_2), 헬륨(He), 아르곤(Ar), 암모니아(NH_3), 냉매가스 등이 있으며 초기가압은 최종압력의 1/2로 한 후 1/10씩 단계적으로 가압한다. 침지법에서는 검사체 내부의 기체압력과 침적조에서 검사체의 가장 깊은 쪽과의 압력차이가 최소 100KPa=15psi 정도이어야 하며 압력적용 시간은 최소 $3\text{sec}/\text{m}^3$로 15분 이상 유지할 수 있다.

시험온도는 0℃ 이상이 좋으며 검사체가 강재인 경우 취성천이온도 이상을 유지한다. 또한 검사체의 온도와 가압용 기체의 온도차이는 ±15℃ 이내로 한다.

누설관찰은 검사체의 표면으로부터 60cm 이내를 유지하며 관찰각도는 30° 이내가 좋다. 침지법에서 시험용액의 표면으로부터 검사체 표면의 깊이는 최소 3cm 이상 되어야 한다.

(5) 가압발포액(liquid-film)법

가압된 검사체의 외측 표면에 얇은 막(film)의 발포액(비누거품 등)을 발생시켜 누설 위치를 탐상하는 방법으로서 용액에 침적시킬 수 없는 대형부품이나 구조물에 쉽게 적용할 수 있다. 검사체의 가압은 게이지압력 100KPa(15psi) 이상으로 검사 전에 시험조건에 따라서 실시하고 검사체 표면에 발포액을 연속해서 도포한 후 누설지시를 관찰한다. 발포액의 성분비는 액상세제(1ℓ) : 물(1ℓ) : 글리세린(4.5ℓ)로 하고 24시간 이내에 제조된 것을 분무기 등에 넣어 정기적으로 점검하며 사용한다. 그림 26.1은 가압발포액법 적용 예를 나타낸 것이다.

검사 후에는 사용가스와 시험용액을 제거하고 건조시켜야 한다.

그림 26.1 가압발포액법

(6) 진공상자법

검사체를 가압할 수 없을 경우와 대형제품의 용접부를 국부적으로 검사할 때 검사체 표면에 발포액을 바른 후 적절한 진공상자를 제작하여 검사부위에 설치하고 내부를 100mmHg 이하로 감압시킬 때 진공상자 내로 누설되는 기포를 관찰하여 누설부위를 검사하는 방법이다.

그림 26.2는 진공상자의 형상을 나타낸 것이며 표준크기는 15×75(cm)이지만 검사체에 맞도록 설계하여 적용한다. 진공상자는 100KPa(1atm)의 외압에 유지되어야 하며 검사체 표면과 진공상자 접촉부에는 유연성 가스킷을 부착해야 한다. 검사체 표면의 표준온도는 4~50℃이며 발포액의 적용시간은 시험전 1분 이하로 한다.

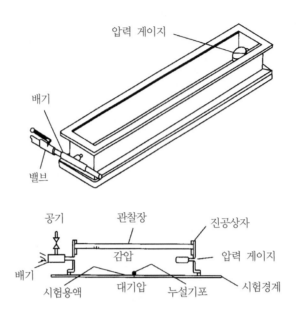

그림 26.2 진공상자의 형상

(7) 침지법

가압된 검사체를 액체에 침적시켜 기포가 발생하는 부위를 탐상하는 방법으로서 대형용기의 검사는 불가능하다.

그림 26.3의 (c)와 같이 원통형 모세관으로부터 기포가 분리되는 힘(F)은 식 (26.1)과 같다.

$$F = (4\pi/3)R^3 \rho g - 2\pi r \sigma \tag{26.1}$$

R : 기포의 반경 ρ : 기포내부의 기체밀도

g : 중력가속도(m/s²)   r : 모세관의 반경

σ : 표면장력(N/m) ϕ : 3.14

침지용액은 액상 수적방지액과 혼합된 물, 고농도의 에틸렌 글리콜, 미네랄 오일, CF 및 글리세린 카본(원자력 관련재료나 스테인리스 강재에는 사용금지), Silicon 유(도장된 소재에는 사용금지) 등이 사용된다.

발포액의 구비조건은 ⓐ 표면장력과 점도가 낮을 것, ⓑ 적심성이 좋을 것, ⓒ 진공상태에서 증발하지 않을 것, ⓓ 자체거품이 없을 것, ⓔ 검사체에 대한 영향과 온도에 의한 열화가 없을 것, ⓕ 인체에 무해할 것 등이다.

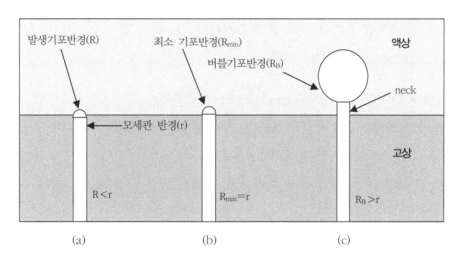

그림 26.3 모세관으로부터의 누설기포 형성과정

2) 할로겐(Halogen) 추적가스에 의한 누설검사

할로겐 추적가스를 이용한 누설검사는 염소(Cl), 불소(F), 요오드(I)와 같은 할로겐족 원소를 포함하는 기체상의 혼합물에 대한 검출이 가능한 기기를 이용한다. 할로겐 가스는 독성이 있으므로 냉매와 혼합하여 사용하며 할로겐가스가 검출기의 양극과 음극 사이에 침투하면 양극에서 +이온의 방출이 증가하여 음극에 도달하는데 이때 전류가 증폭되어 경보가 울리거나 지시침의 변화에 의해서 누설개소를 검지하게 된다. 할로겐 누설시험에서 사용되는 검출기는 ① 가열양극 할로겐 검출기, ② 할라이드 토치(Halide torch) 및 ③ 전자포획 검출기 등이 있다.

할로겐 추적기체는 $R-12(CCl_2F_2)$, $R-22(CHClF_2)$, $R-11(CCl_3F)$, CCl_4, $R-113(CCl_3F_3)$, $R-114(C_2Cl_2F_4)$, $R-21(CHCl_2F)$, C_2H_3Cl, C_2HCl_3, C_2Cl_4, $R-13(DDIF_3)$, $R-13B1(CBrF_3)$, SF_6 등이 있으며 이 중에서 R-12와 R-22가 주로 사용된다.

냉매가스 R-12는 비등점 −29.8℃, 비중 1,486kg/m²이며 480Kpa로 가압하여 액체로 만든다. 한편 추적가스 R−22는 비등점 −40.8℃, 비중 1,413kg/m²이며 840KPa로 가압하면 액상으로 된다. 냉매가스의 명칭은 Freon, Genetron, Isotron, Ducon, Westron 등이 있으며 실린더나 소형 캔에 저장한다.

누설검사시 할로겐 가스가 시료 표면에 상당량 잔류하여 검출기의 감지능을 지연시키는 작용을 hang-up 현상이라 한다.

(1) 할로겐 다이오드 스니퍼(Sniper) 시험법(가열양극법)

가열한 백금(Pt) 양극과 이온 수집관(음극)의 장치에서 할로겐 기체는 양극에서 이온화되어 음극에 수집되며 이온형성 속도에 비례하는 전류는 전류계에서 측정할 수 있다. 이때 할로겐의 상대 속도는 부품의 가스 누출과 표준 가스누출에 나타난 것을 비교하여 측정한다. 가스나 냉동제(C, Cl_2, F_2)로 된 누출 속도 $0 \sim 9 \times 10^{95}$atmCC/sec의 모세관형 할로겐 누출 기준을 사용한다. 시편의 침적시간은 최소 30분이며, 시험결과의 합격은 누출 속도가 $1 \sim 9 \times 10^{95}$atmCC/sec 이하 또는 같으면 된다. 그림 26.4는 가열양극 할로겐 검출기의 회로 및 도형을 나타낸 것으로서 양이온을 방출하는 ceramic 가열전극과 백금(Pt) 전극이 있다. 누설검사에 적용되는 할로겐 원소는 CI, F, I, Br 등이 있으나 CI(염소)과 F(불소)가 주로 사용된다.

가열양극 할로겐 누설시험의 장점은

① 대기압 하에서 작업가능

② 할로겐 추적가스에만 작용

③ 누설부위가 기름(oil)으로 막혀있어도 검출가능

④ 휴대용이며 효율적으로 간편하게 사용할 수 있는 것 등이다.

한편 단점은

① 인화성, 폭발성 물질과 접근하면 위험

② 할로겐 잔류성분에 의한 허위누설지시 발생우려(할로겐 가스를 잘 흡수하는 고무나 플라스틱 튜브 등은 사용금지 및 검사배제)

③ 스니퍼 튜브 통과시간에 따른 누설검출신호 지연

④ 할로겐 추적가스에 장시간 노출될 경우 누설신호 소멸

⑤ 계측장비가 할로겐 가스나 증기에 과다 노출되거나 장시간 노출되면 열화될 수 있는 점 등이다.

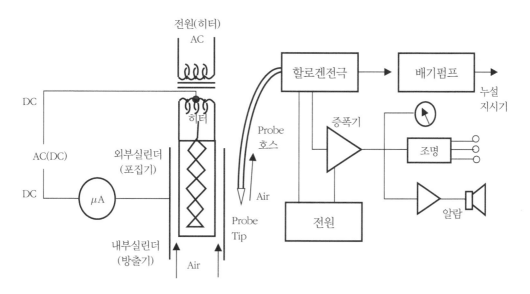

그림 26.4 가열양극 검출기 회로 및 누설검사 장치

(2) Halide torch 법

누설검사 대상의 시스템에 할로겐 가스를 함유한 기체를 충전시킨 후 아세틸렌이나 알코올을 사용한 할라이드 토오치의 불꽃을 접근시켜 누설부위를 탐상하는 방법으로서 누설되는 할로겐 가스에 의해 할라이드 토오치의 연청색 불꽃이 녹색으로 변하는 곳에서 누설부위를 검출한다. 이 방법의 특징은 누설탐상 속도 및 감도가 비교적 우수하고 불연소성 냉매가스가 사용되며 작업이 간편하여 저비용에 휴대성이 좋으나 교정수단이 없으며 큰 누설부위 부근의 작은 누설검출이 어렵다. 그림 26.5는 할라이드 토오치를 나타낸 것이다.

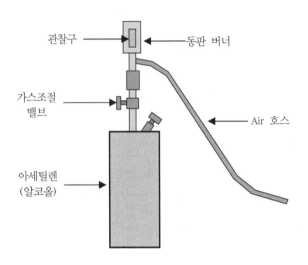

관찰구 ← 동판 버너

가스조절
밸브

Air 호스

아세틸렌
(알코올)

그림 26.5 할라이드 토오치

(3) 전자 포획법

할라이드 기체가 가지는 전자들의 유사성을 이용한 방법으로서 계수가 용이하고 전자포획되지 않는 질소(N)나 아르곤(Ar)을 배경가스로 사용한다. 누설검출기 탐촉자(probe)로부터 공기가 검지전극으로 흡입되고 할라이드 가스가 포함되어 있으면 전자포획이 발생하며 전극간에 전자전류가 감소하는데 그것이 할로겐 이온농도에 대한 측정값이 된다. 전자 포획법은 교정이 안정적이고 추적가스로 SF_6를 사용할 경우 매우 효과적이며 가열 전극이 없어 구성 물질에 대한 피해가 없다.

(4) 할로겐 누설검출기

그림 26.6은 할로겐 누설검사 방법을 나타낸 것이며 검출전극이나 탐촉자(probe)에 흡입되는 기체는 약 0.5(ℓ/min)이다. 누설검사시 탐촉자의 이동속도는 보통 2~5(cm/sec)이지만 미세검출시는 1(cm/sec)로 느리게 한다.

할로겐 누설탐상 기법은 추적가스통의 호스에 탐촉자(probe)를 접속하여 검출기에 연결된 시험체를 검사하는 방법과 반대로 추적가스통의 호스에 접속된 시험체를 검출기의 탐촉자로 검사하는 방법이 있다. 검출기의 감도에 영향을 미치는 인자는 전지사용시간, 전지에 노출된 할로겐 성분가스의 양 및 검출기의 온도 등이다.

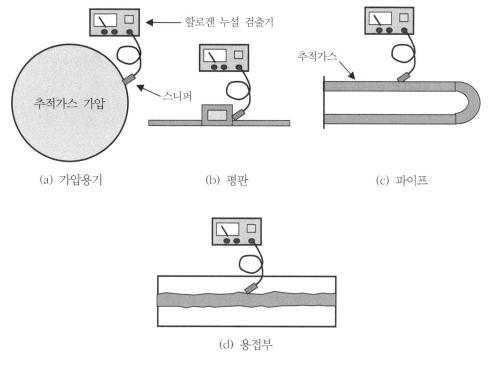

(a) 가압용기   (b) 평판   (c) 파이프

(d) 용접부

그림 26.6 할로겐 누설검사 방법

3) 헬륨(Helium ; He) 질량분석에 의한 누설탐상 검사

(1) He 질량분석 시험의 특성

He을 추적가스로 사용하는 이유는 ① 불활성기체 중 가장 가볍고 수소(H) 다음으로 높은 입자속도를 가지므로 누설부위를 빠르게 통과하여 확산하며, ② 공기 중에 극소량(4~5 ppm) 존재하고 불활성이므로 제품이나 인체에 무해하기 때문이다.

He 질량분석기는 대기중에서 10^{-7} 정도의 He을 검출할 수 있으며 탐촉자(probe)가 작동할 때 He 추적가스가 대기 중에 누설되어 $4(\mu l/l)$정도 분포되면 검출신호음이 발생한다. He 질량분석기에 의한 누설탐상은 구조물 등에 대한 누설부위와 누설량을 고감도로 검출할 수 있다.

He 질량분석기는 휴대용이 많으며 모든 시스템과 물체의 누설을 검사할 수 있다. 즉 반도체와 집적회로, 전자제품, 소형밀봉제품, 진공장치, 극저온 장치, 열교환기, 대형

냉방장치, 원자로 압력용기, 배관, 우주선, 입자가속기 등의 검사가 가능하다. 질량분석기의 추적가스는 He 이외에도 아르곤(Ar), 네온(Ne) 등이 사용된다. He 질량분석기 자체의 진공시스템이나 He 방출시 진공시스템 내면의 불순물이나 고무류, 그리이스, 오일 등에 He이 흡수, 축적되어 질량분석기 챔버내로 He이 계속 발생할 때 He hang-up이 되어 허위누설신호가 나타날 수 있다. 식 (26.1)과 같이 He의 분압은 He의 농도에 비례한다.

$$P_{He} = C \times P_t \qquad (26.1)$$

P_{He} : He의 분압(Pa or psi)

C   : 체적대 He농도

P_t : 혼합기체의 전압(Pa or psi)

질량분석기의 He 추적가스에 대한 감도는 $10^{-11} \sim 10^{-12}(Pa \cdot m^3/s)$이다.

(2) He 질량분석 시험의 종류

① 추적 프로브법(진공 분무법) : 검사체의 내부를 진공배기하고 분무 프로브(probe)를 이용하여 대기와 접촉된 검사체의 표면에 He 추적가스를 분사시켜 검사체 내에 누설된 He가스를 검출하는 반정량적 방법으로서 매우 작은 누설부위를 탐상하는데 적용하며 복잡한 제품의 검사에는 부적당하다. 검사시는 He가스가 축적되지 않도록 환기해야 하고 프로브는 검사체의 상부에서 하부로 이동시킨다. 그림 26.7은 추적 프로브 시스템을 나타낸 것이다.

② 진공 후드(hood)법 : 검사체의 내부를 진공배기하고 외부는 후드로 덮은 후 후드 내에 He가스를 채워서 검사체 내부로 누설되는 부위를 검출하는 방법으로서 총 누설량을 측정할 수 있다. 후드법에서 진공시스템의 누설검출에 대한 반응 응답시간(sec)은 검사체의 내용적(m^3)을 펌프의 실효 배기속도(m^3/sec)로 나누면 알 수 있다. 그림 26.8은 진공 후드 시스템을 나타낸 것이다.

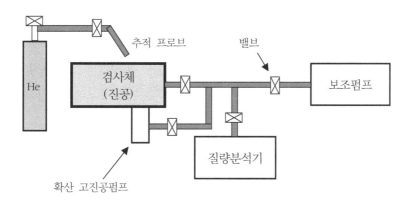

그림 26.7 추적 프로브 시스템

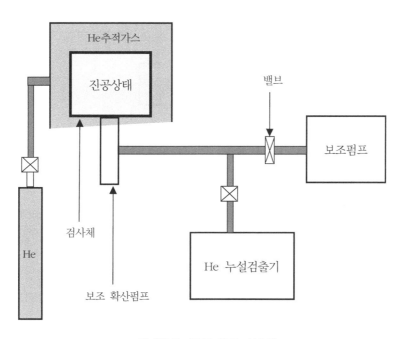

그림 26.8 진공 후드 시스템

③ 진공 적분법 : 검사체 내부를 진공배기하고, He가스를 넣어 밀봉한 후드로 검사
체를 덮고 일정시간 경과한 후 검사체 내부로 누설된 He가스를 검출하는 방법으
로서 탐상감도가 높다.

④ 검출 프로브법(가압법) : 압력경계를 기준으로 검사체 내부를 무진공상태에서 He 추적가스로 가압한 후 검사체 외부에서 프로브를 사용 누설되는 He가스를 흡입하여 검출하는 반정량적인 방법이다. 이 방법은 대기압보다 높은 압력하에서 검사부위를 피복할 수 없는 복잡한 형상을 가진 시스템의 누설을 탐상하는데 적합하다. 그림 26.9는 검출 프로브 시스템을 나타낸 것이다.

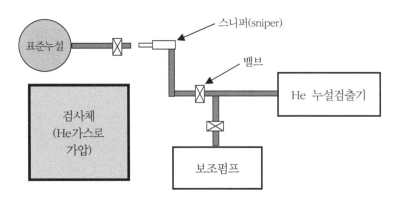

그림 26.9 검출 프로브(스니퍼) 시스템

⑤ 가압 적분법 : 검사체 내에 He가스를 주입하여 적절히 가압하고 검사체의 일부 또는 전체를 후드로 덮은 후 검사체 외부로 누설되는 He가스를 스니퍼 프로브로 흡입하여 누설부위를 검출하는 방법으로서 대기압보다 높은 압력 하에 고정밀도의 검사를 할 수 있다.

⑥ 흡인(suction cup)법 : 검사체 내에 He가스를 넣은 후 외부로 누설된 He가스를 검사체에 밀착된 suction cup으로 흡입하여 검출하는 방법으로서 제조과정에 있는 대형 진공용기나 압력용기에 대한 국부적인 누설검사에 적용한다.

⑦ 진공용기(bell jar)법 : 검사체를 진공용기에 넣고 검사체의 내부 또는 외부에 He가스를 주입한 후 검사체의 외부 또는 내부로 누설되는 He가스를 검출하는 방법으로서 검출감도가 높다. 가늘고 긴 파이프 제품, 외부는 진공이고 내부는 대기압 상태에서 사용되는 제품, 이중 진공용기 및 내부가 He가스로 밀봉되어 있는 용기 등에 대한 누설검사에 적용한다.

그림 26.10은 진공용기(bell jar) 시스템을 나타낸 것이다.

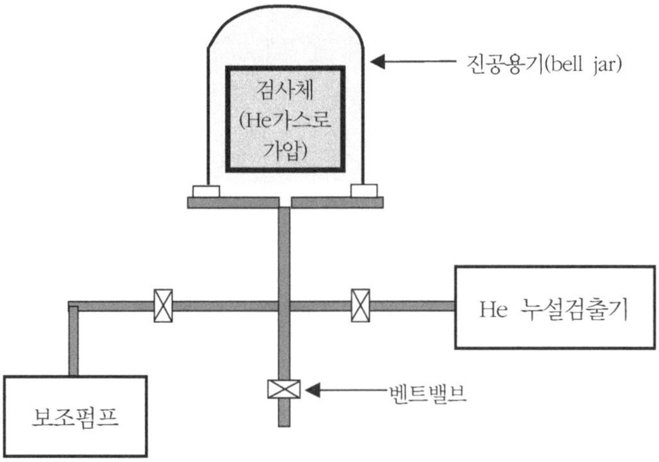

그림 26.10 진공용기(bell jar) 시스템

⑧ 침지법 : 가압탱크 내에서 검사체에 He가스를 bombing(가압) 흡수시킨 후 진공 챔버 내에서 검사체의 외부를 진공배기하고 외부로 누설되는 He가스를 검출하는 방법이며 진공이나 공기 또는 가스로 충진된 밀봉용기(직접회로, 수정진동자 등) 의 기밀성을 판정하는데 적용한다.

4) 헬륨(He) 질량분석기

(1) He 질량분석기의 구성품

① 보조펌프 ② 원심배기펌프 및 흡입펌프 ③ 확산펌프 및 고진공펌프 ④ 저온펌프 ⑤ 밸브 및 게이지

(2) He 질량분석기에 의한 누설검사에 영향을 주는 변수

① 허위배경신호 : 대기중의 He농도 증가, 수소와 탄화수소 농도의 오염, 질량분석기 튜브 내의 고압가스에 의한 이온산란 및 합성고무, 가스킷, 그리이스, 고무호스, 표면페인트, 주조품, 고농도의 He가스에 노출되었을 때 허위 누설신호가 발생할 수 있다.

② 최소 검출 누설률 : 질량분석기 내의 추적가스의 분압은 누설률에 비례하고 고진공 시스템의 펌프속도에는 반비례 한다.

③ 응답시간 : 응답시간이란 추적가스가 공급될 때 얻어진 최대신호의 63%와 같은 출력신호를 나타내는 누설시험 시스템이나 누설검출기가 나타내는 시간을 말한다. 즉 누설검출기에 출력지시가 나타나서 안정화하는데 걸리는 시간이며 0.5~2초 정도이고 짧을수록 좋다. 질량분석기 진공시스템에서는 펌프속도가 증가하면 응답시간이 감소하고 스니퍼 호스가 길수록 증가한다.

④ 누설감도 : 대기중의 He농도는 약 5ppm(0.0005%)이며 He 질량분석기가 검출할 수 있는 최소량이다. 즉 He 질량분석기는 최소 0.0005%의 He변화를 감지할 수 있다.

⑤ 주사(scanning)속도 : 대기중에서 누설부위를 검출하기 위한 프로브(probe)의 주사 속도는 1(cm/sec)이며 He가스를 축적하는 시간은 0.5~15분 정도로서 시간이 경과하면 다른 부위로 이동시킨다.

⑥ He 누설률 측정 : 미세누설과 큰누설을 검출하는 방법은 그림 26.11과 같다.

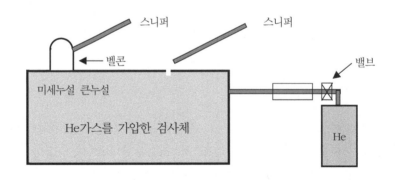

그림 26.11 프로브(스니퍼) 적용법

$$검출기 \ 감도 = \frac{누설률(Pa \cdot m^3/sec)}{출력신호(\div)} \times Kt \qquad (26.2)$$

식 (26.2)에서 Kt는 온도 보정상수로서 3%(0.03)이며, 출력신호의 division(div)은 최소 누설률을 지시하는 척도(눈금)이다.

문제 1 표준 누설이 $2 \times 10^{-8}(Pa \cdot m^3/sec)$, 출력신호는 100div이고 지시눈금당 10의 누설률을 나타낼 때 감도는?

풀 이 감도＝$2 \times 10^{-8}(Pa \cdot m^3/sec) / 10 \times 100div = 2 \times 10^{-11}(Pa \cdot m^3/sec/div)$이다.

한편 최소 검출 누설률(MDL)은 감도(Pa · m^3/sec/div)×잡음신호(div)로 산출할 수 있다.

5) 압력변화 시험

압력변화 시험법은 검사체를 가압 또는 감압하고 일정시간이 경과한 다음 압력의 변화에 따라서 누설량을 측정하는 방법이며, 대형용기나 저장탱크의 누설검사에 적절하지만 누설위치를 찾기에는 부적절하다. 추적가스가 필요 없으며 압력계로 측정을 사용할 수 있으나 비교적 작업시간이 길다.

(1) 가압법

검사체 내부에 공기나 질소를 주입하여 대기압(101.3kPa) 이상으로 가압한 후 외부로 누설되는 기체의 압력변화를 압력계로 측정한다. 이때 검사체의 내용적과 유체의 온도 등을 측정하고 가압기체의 물리적 특성도 알아야 한다.

(2) 감압법

검사체의 내부를 대기압보다 100~760(mmHg) 이상 감압시킨 후 검사체의 외부로부터 내부로 누설되는 기체의 압력변화를 측정한다. 검사체의 내부를 진공상태로 하는 것은 시스템에 피해를 줄 수 있다.

(3) 압력 측정기기

① 정하중 시험기(Dead weight tester) : 압력측정을 위한 표준교정을 설정해주는 정하중 피스톤 압력게이지에는 단순형, 제어−해제형 및 요각(reentrant)형 등이 있으며 보편적으로 단순형이 가장 많이 사용된다.

② 기압계(manometer) : 기압계는 물 또는 수은(Hg)을 사용하여 수기압을 비교 측정하는 기구로서 압력측정의 정밀도는 유체원주의 무게편향과 원주높이의 관찰에 따라서 차이가 날 수 있다(그림 26.12 참조).

대략 원주 높이 차이의 비율은 기름 : 물 : 수은에서 17 : 14 : 1 정도이다.

정밀 측정기기에는 수정(quartz) 기압계가 있다.

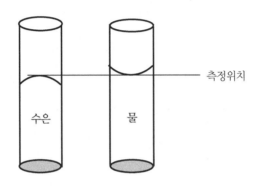

그림 26.12 기압계의 측정위치

(4) 표면온도 측정 및 기체의 압력

검사체의 용적이 적어 내부 기체의 온도 측정이 어려울 때는 0~300℃ 범위의 표면온도계가 사용되며 건구(dry-bulb)온도 측정과 습구인 이슬점(dew point)온도 측정이 있다. 건구온도 측정에는 저항온도계가 사용되며 허용오차 범위는 ±0.03℃이다. 이슬점온도 측정은 검사체 내부공기에서 발생한 수증기의 양을 직접 지시하여 측정하는 열전자 냉각장치가 설치된 저항센서 및 산화알루미늄(Al_2O_3) 콘덴서형의 센서가 있다.

$$Pg = P - Pv \qquad (26.3)$$

Pg : 실제 기체의 압력

P   : 전체 압력

Pv : 수증기의 분압

(5) 압력변화시험의 특성

① 가압법 : 내용적이 V인 검사체를 진공상태로 하거나 가압하여 누설탐상 할 때 압력의 변화가 ΔP이고 탐상시간의 변화를 Δt로 하면 기체의 누설량(Q)는 식 (26.4)로 산출할 수 있다.

$$Q = V(\Delta P / \Delta t) \tag{26.4}$$

가압법에서 누설감도는 압력변화량의 최소 검출크기를 나타내며 탐상시간, 압력계의 정밀도 등에 의존한다. 한편 대형이거나 복잡한 형태의 시스템에 대한 누설검사에서는 검사체의 체적을 검증시험 또는 확인검사(proof test)라고 하는 기준 용기법으로 측정한다.

② 진공법 : 표준 대기압(101kPa)보다 낮은 압력을 진공상태라 하며 그 압력이 감소할수록 진공도가 증가한다. 완전진공상태는 절대압력이 0이 될 때를 의미하지만 실제로 완전한 진공이란 없다. 어떤 진공시스템의 최종압력이란 기체의 유입량을 진공펌프의 속도로 나눈 값이 된다.

③ 누설감도에 영향을 미치는 인자 : 탐상시간, 검사체의 내용적, 압력측정 기술, 대기온도 및 기후조건, 진공시스템의 내부표면적과 청결도 등이다.

④ 장단점 : 압력변화에 의한 누설검사의 장점은 특별한 추적가스를 사용하지 않으며 압력게이지에 의해서 대형 제품도 용이하게 탐상할 수 있는 것이다.

반면 단점은 탐상시간이 길고 누설부위를 찾기 위해 보조기법을 적용해야 되는 것이다.

6) 기타 누설검사법

(1) 암모니아(NH₃)가스 누설검사

검사체 내를 1% 이상의 압력비로 가압한 암모니아 가스로 채우고 브롬(Br) 페놀의 분말염료를 누설검사제로 사용한다. 탐상 중 검사제 분말이 연노란색에서 선명한 자주색으로 변하면 누설부위가 나타난 것이다. 암모니아 가스는 독성과 폭발성이 있어 위험하므로 취급에 특별히 주의해야 한다.

(2) 수소이온농도(pH)에 의한 누설검사

리트머스 시약같이 산성 또는 알칼리성 물질에 예민하게 반응하는 지시약을 추적가스에 접촉하였을 때 pH값의 변화나 또는 반응지시약의 색 변화에 의해서 누설검사를 할 수 있다.

(3) 음향 누설검사

밀폐된 용기나 관내에서 가압된 액체, 기체 또는 증기 등의 유체가 누설부위를 통하여 외부로 방출될 때 발생하는 음향을 초음파 진동자와 같은 센서로 검출하는 탐상법으로서 감지센서를 검사체 표면에 접촉시켜 누설음향을 측정한다. 음향누설탐상에 영향을 미치는 인자는 검출기의 선택 및 감도, 음향감쇄(차단), 유체의 점도 및 속도, 압력차이 및 누설의 크기 등이다.

음향 누설탐상은 추적가스가 필요 없고, 대기 중으로 누설될 때는 최대 30m 거리에서도 탐상이 가능하다. 그러나 잡음, 관내를 흐르는 유체의 소리, 초음파에코 등의 신호에 의해서 탐상감도가 감소하고 허위지시를 검출할 수 있다.

(4) 기체 방사성 동위원소법

질소 가스에 희석된 Kr-85 방사성 물질을 추적가스로 사용하여 전자제품(반도체, IC 등)을 밀봉한 용기의 누설을 탐상하는 방법으로 밀봉한 제품을 방사성 가스에 노출 또는 침지시키고 일정시간 300~800(kPa)의 압력을 가하여 매개기체와 방사성 기체를 혼합한 후 추적가스에 노출시켜 누설부위를 검출한다.

방사성 물질이므로 인체에 조사되지 않도록 주의깊게 사용해야 한다.

(5) 침투탐상제에 의한 누설검사

밀폐용기나 파이프 등의 검사체 표면 또는 내면에 침투액체를 적용시킨 후 반대편 표면으로 흘러나오는 침투액을 현상제나 자외선으로 검출하여 관통 누설부위를 탐상한다.

요 약

누설검사는 압력용기 및 각종부품 등의 관통균열 여부를 검사하는 누출시험으로서 Bubble test, Sniffer법 등이 있다. 시험 전처리로서 검사할 부위의 기름, 그리스, 페인트 등을 세척제로 제거하고 건조시켜야 하며 모든 구멍은 플러그나 덮개 등으로 밀봉한다. 검사시 가스의 압력은 약 $3.5kg/cm^2$이며 이보다 1.5정도 작거나 4배보다 커서는 안된다.

(1) 가스와 기포 형성 시험법(Bubble test)

검사할 부위를 용액 중에 담그고 가스(기체)를 통과시켜 거품을 발생시키며 이때의 누출 가스를 탐지하여 결함을 탐상한다. 사용하는 기체는 공기, 질소 또는 헬륨 등이며 육안검사 시에는 검사표면에서 최소 60cm 이내의 표면과 360도 이상의 각도에서 검사한다. 이때 조명은 35Lux 이상이며 시편을 용액에 담그는 시간은 검사 전 압력이 최소 15분간 유지되도록 한다.

(2) 할로겐 다이오드 검출기에 의한 검사(Sniffer법)

가열한 백금(Pt) 양극과 이온 수집관(음극)의 장치에서 할로겐 기체는 양극에서 이온화되어 음극에 수집되며 이온형성 속도에 비례하는 전류는 전류계에서 측정할 수 있다. 이때 할로겐의 상대 속도는 부품의 가스 누출과 표준 가스누출에 나타난 것을 비교하여 측정한다. 가스나 냉동제(C, Cl_2, F_2)로 된 누출 속도 $0 \sim 9 \times 10^{95}$atmCC/sec의 모세관형 할로겐 누출 기준을 사용한다. 시편의 침적시간은 최소 30분이며, 시험결과의 합격은 누출 속도가 $1 \sim 9 \times 10^{95}$atmCC/sec 이하 또는 같으면 된다.

(3) 헬륨 질량 분광 시험(Sniffer법)

휴대용 질량 분광기로서 소량의 헬륨(He)에 민감하며 누출검사기의 감도가 높으므로 압력차가 있는 매우 작은 구멍을 통하여 He의 흐름을 탐지할 수 있다. 또한 다른 기체 혼합물 중의 He을 식별할 수 있으며 누출의 위치나 존재여부를 탐지하는 반정량적 시험법이다.

- 침투형 표준 누출 속도 ; $1 \times 10^{96 \sim 97}$ atmCC/sec

- 모세관형 표준 누출 속도 ; 1×10^{95} atmCC/sec

시편은 검사 전 3.5kg/cm^2의 압력하에서 최소 1시간 용액에 담가야 하며 사용 장비는 30분간 예열해야 된다.

누출검출기의 누출 속도가 $1 \times 10^{96 \sim 97}$ atmCC/sec인 표준보정 누출을 사용하여 진공법으로 보정하고 전체눈금당 설비감도 계산은 다음 식으로 산출한다.

$$CL \,/\, MSI - BG = MSCLR$$

CL	: 보정한 누출
MSI	: 질량 분광 누출 검출계에 나타난 결과의 증가
BG	: 질량 분광기의 back ground
MSCLR	: 질량 분광 보정 누출율
FSD	: 전체눈금 감도가 최소 1×10^{99} atmCC/sec/FSD이면 장비의 사용이 가능하고 He 질량 분광기의 누출 검출계의 감도는 검사 전, 후와 그 시간 주사 도중에 결정한다.

(4) 헬륨 질량 분광 시험(Hood법)

이 장비는 Sniffer법 장비와 같으며 보정 표준은 누출 속도가 $1 \times 10^{96 \sim 97}$ atmCC/sec인 침투형 보정 누출 표준이고 30분간 예열 후 사용한다.

보정한 누출로부터 계에 He이 가는 시간은 질량 분광계의 누출 탐지기의 증가 결과 표시가 안정될 때 까지의 시간과 함께 기록되어야 하며 이 두 결과 사이의 차이가 반응 시간이다. 예비 보정 누출율은 전체 눈금당의 감도 계산으로 산출하며 질량분광 보정 누출율 PCLR은 다음 식과 같다.

$$PCLR = CL \,/\, MSI - BG$$

※ Hood법에 의한 누출 검사 절차는

① 부품 또는 부품의 일부를 Plastics제 Hood 용기에 넣는다.

② 부품 외부와 Hood 사이를 He으로 채워서 대기압이 되도록 한다.

③ Hood 용기중의 He의 농도를 측정한다.

④ He의 누출 속도를 측정하고 결정한 평형시간에서 측정한 속도를 기록한다.

⑤ 추적가스가 부품에 침입할 수 있고 진공인 캡슐레이터에 의해 조사한다.

chapter 27

기타 비파괴 시험

27.1 육안 검사(Macroscopic Examination)

1) 개요

육안검사는 재료의 파면 또는 표면조직을 육안으로 관찰하거나 10배율 이하의 확대경을 사용하여 검사하는 시험법으로서 macro 검사라고도 한다. 육안 조직검사는 직경이 약 0.1mm 이상인 결정립을 가진 조직의 분포상태, 모양과 크기 및 편석의 유무를 파악하여 내부결함을 판정하는 방법이다.

2) 파면검사

탄소강, 특수강, 열처리한 강재, 주철 및 비철합금과 같은 금속재료의 파면을 육안으로 관찰하여 재료의 종류, 열처리 상태, 내부결함 등을 검사한다.

(1) 강재 판정

① 저탄소강 : 요철이 심하며 파면이 조백색이다.

② 고탄소강 : 요철이 적으며 파면이 밀회색이다.

③ 특수강 및 경질강 : 파면이 짙은 회색이다.

(2) 강재의 열처리 상태판정

① 적정한 열처리 강재의 파면 : 섬유상, 과열 열처리 강재의 파면 : 비늘상

② 담금질 경화부분의 입도 : 조밀, 미경화부분의 입도 : 조립

③ 침탄부 색 : 짙은 회색, 중심부 색 : 조백색

④ 탈탄부 색 : 조백색, 중심부 색 : 짙은 회색

(3) 강재의 내부결함

① 백점(white spot), pipe, 균열(crack), 편석(segregation) 등

3) 육안(macro) 검사 방법

(1) 수지상(dendrite), 섬유상(fibrous), 재결정(recrystalline), 담금질(quenching) 조직의 검사법

① 검사면 연마 : #1000 sand paper까지 연마

② 부식액 : 1차액 ; 제2염화동 암몬 120gr＋물 1ℓ

　　　　　　2차액 ; 제2염화동 암몬 120gr＋농HCI 50cc＋물 1ℓ

③ 시험법 : 시험편을 1차 부식액에서 5~10분간 담그고, 2차 부식액에서 30~60분간 담근 후 물세척하고 알코올로 닦아 건조시킨 다음 관찰한다.

(2) 백점, 편석, slag, 담금질 불균일 검사법

① 검사면 연마 : #400~600 sand paper까지 연마

② 부식액 : HCI 50%＋물 50%

③ 시험법 : 60~70℃ 부식액에 30~60분간 담근 후 온수나 알코올로 세척하고 건조시킨 다음 관찰한다.

(3) 황(S) 분포 검사법(Sulfur print)

① 검사면 연마 : #1000 sand paper까지 연마

② 부식액 : 1~5% 황산(H_2SO_4) 수용액

③ 시험법 : 부식액에 브로마이드(bromide) 인화지를 5분간 담근 후 수분을 제거하고 강재 시험편의 표면에 1~3분간 부착시킨다. 인화지를 떼어 내어 물세척한 후 상온의 15~40% 티오황산나트륨($Na_2S_2O_3$) 수용액에 5~10분간 담그고 흐르는 물로 세척하여 건조시킨 다음 황의 분포상태(흑갈색의 AgS)를 육안으로 검사한다.

④ 인화지 내의 화학반응

FeS, MnS(다갈색)$+H_2SO_4$ $\Leftrightarrow$ $FeSO_4$, $MnSO_4+H_2S$

$AgBr_2+H_2S$ $\Leftrightarrow$ AgS(흑갈색)$+2HBr$

⑤ 황의 편석분류

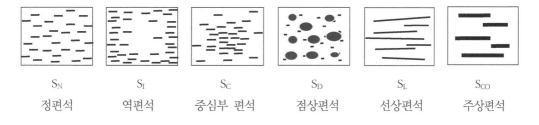

S_N	S_I	S_C	S_D	S_L	S_{CO}
정편석	역편석	중심부 편석	점상편석	선상편석	주상편석

　※ S_N ; Normal Segregation, S_I ; Inverse Segregation

　　S_C ; Center Segregation, S_D ; Dot Segregation, S_L ; Line Segregation

　　S_{CO} ; Column Segregation

　※ 5% 피크린산(Picric acid)을 바르면 FeS는 자색, MnS는 백색으로 나타난다.

(4) 인(P) 분포 검사법

① 검사면 연마 : #1000 sand paper까지 연마

② 부식액 : HCl 20cc+$MgCl_3$ 40gr+$CuCl_2$ 10gr+알코올 1,000cc(1ℓ)

③ 시험법 : 연마한 철강재료 표면에 부식액을 1분간 적용한 후 다시 새 부식액을 적용하였을 때 Cu가 침전되면 온수로 세척하고 건조시킨다. P이 많으면 Cu의 침전량이 적다. 즉 Cu의 침전량에 따라서 P의 함량을 판정할 수 있다.

(5) 비금속 개재물 검사

① 황화물계 개재물 : A형 개재물이라 하며 회자색의 FeS와 회황색 또는 회자색의 MnS가 선상으로 나타난다.

② 알루미늄 산화물계 개재물 : B형 개재물이라 하며 회색의 Al_2O_3가 점상으로 나타난다.

③ 기타 비금속 개재물 : C형 개재물이라 하며 SiO_2, Cr_2O_3 등이 있다.

27.2 음향방출 탐상시험(Acoustic Emission Testing : AE)

1) 개요

재료에 외력이 가해지면 결정조직 내의 전위(dislocation)이동 및 쌍정(twin)변형 등에 기인한 소성변형과 함께 균열(crack)이 발생할 수 있다. 균열이 발생하고 전파하는 과정에서 초음파가 방출하게 되는데 이러한 초음파를 AE 검출기(Cracking monitor, 동적 strain 증폭기 및 기록계 set)로 탐상함으로서 기계류나 구조물에서 진행되고 있는 균열의 전파를 검사하는 것을 음향방출(acoustic emission) 탐상시험이라고 한다.

Acoustic emission(AE)은 Stress wave라고도 하며 작은 소성변형에 의해 발생하는 진폭이 작고 연속적으로 나타나는 AE와 파괴균열에 의해 발생하는 돌발형 AE가 있다.

2) Acoustic emission의 종류

(1) 연속적 AE

재료에 가해지는 하중의 증가에 따라 발생하는 소성변형에서 전위(dislocation)의 이동에 의해 나타나는 음향방출(그림 27.1)이며 주파수는 1 MHz정도이다.

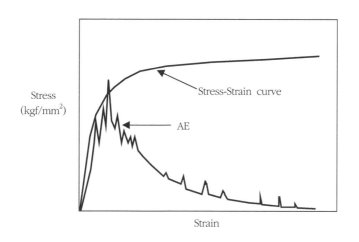

그림 27.1 연속형 AE

그림 27.2와 같이 동일 시험편에 1차 하중을 가한 후 하중을 제거하고 다시 1차 하중보다 큰 2차 하중을 가하면 AE가 발생하는 현상을 카이저(Kayser) 효과라 한다.

(2) 돌발형 AE

초기에는 소성변형에 의한 진폭이 작은 연속형 AE가 나타나지만 균열이 발생하면서부터는 진폭이 큰 AE가 돌발적으로 나타나며 주파수는 연성파괴시 40~50kHz이고 취성파괴시는 200~300kHz가 된다.

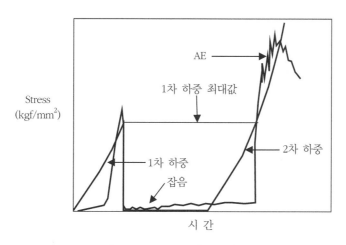

그림 27.2 Kayser(카이저) 효과

3) Acoustic emission의 특성

AE의 누적 총수는 응력확대계수(K)의 4제곱에 비례하며 K는 균열(crack) 길이의 제곱근에 비례하므로 균열면적에 비례하게 된다. 임계응력확대계수 Kc에서 균열이 파단에 이르므로 AE측정에 의해서 K값을 측정하고 위험상황을 파악할 수 있다.

저cycle에 의한 피로시험에서 1 cycle당 균열의 성장 길이와 AE 진폭의 총합과의 관계는 정비례(직선관계) 한다. AE의 발생은 파괴하기 훨씬 전부터 나타나며 파괴 직전에는 진폭과 발생 빈도가 증가하므로 AE에 의해서 파괴를 사전에 예방할 수 있다.

27.3 EXO-Electron Emission 탐상시험(EEE)

1) 개요

재료에 전계(電界)를 걸거나 가열 또는 방사선을 투과시키면 표면에 電子가 발생되어 방출하는 것을 EEE라고 한다. EEE는 소성변형, 연마, 흡착, 산화, 부식, 피로, 전위발생, 담금질(quenching) 등에 의해서 발생하며, EEE에 의하여 0.1mm의 균열도 관측할 수 있으므로 재료의 수명을 예측할 수 있다.

그림 27.3은 재료의 균열진행에 따른 EEE 선도의 변화를 나타낸 것이다.

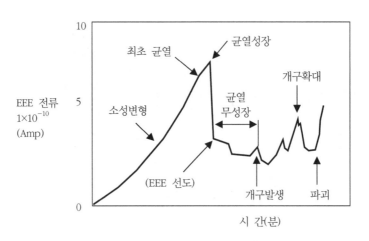

그림 27.3 균열의 진행과 EEE 변화

27.4 액정(LCD) 비파괴 시험

1) 개요

액정은 온도변화에 따라서 산란광을 발생하므로 액정을 바른 물체의 표면에 온도변화가 있으면 열전도 차이에 의한 산란광이 그림 27.4와 같이 등온선으로 나타난다. 이때 물체의 표면부에 균열 또는 결함이 없으면 온도구배가 균일한 액정등온선이 방사선상으로 나타나고 균열이나 결함이 있을 경우는 액정등온선 이 불규칙하게 나타나는 것을 관측함으로서 결함을 검출할 수 있다. 액정은 클로로포름 등에 희석하여 재료 표면에 20~30μm 정도의 두께로 바르고 40~50℃ 범위에서 관측하며 ±0.5℃ 이하의 온도변화를 감지할 수 있어야 한다.

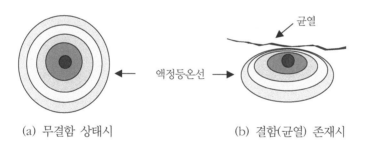

(a) 무결함 상태시   (b) 결함(균열) 존재시

그림 27.4 액정에 의한 결함검출

27.5 Holography 비파괴 시험

1) 개요

물체의 정보를 가진 빛(신호광)에 진동수가 같은 가간섭(Coherent)의 빛(참조광)을 겹치면 공간 상에 진폭과 위상의 정보를 가진 정지한 정재파를 만드는데 이것을 해상도가 좋은 사진건판상에 기록시킨 것을 홀로그램(Hologram)이라 한다(그림 27.5). 또

한 3차원 홀로그램에 빛을 입사시키면 기록된 간섭무늬에 의해 회절이 발생하고 공간적인 반송파가 다시 빛의 반송파에 복조된 물체의 상을 재생하는 것을 홀로그래피(Holography)라고 한다(그림 27.6).

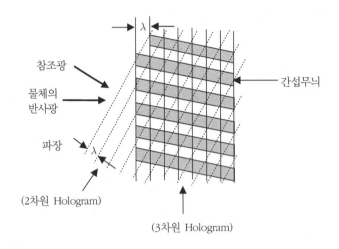

그림 27.5 홀로그램(Hologram)

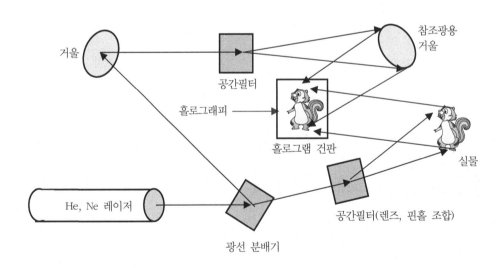

그림 27.6 홀로그래피(Holography) 발생원리

내부결함이 있는 소재나 물체에 열, 외력, 진동 등을 가하여 변형을 주면 정상적인 표면과 겸함이 있는 부위의 표면형상이 다르게 된다. 1장의 홀로그램상에 변형 전과 변형 후의 상을 2중으로 노출시키면 변화가 있는 곳은 위상의 변화가 커서 간섭무늬의 상태가 다르므로 결함의 유무를 판정할 수 있다.

(1) 실시간(Real time)법

물체에 변형을 가하지 않은 상태에서 물체로부터 반사되는 파면의 홀로그램을 촬영하여 같은 위치에 세팅한 다음 물체에 변형을 주었을 때 반사하는 파면과 처음 촬영한 홀로그램에 참조광을 비추어 재생한 파면을 서로 간섭시키는 방법으로서 물체의 변화에 따라 수시로 변화하는 간섭무늬를 관측할 수 있다.

(2) 2중 노출(Double exposure)법

변형을 가하지 않은 물체에서 반사하는 파면의 홀로그램을 촬영하여 무현상 상태로 두고, 변형을 가한 물체에서 반사하는 파면을 처음 홀로그램 위에 중복하여 노출시킨 후 현상하는 방법으로서 물체의 변형 전, 후에 나타나는 반사파면을 동시에 관찰할 수 있다.

(3) 시간 평균(Time average)법

물체에 일정시간 일정한 진동을 주는 상태에서 간섭무늬의 변화를 홀로그램상에 노출하여 현상하고 재생시에 쌍방의 간섭무늬의 변화를 관찰하는 방법이다.

(4) 스트로보법

2중 노출법과 같으며 진동 중인 물체의 두 가지 상태를 진동과 동기한 스트로보로 조명하여 얻는 방법이다.

(5) 초음파 홀로그래피

초음파의 투과상을 눈으로 보는 것과 같은 홀로그래피상으로 만들어 관찰하는 방법이며 레이저광선의 파장과 초음파의 파장을 이용하여 빛으로 재생되는 입체상을 보게 된다. 이 방법은 의학용이나 원자로 용기의 비파괴 검사에 적용한다.

27.6 Proton Scattering Radiography 비파괴 시험

1) 개요

하전입자의 다중 쿨롱 산란에 의한 방법으로서 X선으로는 투과상이 잘 찍히지 않는 곳의 작은 부분을 선명하게 하기 위해서 사용된다.

27.7 전자초음파법

1) 개요

전자력에 의해서 검사체 내에 초음파를 발생시켜 센서코일(probe)로 검출하는 방법으로 전자석, 와전류 발생코일, 검출코일 및 센서코일로 구성되어 있다.

찾 아 보 기

ㅇ

ㅈ

ㅊ

ㅋ

ㅌ

ㅍ

ㅎ

재료시험 및 NDT

2017년 2월 15일 제1판제1발행
2019년 2월 20일 제1판제2발행

저 자 백 승 호
발행인 나 영 찬

발행처 **기전연구사** ─────────────

서울특별시 동대문구 천호대로4길 16(신설동 104-29)
전 화 : 2235-0791/2238-7744/2234-9703
FAX : 2252-4559
등 록 : 1974. 5. 13. 제5-12호

정가 20,000원

◆ 이 책은 기전연구사와 저작권자의 계약에 따라 발행한 것이
  므로, 본 사의 서면 허락 없이 무단으로 복제, 복사, 전재를
  하는 것은 저작권법에 위배됩니다.
  ISBN 978-89-336-0917-0
  www.kijeonpb.co.kr

불법복사는 지적재산을 훔치는 범죄행위입니다.
저작권법 제97조의 5(권리의 침해죄)에 따라 위반자는 5년
이하의 징역 또는 5천만원 이하의 벌금에 처하거나 이를 병
과할 수 있습니다.